农村政策法规

◎李　军　米晓妍　刘延雯　主编

中国农业科学技术出版社

图书在版编目（CIP）数据
农村政策法规 / 李军，米晓妍，刘延雯主编．
北京：中国农业科学技术出版社，2024.9 -- ISBN
978-7-5116-7099-1
Ⅰ．F320；D922.4
中国国家版本馆 CIP 数据核字第 2024KD2975 号

责任编辑 任玉晶 费运巧
责任校对 马广洋
责任印制 姜义伟 王思文

出 版 者 中国农业科学技术出版社
北京市中关村南大街 12 号 邮编：100081
电　　话 （010）82106641（编辑室） （010）82106624（发行部）
（010）82109709（读者服务部）
网　　址 https://castp.caas.cn
经 销 者 各地新华书店
印 刷 者 中煤（北京）印务有限公司
开　　本 185 mm × 260 mm 1/16
印　　张 18
字　　数 426 千字
版　　次 2024 年 9 月第 1 版 2024 年 9 月第 1 次印刷
定　　价 42.00 元

内容简介

本教材采用活页式教材编写体例，从社会生活和工作实际出发，将农业政策法规相关的理论与实践相结合，注重提高学生解决实际问题的能力，力图培养和增强学生的法治意识和政策思维。采用多种教学手段提高学生从政策、法规等角度分析、解决“三农”问题的能力。本教材内容共有十一个项目，包括农村政策法规概述、农业基本政策法规、乡村振兴政策法规、农业生产经营管理政策法规、农业科技政策法规、农村金融政策法规、农村土地政策法规、农村资源环境政策法规、农村治理政策法规、农村社会保障政策法规、农业行政执法相关法律制度等内容。

本教材定位为高等职业教育教材，可供现代农业经济管理等相关专业学生使用，也可以作为新型职业农民培育等教材使用，还可以作为“三农”领域、乡村振兴领域一线工作人员的参考资料。

内容简介

农村政策法规
编写委员会

主　编

李　军　米晓妍　刘延雯

副主编

井亚琼　郭春梅　李燕飞

参编人员

魏玲玲　张　慧　翟卫红

前言

"三农"工作一直是党和国家关心的重要工作，2004 年以来，党中央、国务院连续 21 年颁布与"三农"工作有关的中央一号文件。党的二十大提出了建设农业强国的目标。开设《农村政策法规》课程是学习、贯彻落实这些政策法规的重要手段。《农村政策法规》是现代农业经济管理、草业技术等专业开设的一门专业基础课程，是契合新时代高等职业教育学生学情的教材，是教师教学、学生学习的重要基础资源。经过全体参编人员的共同努力，活页式教材终于问世。编写活页式教材是一个全新的尝试，也是一个巨大的挑战。

本教材凸显实践性特点，力图培养和增强学生的法治意识和政策思维。按项目、任务体例形式编写教材，按相关政策法规的主题设计项目，每一个项目下设计 2~5 个契合服务、生产、管理工作一线的实际工作任务，每个任务由任务导入、任务准备、任务筹划、任务检测、任务评价、课程思政专栏等部分组成。共有 11 个项目，包括农村政策法规概述、农业基本政策法规、乡村振兴政策法规、农业生产经营管理政策法规、农业科技政策法规、农村金融政策法规、农村土地政策法规、农村资源环境政策法规、农村治理政策法规、农村社会保障政策法规、农业行政执法相关法律制度等内容。

本教材项目一、项目二由李军编写，项目三由刘延雯编写，项目四的任务一由刘延雯编写、任务二和任务三由翟卫红编写、任务四和任务五由李燕飞编写，项目五由李军编写，项目六由米晓妍编写，项目七由李军编写，项目八的任务一由魏玲玲编写、任务二由李军编写，项目九的任务一至任务三由郭春梅编写、任务四由张慧编写，项目十的任务一至任务三由井亚琼编写、任务四和任务五由李军编写，项目十一由李军编写。全书由李军统稿。

本教材在编写过程中，得到了青海农牧科技职业学院校、系两级领导的大力支持，北京文华在线公司漆晓燕等编辑的悉心指导，也借鉴了国内外公开发表的图书、期刊和新闻报道等资料，在此表示衷心的感谢。

由于时间有限、编者能力水平限制，政策、法规变动尤其是政策变动较快，疏漏之处在所难免，恳请读者在使用时向我们提出宝贵的意见。

编　者

2024 年 3 月

目 录

项目一 农村政策法规概述

项目导读

农村政策是解决“三农”问题的重要手段。运用农村政策解决“三农”问题，需要掌握政策和农村政策的含义，并且在实际工作中执行好政策。农村法律法规是解决“三农”问题的另一重要手段。推进全面依法治国，离不开农村法律法规的正确实施。唯有把政策和法律法规结合起来，才能更好地推进农业农村现代化、乡村全面振兴和建设农业强国，才能更好地实现农业强、农村美、农民富。

学习目标

知识目标：掌握政策和农村政策的含义，理解政策制定的科学性，掌握政策实施的含义，理解政策实施需考虑的因素，掌握法的含义和特征，理解法律法规的作用，掌握农业行政执法的含义，理解农业行政执法的原则。

技能目标：能对某一政策进行分析，判断政策制定过程是否科学；锻炼学生全面、辩证分析问题的能力，增强主动做好政策实施工作的能力；初步形成依法办事的能力；初步形成做好农业行政执法的能力。

素养目标：培养学生的政策思维，用政策分析和解决实际问题，培养逻辑思维能力和学习能力；培养学生的创新意识及全面分析问题的思维习惯；培养学生热爱“三农”情怀、致力于做好农村政策实施的情感；形成法律意识，树立法律信仰；增强解决农业行政执法问题的能力。

思政目标：树立为乡村振兴作贡献的职业理想，形成爱农、为民情怀。

思维导图

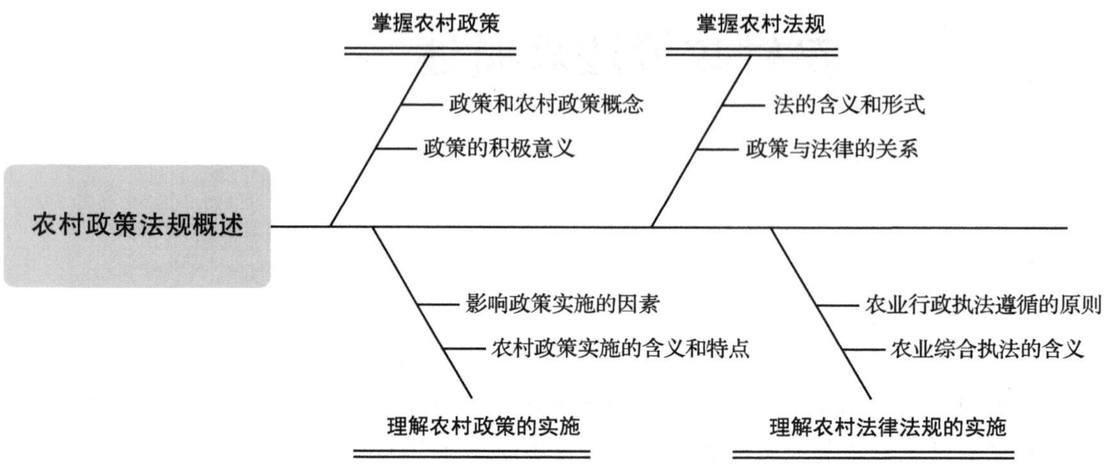

任务一　掌握农村政策

任务导入

财政部 2022 年 11 月提前向各地下达多笔 2023 年预算资金。其中包括：提前下达 2023 年中央财政衔接推进乡村振兴补助资金（以下简称“衔接资金”）1 485 亿元人民币。

财政部支持各地健全防止返贫监测帮扶机制，采取针对性措施。优先支持联农带农富农产业发展，持续提高用于产业发展的衔接资金占比，2023 年力争达到 60%，更多依靠发展持续巩固拓展脱贫攻坚成果。财政部将此次提前下达的衔接资金继续纳入直达资金管理，要求各地 11 月底前分解到县，尽快细化到项目。与此同时，财政部向有关省（自治区、直辖市、计划单列市）和新疆生产建设兵团提前下达 2023 年财政水利相关资金 941 亿元，同口径较 2022 年提前下达金额增加 44 亿元[①]。

这是一则我国农村政策的相关报道，请你搜集资料，为我国的现行农村政策写一份文献综述。

---

① 资料来源：中国青年网 http: //news.youth.cn/gn/202211/t20221113_14126575.htm。

任务准备

◎知识准备

一、政策和农村政策概念

政策是指一定的政治实体在一定的历史时期为实现一定的政治、经济目的而制订的行动方案或准则。或者说，政策是国家、政党为实现一定历史时期的路线和任务而制定的行动准则。农业政策是指一定的政治实体为了实现一定的社会、经济及农业发展目标，对农业发展过程中的重要方面及环节所采取的一系列的有计划的措施和行动的总称。农村政策，是根据党的路线、方针和原则，为了发展农业生产和农村经济，由国家职能部门制定的激励或约束农村各项经济活动的行动准则。

我国近年来衔接推进乡村振兴补助资金、水利相关资金，实际上是对乡村振兴、水利建设事业给予的农业农村扶持政策。

二、政策的积极意义

（一）有利于提高农牧民收入

财政对“三农”领域投入大量补助资金，最终来说会转化为农牧民收入。例如，我国在农区有耕地地力保护补贴，而补贴的对象就是拥有耕地承包权的种地农民，在牧区有草原生态保护补助奖励机制，针对的对象是有草场承包经营权的牧民。

（二）有利于建设农业强国

政府对农业的投入还体现在扶持农业产业化龙头企业的发展、支持农民专业合作社规范化发展等方面。

（三）有利于生态文明建设和传统文化传承

农业有多种功能，绿色植物提升环境水平、保持水土的作用显而易见，这有利于生态文明建设。农业产业中有很多传统文化内容和传统技艺，例如我国各地的非物质文化遗产。制定和实施农业农村政策，支持农业发展，就有利于生态文明建设和传统文化传承。

（四）有利于民族团结和社会稳定

我国农牧区是经济社会发展相对滞后的地区。贫富差距过大不符合我国社会主义社会发展的要求，不利于共同富裕目标的实现。农业农村政策实施后，老少边穷地区也和全国其他地区一样，经济社会发展水平提高了，社会不和谐不稳定的因素减少了。

三、提高政策制定科学性的方法

（一）进行调查研究

没有调查就没有发言权。通过调查，我们可以了解基层的情况，可以从感性认识上升到理性认识，进而有利于科学决策。

（二）坚持群众路线

人民群众是历史的创造者。人民中蕴含着积极的智慧，要坚持从群众中来、到群众中去的工作方法。

（三）坚持民主集中制

民主集中制是中国共产党的根本组织原则和领导制度。这项制度把充分发扬民主和正确实行集中有机结合起来，既最大限度激发了个体创造活力，又统一整体思想和行动，有效防止和克服了议而不决、决而不行的分散主义。

◎材料准备

（1）收集我国农村政策的相关资料，包括背景、目的意义、措施、效果等。

（2）收集文献综述的格式、范文，主要包括查阅期刊网站、了解文献综述的写作要求等。

任务筹划

1. 内容筹划

从收集的政策中分析提炼两方面的内容：一是各类农村政策的主要内容；二是各类农村政策的实施效果。

2. 方法筹划

认真研究文献综述的具体内容及其借鉴价值，从农村政策全局的角度，为收集到的农村政策写一个文献综述。

（1）浏览法。浏览 2004 年以来的中央一号文件内容、农业农村部官方网站有关农村政策的信息。

（2）看专著法。查阅刘磊所著《关于加快农村改革发展的几个问题》等专著。

（3）小组讨论法。小组内部对所收集到的农村政策进行讨论。

3. 流程筹划

第一步：深入了解文献综述的格式、写作要求。

第二步：查找相关的农村政策。

第三步：找出关键的农村政策并加以归类。

第四步：为收集到的农村政策写一个文献综述。

任务实施

步骤一：

步骤二：

步骤三：

步骤四：

任务检测

使用微信扫码进入在线测试，可反复多次答题，直到获得满意的结果。

任务检测

任务评价

任务评价表

班级：＿＿＿＿＿＿＿＿　组别：＿＿＿＿＿＿＿＿　姓名：＿＿＿＿＿＿＿＿

小组成员				
姓名	**学号**	**组内分工**		
项目	**评分标准**	**自我评价**	**小组评价**	**教师评价**
基本素质（30分）	学习态度（10分）			
	团队协作（20分）			
知识技能（40分）	掌握我国主要农村政策的内容（10分）			
	掌握文献综述的主要内容、格式（10分）			
	能够写出农村政策文献综述（20分）			
任务完成质量（20分）	出色完成任务（20分），较好完成任务（12~19分），基本完成任务（6~11分），较差完成任务（0~5分）			
思政表现（10分）	对农村政策是否重视（10分）			
合计				

（续表）

自我评价与总结	
教师点评	

课程思政专栏

2023 年国家助学贷款哪些政策值得关注

【课程思政关键词】助学贷款政策；免息

日前，国务院常务会议决定，继续免除今年及以前年度毕业的贷款学生今年内应偿还的国家助学贷款利息，本金部分可再申请延期一年偿还，延期贷款不计罚息和复利。

本次国家助学贷款免息及本金缓期偿还政策的主要内容，概括起来主要有三点：一是免除利息，二是可申请延期偿还本金，三是承办银行相应调整征信信息。

关于资助对象：本次免除利息和延期偿还本金的对象为，2023 年及以前年度毕业、在 2023 年内应偿还本金或利息的贷款学生。在通知印发前，少部分已经结清国家助学贷款的毕业生，鉴于合同已经终结，不纳入此次政策范围。

关于覆盖范围：免除的利息，是贷款学生 2023 年内个人应支付的国家助学贷款利息，包括以前年度逾期贷款在 2023 年内产生的罚息。可申请延期偿还的本金，是贷款学生 2023 年内应偿还的国家助学贷款本金。

关于实施方式：一是本次免除利息，贷款学生不需申请，由承办银行直接办理。对于以前年度毕业的贷款学生，在通知印发前已偿还的 2023 年利息，如果承办银行尚未扣款，则相应资金不再扣除；如果已扣款，则由承办银行退还贷款学生。二是对处于还本宽限期的贷款学生，因 2023 年不需偿还贷款本金，故无须申请延期偿还贷款本金政策。三是对处于贷款偿还本金期的贷款学生，如需延期偿还本金，本人可提出申请，并按承办银行要求履行相关手续；如果本人未提交申请，则默认按原合同约定偿还贷款本金。

（资料来源：中国政府网）

【启示】助学贷款政策减轻了家庭经济困难的高校毕业生的负担，促进了国内高等教育公平，也提高了毕业生的就业竞争力，为国家培养人才提供了保障。扩大范围的免息政策是由于高校毕业生就业压力增大，为了进一步减轻家庭经济困难高校毕业生负担，确保就业大局稳定而采取的政策，是在 2022 年实施的基础上延续实施的，表明政策起到了积极作用。

任务二　理解农村政策的实施

任务导入

政策制定出来以后，就涉及如何实施和执行的问题。要达到制定政策时所确定的目标，需要认真地做好政策实施工作。在实施过程中，涉及多方主体和各种资源，这些都会影响政策实施的效果。

请你就我国农村政策的实施，写一份调研报告。

任务准备

◎知识准备

一、农村政策实施的含义与特点

（一）农村政策实施的含义

政策一经制定和颁布，就是政策实施过程的开始。但是，政策所确立的目标和原则、行动方案都是纸面上的东西，没有成为现实。要使得农村政策所确立的目标达成，需要经过实施。农村政策实施是指各级人民政府和农业农村主管部门，以及其他有关部门，按照客观经济规律的要求，将农村政策付诸行动、进而达成目标的过程。

（二）农村政策实施的特点

知识链接

《中共中央 国务院关于学习运用“千村示范、万村整治”工程经验有力有效推进乡村全面振兴的意见》

1. 农村政策实施涉及多方主体

农村政策实施涉及多方主体，包括个人、家庭、企业、社会组织、政府部门及其工作人员，涉及错综复杂的利益关系，因而具有复杂性。从纵向角度来讲，中央政府（国务院），省、市（州）、县（区、旗）、乡（镇）等地方各级人民政府处于行政权力的不同级别，掌握的资源不同，工作的侧重点不同，对政策实施的关注点也有差异。对于基层人民政府及部门、工作人员来说，创造性地执行上级部门所安排的政策任务是非常重要的。

2. 农村政策实施是一种执行国家意志的行政活动

客观上说，政策是有公权力的部门利用自身的公权力、社会影响力分配社会资源，引导各类主体的经济活动，进而维护社会整体利益。通过集体智慧所确立的国家意志，目的在于维护社会公共利益。2004 年以来，我国连续制定了 21 个中共中央、国务院联合发文的中央一号文件，持续关注农业、农村、农民问题，提出和实施一系列政策，致力于实现农业农村现代化。这些政策多为鼓励粮食生产、提高农牧民收入，但同时也在抑制某些农业农村的经济活动。例如，农民把基本农田用于园林苗木栽植，农业用途的土地转为非农用地等，都是政策禁止的。

3. 农村政策实施要遵循客观经济规律的要求

经济基础决定上层建筑。政策属于上层建筑，需要与经济基础相适应。我国各地自然地理、社会人文环境、经济发展水平差异较大，农牧业主导产业也有所差异，因此不仅在政策制定时要考虑这种变化，在政策实施过程中也要适应这种变化。

在政策实施中，考虑经济因素，运用经济规律是最合乎常理的。各类主体都要考虑经济利益的问题，即便是机关事业单位、社会组织不考虑利润，但也会考虑收支平衡的问题。运用好经济规律可以使政策实施遇到的阻力较小，使政策能可持续地发挥作用。

二、影响政策实施的因素

（一）政策的制定

政策制定是否科学，是否经过了调查研究，是否经过了一定范围的试点，是否遵循民主集中制和群众路线，对政策实施起着非常重要的作用。政策制定得科学合理，实施起来较为容易；政策制定得不科学，实施起来就比较费劲，政策效果和政策目标的达成也就不容易实现。

（二）政策的实施者

政策执行者尤其是一线政策实施人员的政策素养影响执行的效果。如果政策实施人员没有求真务实、严谨细致的工作作风，在政策实施过程中优亲厚友，那么政策在实施过程中会收效不佳，进而影响政策和政府部门的公信力。

（三）政策实施对象

政策实施对象是农业政策的接受者。政策能否顺利实施、能否达到目的，不仅取决于政策制定者和实施者，还在很大程度上取决于政策能否被农业政策执行对象接受。例如，农机具购置补贴政策实施效果是否良好，要看农业企业、农民专业合作社、种粮大户、农民等主体的农机购置需求是否得到较好满足，有没有获得相应的补贴。

（四）政策得到环境

一般来说，政策需要被广大企业、农牧民所知晓。但是，在我国广大的农牧区，由于部分农牧民不知晓、不理解政策的具体内涵，导致他们不能享受应有的优惠政策，影响了农业产业的发展。

三、落实政策的方法

政策实施工作关系到各类主体，农村政策的实施影响全国 7.7 亿左右农牧区人口。做好政策实施工作，可以从两方面考虑：一是从政策执行部门和人员角度分析，二是从政策对象角度分析。

（一）政策实施部门和人员方面

1. 把握农村政策实施的基本环节

对于政策实施的部门和人员而言，要制订农村政策实施的计划，主导计划实施的过程，如果上级部门制定的政策不够具体，那么还需要考虑结合本地区、本部门、本单位制定政策的实施细则，再进一步组织人力、物力、财力等资源做好政策宣传、解读和实施工作。

2. 做好政策实施过程中的沟通与协调

政策实施人员需要做好政策的宣传、阐释工作，让广大政策实施对象理解和接受政策，尤其是新制定或调整的政策，政策受众需要有一个熟悉的过程。政策实施人员在实施过程中遇到难以处理的情况，应及时向领导和上级部门反映，寻求解决办法。在政策实施过程中遇到不同部门的工作人员，也可能存在一定的冲突，需要做好协调工作。

3. 做好政策实施中检查监督和总结工作

政策实施可能存在营私舞弊、与计划的进度不一致等情况，需要做好政策实施中的检查监督工作，才能使农村政策发挥最佳效果。此外，一项政策实施完成，需要总结经验教训，以便在新的政策实施过程中减少失误、提高实施效率。

（二）政策对象方面

1. 提高政策理论素养

政府部门制定了各种各样的政策，有的政策在调整，有的政策已取消，新的政策又在制定和出台中。作为农牧民、农业企业、专业大户、家庭农场、合作社等农业生产经营主体，应该主动地学习各类政策知识，了解和熟悉各类涉农的最新政策。

2. 争取政策支持

学习各类政策知识，提高政策素养，争取获得政策支持。农业作为弱势产业，生产周期长，面临自然和市场的双重风险，农产品的需求价格弹性较小，所获得的利润较少。因此，农业生产经营主体应尽可能积极主动争取各类政策支持，尤其是农村政策、农业政策的支持，使自身获得竞争优势，获得相应的经济效益。

◎材料准备

（1）收集我国农村政策的相关资料，包括背景、目的意义、措施、效果等。

（2）收集调研报告的格式、范文，主要包括：查阅期刊网站，了解调研报告的写作要求。

（3）收集农村政策实施的相关报道。

任务筹划

1. 内容筹划

从收集的政策中分析提炼两方面的内容：一是各类农村政策的主要内容；二是各类农村政策的实施效果。

2. 方法筹划

（1）查阅资料法。查阅调研报告的具体内容及写作方法。

（2）问卷调查法。就某一农村政策，例如耕地地力补贴政策进行问卷调查，了解政策的实施时间、实施步骤、实施效果等内容。

（3）访谈法。对政策的实施对象进行访谈，了解其对政策的满意度及反馈意见。

3. 流程筹划

第一步：深入了解调研报告的格式、写作要求。

第二步：确定调研的主题。

第三步：选择合适的调研方法。

第四步：实施调研。

第五步：根据调研结果，就某一农村政策的实施情况写一个调研报告。

任务实施

步骤一：

步骤二：

步骤三：

步骤四：

步骤五：

任务检测

使用微信扫码进入在线测试，可反复多次答题，直到获得满意的结果。

任务检测

任务评价

任务评价表

班级：________ 组别：________ 姓名：________

小组成员		
姓名	学号	组内分工

（续表）

<table>
<tr><td colspan="5">小组成员</td></tr>
<tr><td>姓名</td><td>学号</td><td colspan="3">组内分工</td></tr>
<tr><td></td><td></td><td colspan="3"></td></tr>
<tr><td></td><td></td><td colspan="3"></td></tr>
<tr><td></td><td></td><td colspan="3"></td></tr>
<tr><td>项目</td><td>评分标准</td><td>自我评价</td><td>小组评价</td><td>教师评价</td></tr>
<tr><td rowspan="2">基本素质
（30 分）</td><td>学习态度（10 分）</td><td></td><td></td><td></td></tr>
<tr><td>团队协作（20 分）</td><td></td><td></td><td></td></tr>
<tr><td rowspan="3">知识技能
（40 分）</td><td>掌握我国政策实施的内容（10 分）</td><td></td><td></td><td></td></tr>
<tr><td>掌握调研报告的主要内容、格式（10 分）</td><td></td><td></td><td></td></tr>
<tr><td>能就某一农村政策的实施情况写一个调研报告（20 分）</td><td></td><td></td><td></td></tr>
<tr><td rowspan="4">任务完成质量
（20 分）</td><td rowspan="4">出色完成任务（20 分），较好完成任务（12~19 分），基本完成任务（6~11 分），
较差完成任务（0~5 分）</td><td></td><td></td><td></td></tr>
<tr><td></td><td></td><td></td></tr>
<tr><td></td><td></td><td></td></tr>
<tr><td></td><td></td><td></td></tr>
<tr><td>思政表现
（10 分）</td><td>对农村政策是否重视（10 分）</td><td></td><td></td><td></td></tr>
<tr><td colspan="2">合计</td><td></td><td></td><td></td></tr>
<tr><td>自我评价
与总结</td><td colspan="4"></td></tr>
<tr><td>教师点评</td><td colspan="4"></td></tr>
</table>

课程思政专栏

共产党的好政策，我们现在富起来了

【课程思政关键词】乡村振兴；文化自信

才召村坐落在喜马拉雅山脉北麓，是西藏自治区林芝市米林县南伊珞巴民族乡的一个由珞巴、藏、汉等民族共居的村落。虽然大家的语言、风俗习惯各有不同，但村民们和睦相处，亲如一家。达波儿是才召村的党支部书记、村委会主任。这个身材魁梧的珞巴族汉子，说起话来有些腼腆，但是在带领村民致富奔小康的路上却干得劲头十足。

2017 年，达波儿作为唯一的珞巴族代表，参加了党的十九大。从北京归来，他就召

集南伊、琼林和才召 3 个村的乡亲们，给他们宣讲党的十九大报告精神。达波儿带领全村群众依托独特的珞巴族民俗文化，充分发挥地处南伊沟风景区的优势，积极谋划发展壮大村集体经济新思路。在驻村工作队的支持下，村里向西藏自治区、林芝市申请了兴边富民行动项目资金 433 万元，建设具有珞巴族特色的山庄、客栈、农家乐等，为 12 户家庭提供了就业岗位，村集体经济年均增收 9 万余元。2018 年，村里成立了珞巴民族手工艺品农牧民专业合作社，进行民族特色的旅游产品深加工，人年均增收 6 000 元左右。

“现在我们生活得挺好的，这都是共产党的政策好，在党中央的关心下，我们少数民族富起来了。今年（即 2019 年）是新中国成立 70 周年，祝福伟大的祖国更加富强！”达波儿说，南伊沟风景区动植物资源十分丰富，这里还是藏医药文化的重要发源地，生活在这儿的村民们一定要保护好绿水青山。

（资料来源：国家民族事务委员会，
https://www.neac.gov.cn/seac/c102859/201909/1136766.shtml）

【启示】农牧区地处偏远地区，也是我国的民族地区、边疆地区，经济发展相对滞后。为带动当地经济发展，国家推行兴边富民行动和政策，给农牧民带来了实实在在的好处，有利于民族团结、边疆稳固和社会安定。

任务三　掌握农村法规

任务导入

党的十八大以来，以习近平同志为核心的党中央明确提出全面依法治国，并将其纳入“四个全面”国家战略布局，作出一系列重大决策部署。党的十八届三中全会明确提出建设法治中国。党的十八届四中全会专门进行研究，审议通过了《中共中央关于全面推进依法治国若干重大问题的决定》。

党的十九大描绘了 2035 年基本建成法治国家、法治政府、法治社会的宏伟蓝图。党的十九届三中全会决定组建中央全面依法治国委员会，加强党对全面依法治国的统一领导、统一部署、统筹推进。党的十九届四中全会对坚持和完善中国特色社会主义法治体系，提高党依法治国、依法执政能力作出专门部署。党的十九届五中全会提出，有效发挥法治固根本、稳预期、利长远的保障作用。2020 年 11 月召开的中央全面依法治国工作会议，明确了习近平法治思想在全面依法治国中的指导地位。

党的二十大提出，要坚持走中国特色社会主义法治道路，建设中国特色社会主义法治体系、建设社会主义法治国家，围绕保障和促进社会公平正义，坚持依法治国、依法执政、依法行政共同推进，坚持法治国家、法治政府、法治社会一体建设，全面推进科学立法、严格执法、公正司法、全民守法，全面推进国家各方面工作法治化。

在以习近平同志为核心的党中央坚强领导下，我国社会主义法治建设力度不断加大、步伐不断加快、成效不断彰显，全面依法治国开启了充满生机活力的新篇章。

请你就我国现行的农村法律法规，写一个文献综述。

任务准备

◎知识准备

一、法的含义和形式

（一）社会纠纷的解决方式

在引入法的概念之前，先要提到一个社会纠纷解决方式的问题。人与人、单位与单位、部门与部门之间，人与单位、部门之间有着不同的诉求，有思维观念的差异，有立场观点的不同，有着对利益的不同追求，因此会产生许多大小各异的矛盾、冲突与纠纷。那如何来解决呢？根据纠纷的不同性质，分为民事和行政纠纷。民事纠纷可以通过双方协商、第三方调解、民事仲裁、民事诉讼等方式解决；行政纠纷可以通过信访、行政复议、行政诉讼等方式解决。在解决各类纠纷的方式中，有一类非常重要的方式就是通过诉讼，即通过人民法院来解决纠纷，最终实现社会的公平正义。即便是其他解决方式，如民事仲裁、行政复议，也要在法律法规确定的规则下进行。

（二）法的含义

法分为狭义的法和广义的法。广义的法，是指国家制定或认可的，体现统治阶级意志，通过国家强制力保证实施的行为规则（规范）的总和。我国的国家强制力包括人民法院、人民检察院、公安机关、司法机关、监狱、军队等。广义的法，其代表机关有很多，如《中华人民共和国立法法》规定的，全国人大及其常委会、国务院、国务院组成部门、地级市以上级别的地方人民政府、省级人大及其常委会、民族自治地方的自治机关等等。如无特别说明，本书中所提到的法、法律、法规、规章，均为广义上的法。

狭义的法，专指全国人大及其常委会制定的规范性法律。如《中华人民共和国农业法》（以下简称《农业法》）是由全国人大常委会制定的。

法律规范大致分为三类：第一类是授权性的，即可以实施的行为；第二类是命令性的，要求人们必须遵守；第三类是禁止性的，即禁止人们实施的行为。

（三）法的特征

法律这一行为规则通常包含行为及行为后果。具体来说，法有以下四种特征。

1. 法以设定行为主体的权利义务为主要内容

法律、法规、规章为了调整和规范经济社会、生活秩序，维护社会安定团结，会给行为主体设定若干的权利和义务。例如《中华人民共和国农村土地承包法》（以下简称《农村土地承包法》）规定了农民有土地承包的权利，但同时又规定了土地不得买卖、未经审批不得改变土地的农业用途等义务。在我国法律中，一般强调得更多的是义务性规定。

2. 法是一种特殊的有国家强制力参与的行为规范

法是指导、约束和规范人们行为的规则。违背了法的规定，就是违法，违法就要承担法律责任，如民事责任、行政责任和刑事责任，受到相应的法律制裁。法一般来说只管行为，而较少去关注主体行为背后的思想、情感、动机等。

现实中，需要特别注意个体的行为是否违法，需要注意规避法律风险。因为各种法对主体各类行为进行了规范，违法必然会被追究，即便现在执法部门没有认真执法，不代表将来执法部门依然不会严格执法。

3. 法是具有权威性和稳定性的社会规范

法一旦被有权力的主体制定出来，加以公布和实施，就成为社会全体成员或某类活动应该遵守的行为规范。法的制定和出台、修订需要经过严格的程序。法又可以理解为最低限度的道德，而对整个社会来说伦理道德在较长时间内相对稳定，因此法也具有稳定性。

4. 法具有复杂性

法作为管理经济社会发展、解决纠纷的重要工具，涉及经济社会、生态文明等方方面面，制定的主体众多，因此具有复杂性。据统计，我国有狭义的法律近 300 部。要熟知这些法律内容，难度很大。对于大部分人而言，法律条文枯燥而又晦涩难懂，学法难度较大。

二、政策与法律的关系

政策和法律是两个既有联系又有区别的概念。两者都是解决经济社会问题的手段，农村政策、农村法规都是解决“三农”问题的工具。它们本质上是一致的，都是统治阶级意志的体现，但又有区别。

（一）政策与法律的区别

制定主体有一些差异，制定政策的主体相对而言更多；法律的稳定性优于政策，政策尤其是具体政策稳定性较差，例如新冠疫情防控的具体政策中在较短的时间内进行了调整，而法律中对突发公共卫生事件的规定基本没有变化；实施方式有差异，法律可以依赖于执法部门、司法部门等强制实施，而政策实施依赖于政策实施主体和政策对象共同配合完成。

（二）政策与法律的联系

在我国，法的制定和实施要以党的政策为指导，坚持党的领导要把党的一些正确的主张上升为法律；政策和法律的实施相互促进，政策上升为法律之后，就能以国家强制力为后盾而得到有力的推行，法律以政策为指导，使得法律的科学性、民主性大大增强；政策和法律相互制约，政策与法律规定有冲突时，法律的执行优先于政策，如果法律有滞后的情况，可以通过法定程序修改法律后使法律与政策相一致，同时如果没有法律规定，只有政策，那就按政策执行。

三、农村法规的概念

对于学习本门课程的学生来说，无须掌握近 300 部的法律，只需学习和理解其中的部分内容。学习的目的一方面是在今后的工作中应用农业农村法律知识，降低或规避从业中的法律风险；另一方面是遇到农业农村方面的与法有关的问题时，知道如何依法办事、依法解决。

（一）农村法规的含义

农村法规是指由国家权力机关、国家行政机关以及地方机关制定和颁布的，适用于农村生产经营活动领域的法律、行政法规、地方性法规以及政府规章等规范性文件的总称。

（二）农村法规体系

1. 农业基本法

1993 年 7 月 2 日第八届全国人大常委会第二次会议通过了《农业法》。它是我国农业的基本法。

2. 主体法

例如，《中华人民共和国农民专业合作社法》（以下简称《农民专业合作社法》）《中华人民共和国村民委员会组织法》（以下简称《村民委员会组织法》）和《中华人民共和国乡镇企业法》。

知识链接

《中华人民共和国草原法》

3. 资源和环境法

例如，《中华人民共和国水法》《农村土地承包法》《中华人民共和国草原法》《中华人民共和国森林法》《中华人民共和国畜牧法》（以下简称《畜牧法》）和《国家公园管理暂行办法》等。

4. 生产资料和安全相关法律

例如，《中华人民共和国种子法》《农药管理条例》《饲料和饲料添加剂管理条例》《兽药管理条例》和《中华人民共和国农产品质量安全法》（以下简称《农产品质量安全法》）等。

知识链接

《农药管理条例》

5. 农业科技相关法律

例如，《中华人民共和国农业技术推广法》（以下简称《农业技术推广法》）和《中华人民共和国促进科技成果转化法》等。

◎材料准备

（1）收集我国农村政策的相关资料，包括背景、目的意义、法律规定、实施效果等。

（2）收集文献综述的格式和范文，主要包括：查阅期刊网站，了解文献综述的写作要求。

任务筹划

1. 内容筹划

从收集的农村法规中分析提炼两方面的内容：一是各类农村法规的主要内容；二是各类农村法规的实施效果。

2. 方法筹划

（1）查阅资料法。查阅文献综述的格式和写作要求。

（2）浏览法。浏览全国人大常委会网站中农业农村相关法律法规数据库内容。

3. 流程筹划

第一步：深入了解文献综述的格式和写作要求。

第二步：查找相关的农村法规。

第三步：找出关键的农村法规并加以归类。

第四步：为收集到的农村法规写一个文献综述。

任务实施

步骤一：

步骤二：

步骤三：

步骤四：

任务检测

使用微信扫码进入在线测试，可反复多次答题，直到获得满意的结果。

任务检测

任务评价

任务评价表

班级：＿＿＿＿＿＿＿＿ 组别：＿＿＿＿＿＿＿＿ 姓名：＿＿＿＿＿＿＿＿

小组成员				
姓名	学号	组内分工		

（续表）

项目	评分标准	自我评价	小组评价	教师评价
基本素质（30分）	学习态度（10分）			
	团队协作（20分）			
知识技能（40分）	掌握我国主要农村法规的内容（10分）			
	掌握文献综述的主要内容、格式（10分）			
	能够写出农村法规文献综述（20分）			
任务完成质量（20分）	出色完成任务（20分），较好完成任务（12~19分），基本完成任务（6~11分），较差完成任务（0~5分）			
思政表现（10分）	对农村法规是否重视（10分）			
合计				
自我评价与总结				
教师点评				

课程思政专栏

法治兴则国兴，法治强则国强

【课程思政关键词】普法；法治观念

中共中央、国务院印发的《法治政府建设实施纲要（2021—2025年）》，确立了2025年法治政府建设的总体目标和各领域分目标，为推进政府治理体系和治理能力现代化提供有力支撑。

建设法治社会，以法治之力守护和谐安宁、保障人民权益。

“发动和依靠群众，坚持矛盾不上交，就地解决，实现捕人少、治安好……”伴着枫溪江的潺潺流水，“枫桥经验”从浙江绍兴诸暨市枫桥镇出发，近60年来在全国各地落地生根、枝繁叶茂。

习近平总书记明确要求，“各级党委和政府要充分认识‘枫桥经验’的重大意义，发扬优良作风，适应时代要求，创新群众工作方法，善于运用法治思维和法治方式解决涉及群众切身利益的矛盾和问题”。

和谐社会，应该是法治社会。习近平总书记指出，要加快实现社会治理法治化，依法防范风险、化解矛盾、维护权益，营造公平、透明、可预期的法治环境。

扫黑除恶让城乡更安宁、群众更安乐，依法治网保障网络空间天朗气清，维护“朗朗乾坤”、聚焦“急难愁盼”、办好“关键小事”，让人民群众切实收获更多获得感、幸福感、安全感。

“到2025年，‘八五’普法规划实施完成，法治观念深入人心，社会领域制度规范更加健全……”中共中央印发的《法治社会建设实施纲要（2020—2025年）》对法治社会建设提出新要求、作出新部署。

习近平总书记深刻阐释法与德的关系：“法律是成文的道德，道德是内心的法律。”“法治和德治不可分离、不可偏废，国家治理需要法律和道德协同发力。”

民法典旗帜鲜明鼓励见义勇为，英烈保护法推动形成尊崇英烈的良好社会氛围，最高法、最高检、公安部联合发文厘清正当防卫认定情形……法治德治相得益彰，助推社会风清气正，焕发中华民族“精气神”。

五千年中华文明，蕴含构建在道德基础上的法律价值系统，承载丰富的国家与社会治理经验。深入发掘、传承和弘扬优秀传统文化，习近平法治思想的真理力量激发中华法治的蓬勃生机。

在习近平法治思想科学指引下，全党全国各族人民积极投身全面依法治国伟大实践，沿着中国特色社会主义法治道路砥砺前行。中国特色社会主义法治体系不断健全，法治中国建设迈出坚实步伐，一个经济发展、政治清明、文化昌盛、社会公正、生态良好的法治国家，正大踏步向我们走来。

（资料来源：全民普法网，http://www.qmpfw.cn/indcx.php/News/show/sid/305）

【启示】让全社会都形成法治观念，形成法律意识，就要持续进行普法宣传。要让人民群众感受到法律的作用和威力。全面推进依法治国，建设社会主义法治国家的宏伟目标已经提出，作为将来“三农三牧”一线工作的一员，需要熟练掌握涉农法律法规，用法治理念分析问题，调处和解决纠纷。

任务四　理解农村法律法规的执行

任务导入

孟子曰：“徒法不足以自行。”立法机关即使把法律制定得天衣无缝，但如果法律在社会生活中得不到严格的遵守和执行，那也仅仅是停留在文字上的法律条文，没有任何现实意义。要让广大人民群众自觉遵守法律，对法律充满信仰，首先要求我们司法机关和行政执法机关必须以身作则去严格遵守法律，严格依法办事。法律的生命力在于施行，法律只有得到刚性执行，法律的尊严才能得以树立，人民群众才会对法律产生信任，进而孕育出全社会的法律信仰。

在农村法律法规的实施过程中，农业行政执法是非常重要的。例如，我们看到3·15晚会中，农业行政执法人员对曝光的违法添加饲料添加剂的案件，第一时间予以查处，维护了消费者的合法权益，维护了正常的生产经营秩序。

请你就某一项农村法律法规实施的情况写一份调研报告。

任务准备

◎知识准备

一、农业行政执法的含义

农业行政执法是指县级以上人民政府农业农村主管部门和以自己名义行使农业行政执法权的其他主管部门或行政执法机构，为了维护农业生产经营秩序、保护公民、法人或其他组织的合法权益，依照与农业有关的法律、法规、规章等规定，对具体事件进行处理并直接影响相对人权利与义务的具体行政法律行为，是对特定的人和特定的事件所做的具体行政行为，包括行政处罚以及与之相关的行政检查、行政强制等。

二、农业行政执法遵循的原则

（一）合法行政

合法行政是指农业行政执法中要根据法条、违法的事实，在法律法规框架范围内进行执法。

（二）合理行政

合理行政是指农业行政执法中要用好自由裁量权，做到国法相当，让行政执法相对人感受到执法的“温度”。

（三）诚实信用

要求行政主体在做出行政行为时还要考量相对人的合理信赖利益，成为整个社会诚信的示范者，切实保障公民的权益。改变传统的职权主义的执法模式，摆脱决策上的随意性、任意性。通过补偿机制，政府不仅对自己先行做出的行政行为要慎重，而且做出之后就要言而有信，切实履行承诺，遵守发布的政策，贯彻实施政策，保护公民的信赖利益，取信于民。信赖保护原则设置的目的就是要保护社会成员的合法权益。平衡公共利益和社会成员的个人利益。在不损害公共利益的前提下，个人信赖利益应受合法保护，当个人利益与社会公共利益发生冲突的时候，也要给予个人适当的补偿将个人利益的损失减少到最小。例如，避免钓鱼执法等。

（四）程序正当

程序正当是指农业行政执法要遵循法定程序，要向当事人表明身份，提供执法证件。

（五）高效便民

处罚不是目的，而是为了让当事人遵守法律规定，维护农牧业正常的生产经营秩序。因此，在执法中要做到高效便民，执法也不要破坏当事人正常的生产经营活动。

（六）权责统一

法律赋予执法部门权力和责任、义务是对等的。例如，执法部门在行使执法权力过程中还要进行普法，给当事人辨法析理，让当事人知道因为什么而受处罚。

三、做好农业行政执法的举措

（一）掌握农业和农业检测标准知识

做好农业行政执法工作，需要掌握农业和农业检测标准。知晓农业生产经营流程，熟悉农业生产经营目标。掌握农业检测标准相关的知识和技能，使农业行政执法有技术依据和参考。

（二）掌握法律知识

掌握《农业法》《中华人民共和国种子法》《中华人民共和国土地管理法》（以下简称《土地管理法》）《中华人民共和国动物防疫法》（以下简称《动物防疫法》）《中华人民共和国行政许可法》《中华人民共和国行政处罚法》（以下简称《行政处罚法》）《兽药管理条例》等法律、行政法规的具体内容。

《中华人民共和国种子法》

《兽药管理条例》

《土地管理法》

（三）遵循农业行政执法原则

在农业政策法规执法过程中，应遵循合法行政、合理行政、诚实信用、程序正当、高效便民、权责统一的原则。佩戴执法证件，穿着制式服装，依法履行法定职责，做到公平、公正、公开。

（四）积极参加各类培训

农业综合行政执法人员每年应当接受不少于60学时的公共法律知识、业务法律知识和执法技能等业务的培训。

（五）做好沟通协调

执法过程会遇到行政相对人的阻挠，也可能会遇到其他方面的干扰，因此需要做好沟通协调工作，做到执法必严、违法必究。

（六）争取上级部门支持，创新性开展工作

对执法过程中遇到的问题，积极向上级部门反映。争取上级在财力、装备、培训项目等方面的支持。对执法中遇到与现行政策不一致的法律规定，先予以执行，再向上级部门提出修改法律条文的建议。

◎材料准备

（1）收集我国农村法规的相关资料，包括背景、目的意义、措施、效果等。

（2）收集调研报告的格式和范文，主要包括：查阅期刊网站，了解调研报告的写作要求

（3）收集农村法规实施的相关报道。

任务筹划

1. 内容筹划

从收集的农村法规中，分析提炼两方面的内容：一是某类农村法规的主要内容；二是某类农村法规的实施效果。

2. 方法筹划

（1）查阅资料法。查阅调研报告的格式和内容。

（2）研读法。研读某一农村法规，例如《农村土地承包法》。

（3）访谈法。对承包土地的农民进行访谈，了解《农村土地承包法》的实施情况。

3. 流程筹划

第一步：深入了解调研报告的格式和写作要求。

第二步：确定调研的主题。

第三步：选择合适的调研方法。

第三步：实施调研。

第五步：根据调研结果，就某一农村法规的实施情况写一个调研报告。

任务实施

步骤一：

步骤二：

步骤三：

步骤四：

步骤五：

任务检测

使用微信扫码进入在线测试，可反复多次答题，直到获得满意的结果。

任务检测

任务评价

任务评价表

班级：________ 组别：________ 姓名：________

小组成员		
姓名	**学号**	**组内分工**

项目	评分标准	自我评价	小组评价	教师评价
基本素质（30分）	学习态度（10分）			
	团队协作（20分）			
知识技能（40分）	掌握我国农村法规执行的内容（10分）			
	掌握调研报告的主要内容、格式（10分）			
	能就某一农村法规的执行情况写一个调研报告（20分）			
任务完成质量（20分）	出色完成任务（20分），较好完成任务（12~19分），基本完成任务（6~11分），较差完成任务（0~5分）			
思政表现（10分）	对农村法规是否重视（10分）			
合计				

（续表）

自我评价与总结	
教师点评	

课程思政专栏

青海省农业综合行政执法监督局获赠锦旗

【课程思政关键词】农业；行政执法

2023 年 3 月 16 日，化隆县群科镇安达其哈村村民代表一行 10 人专程前来青海省农业综合行政执法监督局，赠送“秉公执法扬正气为民解难暖人心”的锦旗，感谢省农业综合行政执法监督局坚持全心全意为人民服务的根本宗旨，积极回应村民的关切，支持和解决了其 98 户村民土地确权的合理诉求，化隆县农牧局认定其农村土地承包经营权证是依法依规颁发，经营权证合法有效。张保太局长代表省农业综合行政执法监督局受赠了锦旗，并和村民代表们进行了座谈。

2023 年 1 月上旬，安达其哈村村民代表来青海省农业综合行政执法监督局反映村里 98 户村民合法流转的耕地被改变用途等违法问题，请求农业农村部门维护其合法权益。作为农业农村主管部门，青海省农业农村厅党组高度重视农村土地特别是耕地合法使用工作，杨毅青副厅长对上访事项专门作出指示。省农业综合行政执法监督局认真落实厅党组依法依规稳妥处理的指示精神，多次向青海省、海东市、化隆县有关部门沟通协调并通报情况，会同厅机关有关处室和单位前往化隆县农牧局核实土地确权有关事项，提出处置办法，努力研究推动问题解决。2 月中旬，化隆县农牧局认定村民们的农村土地承包经营权证合法有效，为村民们后续依法维权奠定了基础，为维护社会安定团结提供了有利条件。

在座谈会上，安达其哈村村民代表说：“这些工作对贵局来说，可能是尽忠职守，但对我们来说，那就是雪中送炭、执法为民。古代有包青天、海青天，但那是传说故事。现在我们却遇到了真正为民服务的人和事。什么叫听党话的好干部？什么叫把老百姓放在心上的人民公仆？如何衡量不忘初心、牢记使命？怎么才算从群众中来、到群众中去的优秀干部？张局长、魏科长这样的干部就是活生生的例子！”

张保太局长表示，“秉公执法扬正气为民解难暖人心”，是对我局不断改进机关作风、依法履职的高度认可，也是对推进农业综合行政执法工作的有力鞭策。青海省农业综合行政执法监督局将坚持以习近平新时代中国特色社会主义思想为指导，以这次接受锦旗为契机，做好农业综合行政执法等有关工作。一是把严格规范公正文明执法落到实处，让人民群众在执法活动中感受到公平正义，努力营造出全社会尊法学法守法用法的良好法治环境。二是牢记全心全意为人民服务的根本宗旨，坚持以人民为中心的发展理念，进一步转变机关作风，围绕粮食安全和重要农产品生产关键环节，加大执法力度，依法严厉打击各类违法行为，确保国家粮食安全、农产品质量安全和农业生产安全，努力为农村社会长治久安、农民安居乐业、乡村全面振兴提供有力法治保障。

（资料来源："青海 12316 三农服务热线"微信公众号）

【启示】农业行政执法过程中要有为民情怀，要有奉献精神，要解决农民群众面临的急难愁盼的问题。通过执法，为民办实事，实现了保障国家粮食安全、维护农民合法权益的目标，也密切了党群、干群关系。

项目二 农业基本政策法规

项目导读

《农业法》是指导我国农业发展的基础法律，是制定许多其他农业法律法规的依据。《畜牧法》对我国发展畜牧业提出了监管要求，对指导我国科学发展畜牧业、促进草原畜牧业的发展具有重要意义。党的十八大以来的中央一号文件体现了党和政府对农业、农村、农民工作的高度重视，我国农牧民有了更多的获得感、幸福感、安全感。党的二十大关于“三农”工作的最新表述，提出了党对“三农”工作的最新要求，应在工作中加以贯彻落实。

学习目标

知识目标：掌握《农业法》的主要内容，掌握《畜牧法》的主要内容，掌握党的十八大以来中央一号文件的主要内容，掌握党的二十大报告中关于“三农”工作的最新表述。

技能目标：培养学生沟通表达、团队协作的能力。

素养目标：培养学生的法律思维，用法律法规分析和解决实际问题，培养逻辑思维能力和学习能力；培养学生的政策思维，用农村政策分析和解决实际问题。

思政目标：树立为乡村振兴作贡献的职业理想，形成爱农、为民情怀，热爱党、热爱国家。

思维导图

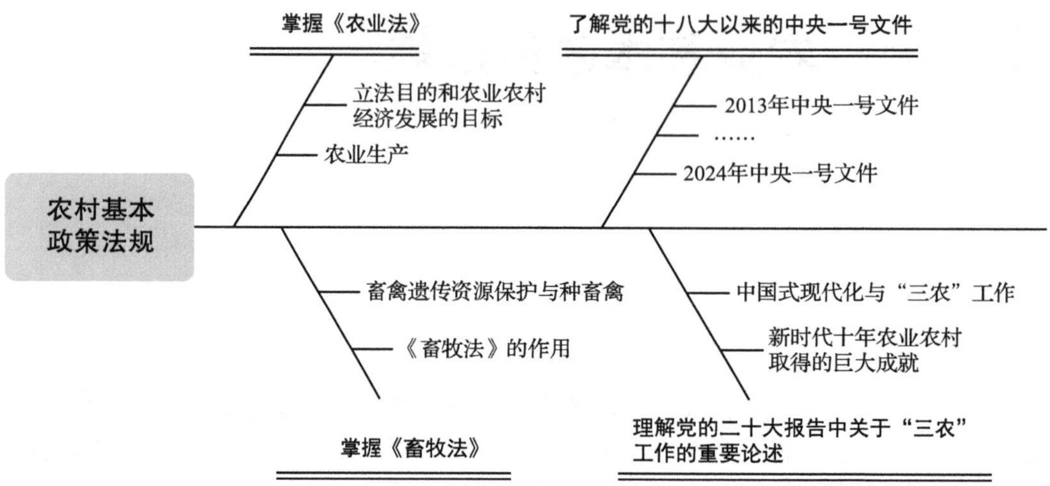

任务一　掌握《农业法》

任务导入

《农业法》是我国发展现代农业、指导农业农村经济社会发展的一部全局性的法律，涉及农业农村工作的方方面面，对指导农业农村工作的开展、解决“三农”问题具有重要的作用。现实中人们对《农业法》不太了解，认为它晦涩难懂、抽象。

请你结合所熟悉的《农业法》部分内容，为《农业法》的宣传提供一份宣传策划方案。

任务准备

知识链接

《农业法》

◎知识准备

我国历来重视农业的发展。农业曾经作为中国社会的主导产业，一直备受重视。随着经济、社会、技术的发展，农业作为主导产业的地位在下降，但并不意味着农业不重要了。

1993 年 7 月 2 日第八届全国人民代表大会常务委员会第二次会议通过，自公布之日起施行。第九届全国人民代表大会常务委员会第三十一次会议于 2002 年 12 月 28 日修订通过，自 2003 年 3 月 1 日起施行。第十一届全国人民代表大会常务委员会第三十次会议于2012年12月28日通过了《全国人民代表大会常务委员会关于修改〈中华人民共和国农业法〉的决定》，修改后的《农业法》自2013年1月1日起施行。我国《农业法》随着时代的发展变迁，及时进行了修订和修改。

一、立法目的和农业农村经济发展的目标

巩固和加强农业在国民经济中的基础地位，深化农村改革，提高农业生产力，推进农业现代化，维护农民和农业生产经营组织的合法权益，增加农民收入，提高农民科学文化素质，促进农业和农村经济的持续、稳定、健康发展，实现全面建设小康社会的目标。目前，我国已全面建成小康社会，进入全面建设社会主义现代化国家的新阶段，致力于实现中国农业农村现代化。

农业农村经济发展的基本目标是：建立适应社会主义市场经济发展要求的农村经济体制，不断解放和发展农村生产力，提高农业的整体素质和效益，确保农产品供应和质量，满足国民经济发展和人口增长、生活改善的需求，提高农民的收入和生活水平，促进农村富余劳动力向非农产业和城镇转移，缩小城乡差别和区域差别，建设富裕、民主、文明的社会主义新农村，逐步实现农业和农村现代化。

二、农业生产

实行农村土地承包经营制度，依法保障农村土地承包关系的长期稳定，保护农民对承包土地的使用权。农村集体经济组织应当在家庭承包经营的基础上，依法管理集体资产，为其成员提供生产、技术、信息等服务，组织合理开发、利用集体资源，壮大经济实力。

国家采取措施发展多种形式的农业产业化经营，鼓励和支持农民和农业生产经营组织发展生产、加工、销售一体化经营。国家引导和支持从事农产品生产、加工、流通服务的企业、科研单位和其他组织，通过与农民或者农民专业合作经济组织订立合同或者建立各类企业等形式，形成收益共享、风险共担的利益共同体，推进农业产业化经营，带动农业发展。农民和农业生产经营组织可以按照法律、行政法规成立各种农产品行业协会，为成员提供生产、营销、信息、技术、培训等服务，发挥协调和自律作用，提出农产品贸易救济措施的申请，维护成员和行业的利益。

国家鼓励和支持农民和农业生产经营组织使用先进、适用的农业机械，加强农业机械安全管理，提高农业机械化水平。国家对农民和农业生产经营组织购买先进农业机械给予扶持。各级人民政府应当支持为农业服务的气象事业的发展，提高对气象灾害的监测和预报水平。

国家采取措施提高农产品的质量，建立健全农产品质量标准体系和质量检验检测监督体系，按照有关技术规范、操作规程和质量卫生安全标准，组织农产品的生产经营，保障农产品质量安全。国家支持依法建立健全优质农产品认证和标志制度。国家鼓励和扶持发展优质农产品生产。县级以上地方人民政府应当结合本地情况，按照国家有关规定采取措施，发展优质农产品生产。符合国家规定标准的优质农产品可以依照法律或者行政法规的

规定申请使用有关的标志。符合规定产地及生产规范要求的农产品可以依照有关法律或者行政法规的规定申请使用农产品地理标志。

县级以上人民政府根据国民经济和社会发展的中长期规划、农业和农村经济发展的基本目标和农业资源区划，制定农业发展规划。省级以上人民政府农业行政主管部门根据农业发展规划，采取措施发挥区域优势，促进形成合理的农业生产区域布局，指导和协调农业和农村经济结构调整。

三、粮食安全和农业投入、支持保护

国家采取措施保护和提高粮食综合生产能力，稳步提高粮食生产水平，保障粮食安全。国家建立耕地保护制度，对基本农田依法实行特殊保护。国家在政策、资金、技术等方面对粮食主产区给予重点扶持，建设稳定的商品粮生产基地，改善粮食收贮及加工设施，提高粮食主产区的粮食生产、加工水平和经济效益。

在粮食的市场价格过低时，国务院可以决定对部分粮食品种实行保护价制度。保护价应当根据有利于保护农民利益、稳定粮食生产的原则确定。农民按保护价制度出售粮食，国家委托的收购单位不得拒收。

国家建立和完善农业支持保护体系，采取财政投入、税收优惠、金融支持等措施，从资金投入、科研与技术推广、教育培训、农业生产资料供应、市场信息、质量标准、检验检疫、社会化服务以及灾害救助等方面扶持农民和农业生产经营组织发展农业生产，提高农民的收入水平。在不与我国缔结或加入的有关国际条约相抵触的情况下，国家对农民实施收入支持政策。

国家逐步提高农业投入的总体水平。中央和县级以上地方财政每年对农业总投入的增长幅度应当高于其财政经常性收入的增长幅度。各级人民政府在财政预算内安排的各项用于农业的资金应当主要用于：加强农业基础设施建设；支持农业结构调整，促进农业产业化经营；保护粮食综合生产能力，保障国家粮食安全；健全动植物检疫、防疫体系，加强动物疫病和植物病、虫、杂草、鼠害防治；建立健全农产品质量标准和检验检测监督体系、农产品市场及信息服务体系；支持农业科研教育、农业技术推广和农民培训；加强农业生态环境保护建设；扶持贫困地区发展；保障农民收入水平等。

县级以上各级财政用于种植业、林业、畜牧业、渔业、农田水利的农业基本建设投入应当统筹安排，协调增长。国家为加快西部开发，增加对西部地区农业发展和生态环境保护的投入。

四、农业科技教育、资源与环保

国务院和省级人民政府应当制定农业科技、农业教育发展规划，发展农业科技、教育事业。县级以上人民政府应当按照国家有关规定逐步增加农业科技经费和农业教育经费。

国家鼓励、吸引企业等社会力量增加农业科技投入，鼓励农民、农业生产经营组织、企业事业单位等依法举办农业科技、教育事业。国家保护植物新品种、农产品地理标志等知识产权，鼓励和引导农业科研、教育单位加强农业科学技术的基础研究和应用研究，传播和普及农业科学技术知识，加速科技成果转化与产业化，促进农业科学技术进步。

农业科研单位、有关学校、农业技术推广机构以及科技人员，根据农民和农业生产经营组织的需要，可以提供无偿服务，也可以通过技术转让、技术服务、技术承包、技术咨询和技术入股等形式，提供有偿服务，取得合法收益。农业科研单位、有关学校、农业技术推广机构以及科技人员应当提高服务水平，保证服务质量。

发展农业和农村经济必须合理利用和保护土地、水、森林、草原、野生动植物等自然资源，合理开发和利用水能、沼气、太阳能、风能等可再生能源和清洁能源，发展生态农业，保护和改善生态环境。县级以上人民政府应当制定农业资源区划或者农业资源合理利用和保护的区划，建立农业资源监测制度。农民和农业生产经营组织应当保养耕地，合理使用化肥、农药、农用薄膜，增加使用有机肥料，采用先进技术，保护和提高地力，防止农用地的污染、破坏和地力衰退。

五、农民权益保护和农村经济发展

任何机关或者单位向农民或者农业生产经营组织收取行政、事业性费用必须依据法律、法规的规定。收费的项目、范围和标准应当公布。没有法律、法规依据的收费，农民和农业生产经营组织有权拒绝。任何机关或者单位对农民或者农业生产经营组织进行罚款处罚必须依据法律、法规、规章的规定。没有法律、法规、规章依据的罚款，农民和农业生产经营组织有权拒绝。任何机关或者单位不得以任何方式向农民或者农业生产经营组织进行摊派。除法律、法规另有规定外，任何机关或者单位以任何方式要求农民或者农业生产经营组织提供人力、财力、物力的，属于摊派。

国家依法征用农民集体所有的土地，应当保护农民和农村集体经济组织的合法权益，依法给予农民和农村集体经济组织征地补偿，任何单位和个人不得截留、挪用征地补偿费用。各级人民政府、农村集体经济组织或者村民委员会在农业和农村经济结构调整、农业产业化经营和土地承包经营权流转等过程中，不得侵犯农民的土地承包经营权。

农村集体经济组织或者村民委员会为发展生产或者兴办公益事业，需要向其成员（村民）筹资筹劳的，应当经成员（村民）会议或者成员（村民）代表会议过半数通过后，方可进行。

国家坚持城乡协调发展的方针，扶持农村第二、第三产业发展，调整和优化农村经济结构，增加农民收入，促进农村经济全面发展，逐步缩小城乡差距。各级人民政府应当采取措施，发展乡镇企业，支持农业发展，转移富余的农业劳动力。国家完善乡镇企业发展的支持措施，引导乡镇企业优化结构，更新技术，提高素质。县级以上地方人民政府应当根据当地的经济发展水平、区位优势和资源条件，按照合理布局、科学规划、节约用地的原则，有重点地推进农村小城镇建设。

◎材料准备

（1）收集宣传策划方案的格式模板和范文，宣传策划方案一般包括活动主题、活动背景、活动目的、活动时间、活动地点、活动对象、主办单位、经费预算等。

（2）收集我国农业方面的法律文件，主要包括《农业法》《农村土地承包法》等。

（3）收集国外农业方面的法律文件，主要包括日本《食品、农业和农村基本法》、美国《2018 年农业改善法》（*Agriculture Improvement Act of* 2018）。

任务筹划

1. 内容筹划

收集提炼两方面的内容：一是宣传策划方案的主要内容，二是熟悉国内外农业法的立法目的、法律措施。

2. 方法筹划

（1）研读法。研读《农业法》，熟悉它的结构及具体法律条文。

（2）查阅资料法。查阅宣传策划方案的格式与内容。

3. 流程筹划

第一步：深入了解宣传策划方案的内容、格式。

第二步：根据背景资料，查找国内外农业基本法律。

第三步：从我国《农业法》中找出关键的条款。

第四步：撰写《农业法》宣传策划方案。

任务实施

步骤一：

步骤二：

步骤三：

步骤四：

任务检测

使用微信扫码进入在线测试，可反复多次答题，直到获得满意的结果。

任务检测

任务评价

任务评价表

班级：＿＿＿＿＿＿＿＿＿＿　组别：＿＿＿＿＿＿＿＿＿＿　姓名：＿＿＿＿＿＿＿＿＿＿

<table>
<tr><td colspan="5">小组成员</td></tr>
<tr><td>姓名</td><td>学号</td><td colspan="3">组内分工</td></tr>
<tr><td></td><td></td><td colspan="3"></td></tr>
<tr><td></td><td></td><td colspan="3"></td></tr>
<tr><td></td><td></td><td colspan="3"></td></tr>
<tr><td></td><td></td><td colspan="3"></td></tr>
<tr><td></td><td></td><td colspan="3"></td></tr>
<tr><td>项目</td><td>评分标准</td><td>自我评价</td><td>小组评价</td><td>教师评价</td></tr>
<tr><td rowspan="2">基本素质
（30 分）</td><td>学习态度（10 分）</td><td></td><td></td><td></td></tr>
<tr><td>团队协作（20 分）</td><td></td><td></td><td></td></tr>
<tr><td rowspan="3">知识技能
（40 分）</td><td>掌握我国《农业法》的主要内容（10 分）</td><td></td><td></td><td></td></tr>
<tr><td>掌握宣传策划方案的主要内容、格式（10 分）</td><td></td><td></td><td></td></tr>
<tr><td>能够提出《农业法》的宣传策划方案（20 分）</td><td></td><td></td><td></td></tr>
<tr><td>任务完成质量
（20 分）</td><td>出色完成任务（20 分），较好完成任务（12~19 分），基本完成任务（6~11 分），较差完成任务（0~5 分）</td><td></td><td></td><td></td></tr>
<tr><td>思政表现
（10 分）</td><td>对法律法规是否重视（10 分）</td><td></td><td></td><td></td></tr>
<tr><td colspan="2">合计</td><td></td><td></td><td></td></tr>
<tr><td>自我评价
与总结</td><td colspan="4"></td></tr>
<tr><td>教师点评</td><td colspan="4"></td></tr>
</table>

课程思政专栏

全国人大常委会正式启动《农业法》执法检查

【课程思政关键词】执法检查；依法治国

为促进《农业法》全面有效实施，加快建设农业强国，加快农业农村现代化，全国人大常委会于2024年4月15日正式启动《农业法》执法检查。

《农业法》是我国农业和农村经济方面的基本法，于1993年7月通过，2002年12月修订并于2003年3月实施，此后分别于2009年和2012年进行过两次修正。此次执法检查采取执法检查组赴地方实地检查、委托省级人大常委会检查相结合的方式。4月至7月，执法检查组赴江苏省、安徽省、重庆市、四川省、云南省、新疆维吾尔自治区6省（自治区、直辖市）开展实地检查。委托天津市、山西省、内蒙古自治区、山东省、河南省、湖北省等6省（自治区、直辖市）人大常委会同步对本行政区域内《农业法》的实施情况进行检查。

据悉，此次执法检查将重点检查8个方面的内容：强化耕地保护建设，保障国家粮食安全和重要农产品稳定安全供给情况；完善农业生产经营体系，促进小农户和现代农业发展有机衔接情况；推动种业振兴，强化农业科技装备支撑情况；保护农业资源环境，推动农业农村绿色低碳发展情况；加大农业投入，完善农业支持保护制度情况；保障农民权益，促进农民稳定增收情况；法律实施中存在的主要问题，进一步贯彻实施《农业法》的意见和建议；对修改完善《农业法》的意见和建议，以及对加强涉农法治建设的意见建议。

2024年7月底，执法检查组召开第二次全体会议，总结执法检查工作，研究讨论执法检查报告稿，根据讨论意见对执法检查报告稿进行修改完善。

（资料来源：新华社）

【启示】立法机关启动《农业法》执法检查工作，将更好地促进法律正确而有效实施，也为修改完善《农业法》提供了依据，推动全社会形成依法治国、依法治农的意识。

任务二　掌握《畜牧法》

任务导入

《畜牧法》是我国发展现代畜牧业、指导畜牧业发展的一部专门性的法律。青海省等中西部地区大力发展畜牧业、草原畜牧业，对推动农牧业可持续发展、增加农牧民收入、解决“三农”问题具有重要的作用。

现实中人们对《畜牧法》不太了解，认为《畜牧法》概括抽象、离生活和工作较远。请你结合所熟悉的《畜牧法》内容，为《畜牧法》的宣传提供一份宣传策划方案。

任务准备

知识链接

《畜牧法》

◎知识准备

畜牧业是农业的重要组成部分。畜牧业提供人们所需的肉、蛋、奶等产品，是人们获取人体所需蛋白质的主要渠道，还能为工业提供原料。遵守法律规定，是公民和法人的义务。通过学习和遵守《畜牧法》，使畜牧业发展走上法治轨道，保障畜牧业可持续发展。

2005 年 12 月 29 日第十届全国人民代表大会常务委员会第十九次会议通过了《畜牧法》。根据 2015 年 4 月 24 日第十二届全国人民代表大会常务委员会第十四次会议《关于修改〈中华人民共和国计量法〉等五部法律的决定》进行了修正。2022 年 10 月 30 日，第十三届全国人民代表大会常务委员会第三十七次会议修订了《畜牧法》，新修订的《畜牧法》自 2023 年 3 月 1 日起施行。

一、《畜牧法》的作用

规范畜牧业生产经营行为，保障畜禽产品供给和质量安全，保护和合理利用畜禽遗传资源，培育和推广畜禽优良品种，振兴畜禽种业，维护畜牧业生产经营者的合法权益，防范公共卫生风险，促进畜牧业高质量发展。

二、畜禽遗传资源保护与种畜禽

国家建立畜禽遗传资源保护制度，开展资源调查、保护、鉴定、登记、监测和利用等工作。各级人民政府应当采取措施，加强畜禽遗传资源保护，将畜禽遗传资源保护经费列入预算。畜禽遗传资源保护以国家为主、多元参与，坚持保护优先、高效利用的原则，实行分类分级保护。国家鼓励和支持有关单位、个人依法发展畜禽遗传资源保护事业，鼓励和支持高等学校、科研机构、企业加强畜禽遗传资源保护、利用的基础研究，提高科技创新能力。

国务院农业农村主管部门负责定期组织畜禽遗传资源的调查工作，发布国家畜禽遗传资源状况报告，公布经国务院批准的畜禽遗传资源目录。经过驯化和选育而成，遗传性状稳定，有成熟的品种和一定的种群规模，能够不依赖于野生种群而独立繁衍的驯养动物，可被列入畜禽遗传资源目录。

国家扶持畜禽品种的选育和优良品种的推广使用，实施全国畜禽遗传改良计划；支持企业、高等学校、科研机构和技术推广单位开展联合育种，建立健全畜禽良种繁育体系。县级以上人民政府支持开发利用列入畜禽遗传资源保护名录的品种，增加特色畜禽产品供给，满足多元化消费需求。

从事种畜禽生产经营或者生产经营商品代仔畜、雏禽的单位、个人，应当取得种畜禽生产经营许可证。申请取得种畜禽生产经营许可证，应当具备下列条件。

（1）生产经营的种畜禽是通过国家畜禽遗传资源委员会审定或者鉴定的品种、配套系，或者是经批准引进的境外品种、配套系。

（2）有与生产经营规模相适应的畜牧兽医技术人员。

（3）有与生产经营规模相适应的繁育设施设备。

（4）具备法律、行政法规和国务院农业农村主管部门规定的种畜禽防疫条件。

（5）有完善的质量管理和育种记录制度。

（6）法律、行政法规规定的其他条件。

三、畜禽养殖

国家建立健全现代畜禽养殖体系。县级以上人民政府农业农村主管部门应当根据畜牧业发展规划和市场需求，引导和支持畜牧业结构调整，发展优势畜禽生产，提高畜禽产品市场竞争力。

各级人民政府应当保障畜禽养殖用地合理需求。县级国土空间规划根据本地实际情况，安排畜禽养殖用地。畜禽养殖用地按照农业用地管理。畜禽养殖用地使用期限届满或者不再从事养殖活动，需要恢复为原用途的，由畜禽养殖用地使用人负责恢复。在畜禽养殖用地范围内需要兴建永久性建（构）筑物，涉及农用地转用的，依照《土地管理法》的规定办理。

国家设立的畜牧兽医技术推广机构，应当提供畜禽养殖、畜禽粪污无害化处理和资源化利用技术培训，以及良种推广、疫病防治等服务。县级以上人民政府应当保障国家设立的畜牧兽医技术推广机构从事公益性技术服务的工作经费。

畜禽养殖者应当为其饲养的畜禽提供适当的繁殖条件和生存、生长环境。国家引导畜禽养殖户按照畜牧业发展规划有序发展，加强对畜禽养殖户的指导帮扶，保护其合法权益，不得随意以行政手段强行清退。国家鼓励涉农企业带动畜禽养殖户融入现代畜牧业产业链，加强面向畜禽养殖户的社会化服务，支持畜禽养殖户和畜牧业专业合作社发展畜禽规模化、标准化养殖，支持发展新产业、新业态，促进与旅游、文化、生态等产业融合。

四、草原畜牧业

国家支持科学利用草原，协调推进草原保护与草原畜牧业发展，坚持生态优先、生产生态有机结合，发展特色优势产业，促进农牧民增加收入，提高草原可持续发展能力，筑牢生态安全屏障，推进牧区生产生活生态协同发展。

国家支持牧区转变草原畜牧业发展方式，加强草原水利、草原围栏、饲草料生产加工储备、牲畜圈舍、牧道等基础设施建设。国家鼓励推行舍饲半舍饲圈养、季节性放牧、划区轮牧等饲养方式，合理配置畜群，保持草畜平衡。

国家支持优良饲草品种的选育、引进和推广使用，因地制宜开展人工草地建设、天然草原改良和饲草料基地建设，优化种植结构，提高饲草料供应保障能力。国家支持农牧民发展畜牧业专业合作社和现代家庭牧场，推行适度规模养殖，提升标准化生产水平，建设牛羊等重要畜产品生产基地。

牧区各级人民政府农业农村主管部门应当鼓励和指导农牧民改良家畜品种，优化畜群结构，实行科学饲养，合理加快出栏周转，促进草原畜牧业节本、提质、增效。

国家加强草原畜牧业灾害防御保障，将草原畜牧业防灾减灾列入预算，优化设施装备条件，完善牧区牛羊等家畜保险制度，提高抵御自然灾害的能力。国家完善草原生态保护补助奖励政策，对采取禁牧和草畜平衡措施的农牧民按照国家有关规定给予补助奖励。

有关地方人民政府有关部门应当支持草原畜牧业与乡村旅游、文化等产业协同发展，推动一二三产业融合，提升产业化、品牌化、特色化水平，持续增加农牧民收入，促进牧区振兴。草原畜牧业发展涉及草原保护、建设、利用和管理活动的，应当遵守有关草原保护法律法规的规定。

五、畜禽交易、运输与屠宰

国家加快建立统一开放、竞争有序、安全便捷的畜禽交易市场体系。县级以上地方人民政府应当根据农产品批发市场发展规划，对在畜禽集散地建立畜禽批发市场给予扶持。畜禽批发市场选址，应当符合法律、行政法规和国务院农业农村主管部门规定的动物防疫条件，并距离种畜禽场和大型畜禽养殖场三公里以外。

国家鼓励畜禽屠宰经营者直接从畜禽养殖者收购畜禽，建立稳定收购渠道，降低动物疫病和质量安全风险。

国家实行生猪定点屠宰制度。对生猪以外的其他畜禽可以实行定点屠宰，具体办法由省、自治区、直辖市行政主管部门制定。农村地区个人自宰自食的除外。畜禽屠宰经营者应当加强畜禽屠宰质量安全管理。畜禽屠宰企业应当建立畜禽屠宰质量安全管理制度。未经检验、检疫或者经检验、检疫不合格的畜禽产品不得出厂销售。经检验、检疫不合格的畜禽产品，按照国家有关规定处理。

六、保障与监督

省级以上人民政府应当在其预算内安排支持畜禽种业创新和畜牧业发展的良种补贴、贴息补助、保费补贴等资金，并鼓励有关金融机构提供金融服务，支持畜禽养殖者购买优良畜禽、繁育良种、防控疫病，支持改善生产设施、畜禽粪污无害化处理和资源化利用设施设备、扩大养殖规模，提高养殖效益。

县级以上人民政府应当组织农业农村主管部门和其他有关部门，依照本法和有关法律、行政法规的规定，加强对畜禽饲养环境、种畜禽质量、畜禽交易与运输、畜禽屠宰以及饲料、饲料添加剂、兽药等投入品的生产、经营、使用的监督管理。

国务院农业农村主管部门应当制定畜禽标识和养殖档案管理办法，采取措施落实畜禽产品质量安全追溯和责任追究制度。

◎材料准备

（1）收集《畜牧法》宣传的策划方案的格式模板和范文，宣传策划方案一般包括活动主题、活动背景、活动目的、活动时间、活动地点、活动对象、主办单位、经费预算等。

（2）收集我国畜牧业方面的法律文件，主要包括：《畜牧法》。

任务筹划

1. 内容筹划

收集提炼两方面的内容：一是宣传策划方案的主要内容；二是熟悉《畜牧法》的立法目的、法律措施。

2. 方法筹划

（1）研读法。研读《畜牧法》，熟悉《畜牧法》的结构及具体法律条文。

（2）查阅资料法。查阅宣传策划方案的格式与内容。

3. 流程筹划

第一步：深入了解宣传策划方案的内容、格式。

第二步：根据背景资料，查找《畜牧法》及相关法律法规。

第三步：从我国畜牧法中找出关键的条款。

第四步：撰写《畜牧法》宣传策划方案。

任务实施

步骤一：

步骤二：

步骤三：

步骤四：

任务检测

使用微信扫码进入在线测试，可反复多次答题，直到获得满意的结果。

任务检测

任务评价

任务评价表

班级：________________　组别：________________　姓名：________________

小组成员				
姓名	学号	组内分工		
项目	评分标准	自我评价	小组评价	教师评价
基本素质（30 分）	学习态度（10 分）			
	团队协作（20 分）			
知识技能（40 分）	掌握我国《畜牧法》的主要内容（10 分）			
	掌握宣传策划方案的主要内容、格式（10 分）			
	能够提出《畜牧法》的宣传策划方案（20 分）			
任务完成质量（20 分）	出色完成任务（20 分），较好完成任务（12~19 分），基本完成任务（6~11 分），较差完成任务（0~5 分）			
思政表现（10 分）	对法律法规是否重视（10 分）			
合计				
自我评价与总结				
教师点评				

课程思政专栏

实现现代畜牧业绿色生态发展

【课程思政关键词】畜牧业；高质量发展

2021 年 6 月 25 日，全国人大常委会《畜牧法》执法检查组在四川省遂宁市检查时，齐全农牧集团公司董事长童其权介绍了一种令人印象深刻的养猪模式——楼房养猪。据介绍，这一模式可节约用地90%以上、节约用水70%以上，公司还利用养殖过程中产生的粪污通过异位发酵生产有机肥，用于青花椒种植，采用种养结合循环利用，实现零排放无污染。

检查组在检查时强调，推动畜牧业高质量发展，要着力增强畜产品综合生产能力，推动我国现代畜牧业与生态环境和谐发展。进一步贯彻实施《畜牧法》，要贯彻新发展理念，正确处理好生态环境保护与保障畜产品综合生产能力之间的关系，统筹资源环境承载能力与养殖废弃物资源化利用能力，推动发展种养结合循环农业，为增强畜产品综合生产能力，确保食物安全，实现现代畜牧业绿色生态发展提供法治保障。

为落实《畜牧法》第四十六条的规定，四川省全面推进畜禽粪污资源化利用，2017年至2020年落实中央资金29.9亿元，在85个县整县推进畜禽粪污资源化利用，确保养殖场建立粪污处理利用设施设备并保持运行，建立粪污处理利用档案并规范记录。

（资料来源：法治网）

【启示】通过《畜牧法》执法检查，解决该法律在实施中出现的问题，更好推进本地区畜牧业高质量发展。

任务三　了解党的十八大以来的中央一号文件

任务导入

“中央一号文件”特指党中央、国务院每一年所发布的第一号文件。党的十八大以来，截止到2023年3月，我国连续发布了十一个中央一号文件，持续发布事关全局的农业农村政策，聚焦于“三农”问题，为“三农”问题的解决、全面建成小康社会、推进乡村振兴和农业农村现代化起到了重要作用。

每一年的中央一号文件篇幅长、内容比较多，每一年提出的政策有细微差异，但也有共同点。请你结合所学习的一号文件内容，写一份心得体会并进行展示。

任务准备

◎知识准备

“三农”问题是指农业、农村、农民问题。我国正处在全面建设社会主义现代化国家的新阶段，实现农业农村现代化是全面建设社会主义现代化国家的难点。正因为“三农”问题的复杂性，党和政府才持续在中央一号文件中聚焦农业农村政策。实际上，我国在改革开放初的1982—1986年也连续五年发布过中央一号文件，持续关注农业和农村经济的发展问题。进入新世纪，从2004年开始，党中央、国务院不间断地发布有关三农政策的中央一号文件。这些一号文件，为解决当时面临的迫切需要解决的“三农”问题，给出了政策，提供了解决方案，收到了很好的效果。例如，我国免征农业税、实施农业补贴政策，就是落实中央一号文件的结果，极大地调动了农民等农业生产经营者从事农业生产的积极性，也保障了国家粮食安全，增加了农牧民收入。

因关注“三农”政策的中央一号文件数量众多，本次任务我们重点熟悉党的十八大以来的中央一号文件内容。

一、2013年中央一号文件

主题是加快发展现代农业进一步增强农村发展活力的若干意见。主要内容是全面贯彻落实党的十八大精神，坚定不移沿着中国特色社会主义道路前进，为全面建成小康社会而奋斗，必须固本强基，始终把解决好农业农村农民问题作为全党工作重中之重，把城乡发展一体化作为解决“三农”问题的根本途径；必须统筹协调，促进工业化、信息化、城镇化、农业现代化同步发展，着力强化现代农业基础支撑，深入推进社会主义新农村建设。

二、2014年中央一号文件

主题是全面深化农村改革加快推进农业现代化的若干意见。主要内容是以邓小平理论、“三个代表”重要思想、科学发展观为指导，按照稳定政策、改革创新、持续发展的总要求，力争在体制机制创新上取得新突破，在现代农业发展上取得新成就，在社会主义新农村建设上取得新进展，为保持经济社会持续健康发展提供有力支撑。

知识链接

《关于全面深化农村改革加快推进农业现代化的若干意见》

三、2015年中央一号文件

主题是加大改革创新力度加快农业现代化建设。主要内容是全面贯彻落实党的十八大和十八届三中、四中全会精神，以邓小平理论、“三个代表”重要思想、科学发展观为指导，深入贯彻习近平总书记系列重要讲话精神，主动适应经济发展新常态，按照稳粮增收、提质增效、创新驱动的总要求，继续全面深化农村改革，全面推进农村法治建设，推动新型工业化、信息化、城镇化和农业现代化同步发展，努力在提高粮食生产能力上挖掘新潜力，在优化农业结构上开辟新途径，在转变农业发展方式上寻求新突破，在促进农民增收上获得新成效，在建设新农村上迈出新步伐，为经济社会持续健康发展提供有力支撑。

四、2016 年中央一号文件

主题是落实发展新理念加快农业现代化、实现全面小康目标。主要内容是高举中国特色社会主义伟大旗帜，全面贯彻党的十八大和十八届三中、四中、五中全会精神，以邓小平理论、“三个代表”重要思想、科学发展观为指导，深入贯彻习近平总书记系列重要讲话精神，坚持全面建成小康社会、全面深化改革、全面依法治国、全面从严治党的战略布局，把坚持农民主体地位、增进农民福祉作为农村一切工作的出发点和落脚点，用发展新理念破解“三农”新难题，厚植农业农村发展优势，加大创新驱动力度，推进农业供给侧结构性改革，加快转变农业发展方式，保持农业稳定发展和农民持续增收，走产出高效、产品安全、资源节约、环境友好的农业现代化道路，推动新型城镇化与新农村建设双轮驱动、互促共进，让广大农民平等参与现代化进程、共同分享现代化成果。

五、2017 年中央一号文件

主题是深入推进农业供给侧结构性改革、加快培育农业农村发展新动能。主要内容是全面贯彻党的十八大和十八届三中、四中、五中、六中全会精神，以邓小平理论、“三个代表”重要思想、科学发展观为指导，深入贯彻习近平总书记系列重要讲话精神和治国理政新理念新思想新战略，坚持新发展理念，协调推进农业现代化与新型城镇化，以推进农业供给侧结构性改革为主线，围绕农业增效、农民增收、农村增绿，加强科技创新引领，加快结构调整步伐，加大农村改革力度，提高农业综合效益和竞争力，推动社会主义新农村建设取得新的进展，力争农村全面小康建设迈出更大步伐。

知识链接

《中共中央 国务院关于实施乡村振兴战略的意见》

六、2018 年中央一号文件

主题是实施乡村振兴战略。主要内容是聚焦乡村振兴战略，按照产业兴旺、生态宜居、乡风文明、治理有效、生活富裕的总要求，对统筹推进农村经济建设、政治建设、文化建设、社会建设、生态文明建设和党的建设进行全面部署。

七、2019 年中央一号文件

主题是坚持农业农村优先发展做好“三农”工作。主要内容是以习近平新时代中国特色社会主义思想为指导，全面贯彻党的十九大和十九届二中、三中全会以及中央经济工作会议精神，紧紧围绕统筹推进“五位一体”总体布局和协调推进“四个全面”战略布局，牢牢把握稳中求进工作总基调，落实高质量发展要求，坚持农业农村优先发展总方针，以实施乡村振兴战略为总抓手，对标全面建成小康社会“三农”工作必须完成的硬任务，适应国内外复杂形势变化对农村改革发展提出的新要求，抓重点、补短板、强基础，围绕“巩固、增强、提升、畅通”深化农业供给侧结构性改革，坚决打赢脱贫攻坚战，充分发挥农村基层党组织战斗堡垒作用，全面推进乡村振兴，确保顺利完成到 2020 年承诺的农村改革发展目标任务。

八、2020 年中央一号文件

主题是抓好“三农”领域重点工作、确保如期实现全面小康。主要内容是坚持以习近平新时代中国特色社会主义思想为指导，全面贯彻党的十九大和十九届二中、三中、四中全会精神，贯彻落实中央经济工作会议精神，对标对表全面建成小康社会目标，强化举措、狠抓落实，集中力量完成打赢脱贫攻坚战和补上全面小康“三农”领域突出短板两大重点任务，持续抓好农业稳产保供和农民增收，推进农业高质量发展，保持农村社会和谐稳定，提升农民群众获得感、幸福感、安全感，确保脱贫攻坚战圆满收官，确保农村同步全面建成小康社会。

九、2021 年中央一号文件

主题是全面推进乡村振兴、加快农业农村现代化。主要内容是以习近平新时代中国特色社会主义思想为指导，全面贯彻党的十九大和十九届二中、三中、四中、五中全会精神，贯彻落实中央经济工作会议精神，统筹推进“五位一体”总体布局，协调推进“四个全面”战略布局，坚定不移贯彻新发展理念，坚持稳中求进工作总基调，坚持加强党对“三农”工作的全面领导，坚持农业农村优先发展，坚持农业现代化与农村现代化一体设计、一并推进，坚持创新驱动发展，以推动高质量发展为主题，统筹发展和安全，落实加快构建新发展格局要求，巩固和完善农村基本经营制度，深入推进农业供给侧结构性改革，把乡村建设摆在社会主义现代化建设的重要位置，全面推进乡村产业、人才、文化、生态、组织振兴，充分发挥农业产品供给、生态屏障、文化传承等功能，走中国特色社会主义乡村振兴道路，加快农业农村现代化，加快形成工农互促、城乡互补、协调发展、共同繁荣的新型工农城乡关系，促进农业高质高效、乡村宜居宜业、农民富裕富足，为全面建设社会主义现代化国家开好局、起好步提供有力支撑。

十、2022 年中央一号文件

主题是做好 2022 年全面推进乡村振兴重点工作。主要内容是以习近平新时代中国特色社会主义思想为指导，全面贯彻党的十九大和十九届历次全会精神，深入贯彻中央经济工作会议精神，坚持稳中求进工作总基调，立足新发展阶段、贯彻新发展理念、构建新发展格局、推动高质量发展，促进共同富裕，坚持和加强党对“三农”工作的全面领导，牢牢守住保障国家粮食安全和不发生规模性返贫两条底线，突出年度性任务、针对性举措、实效性导向，充分发挥农村基层党组织领导作用，扎实有序做好乡村发展、乡村建设、乡村治理重点工作，推动乡村振兴取得新进展、农业农村现代化迈出新步伐。

十一、2023 年中央一号文件

主题是做好 2023 年全面推进乡村振兴重点工作。主要内容是坚持以习近平新时代中国特色社会主义思想为指导，全面贯彻落实党的二十大精神，深入贯彻落实习近平总书记关于“三农”工作的重要论述，坚持和加强党对“三农”工作的全面领导，坚持农业农村优先发展，坚持城乡融合发展，强化科技创新和制度创新，坚决守牢确保粮食安全、防止规模性返贫等底线，扎实推进乡村发展、乡村建设、乡村治理等重点工作，加快建设农业强国，建设宜居宜业和美乡村，为全面建设社会主义现代化国家开好局起好步打下坚实基础。

知识链接

《中共中央 国务院关于做好 2023 年全面推进乡村振兴重点工作的意见》

◎材料准备

（1）收集中央一号文件学习心得体会的格式模板和范文，心得体会一般包括学习的主要内容、对学习内容的理解、借鉴意义等。

（2）收集我国党的十八大以来的中央一号文件，主要包括：2013—2023 年中央一号文件。

（3）收集中央一号文件的解读资料，主要包括："三农"领域专家如陈锡文、温铁军等的访谈和相关报道。

任务筹划

1. 内容筹划

收集提炼两方面的内容：一是心得体会的主要内容，二是熟悉中央一号文件的政策目标、具体措施。

2. 方法筹划

（1）浏览法。浏览历年中央一号文件的内容。

（2）查阅资料法。查阅专家对文件的解读，包括视频或文字解读资料。

（3）小组讨论法。小组内交流学习历年中央一号文件的心得体会。

3. 流程筹划

第一步：深入了解心得体会的内容和格式。

第二步：查找并学习党的十八大以来的中央一号文件。

第三步：从中央一号文件中找出关键的内容，查阅专家对文件的解读资料。

第四步：小组内讨论学习中央一号文件内容，撰写学习的心得体会。

任务实施

步骤一：

步骤二：

步骤三：

步骤四：

任务检测

使用微信扫码进入在线测试，可反复多次答题，直到获得满意的结果。

任务检测

任务评价

任务评价表

班级：________________　组别：________________　姓名：________________

<table>
<tr><td colspan="5">小组成员</td></tr>
<tr><td>姓名</td><td>学号</td><td colspan="3">组内分工</td></tr>
<tr><td></td><td></td><td colspan="3"></td></tr>
<tr><td></td><td></td><td colspan="3"></td></tr>
<tr><td></td><td></td><td colspan="3"></td></tr>
<tr><td></td><td></td><td colspan="3"></td></tr>
<tr><td></td><td></td><td colspan="3"></td></tr>
<tr><td>项目</td><td>评分标准</td><td>自我评价</td><td>小组评价</td><td>教师评价</td></tr>
<tr><td rowspan="2">基本素质
（30分）</td><td>学习态度（10分）</td><td></td><td></td><td></td></tr>
<tr><td>团队协作（20分）</td><td></td><td></td><td></td></tr>
<tr><td rowspan="3">知识技能
（40分）</td><td>掌握我国十八大以来中央一号文件的主要内容（10分）</td><td></td><td></td><td></td></tr>
<tr><td>掌握心得体会的主要内容、格式（10分）</td><td></td><td></td><td></td></tr>
<tr><td>能够写出学习一号文件的心得体会（20分）</td><td></td><td></td><td></td></tr>
<tr><td rowspan="4">任务完成质量
（20分）</td><td rowspan="4">出色完成任务（20分），较好完成任务（12~19分），基本完成任务（6~11分），较差完成任务（0~5分）</td><td></td><td></td><td></td></tr>
<tr><td></td><td></td><td></td></tr>
<tr><td></td><td></td><td></td></tr>
<tr><td></td><td></td><td></td></tr>
<tr><td>思政表现
（10分）</td><td>对政策是否重视（10分）</td><td></td><td></td><td></td></tr>
<tr><td colspan="2">合计</td><td></td><td></td><td></td></tr>
<tr><td>自我评价与总结</td><td colspan="4"></td></tr>
<tr><td>教师点评</td><td colspan="4"></td></tr>
</table>

课程思政专栏

2024 年中央一号文件全文发布

【课程思政关键词】一号文件；乡村全面振兴

党的十八大以来第 12 个指导“三农”工作的中央一号文件 2024 年 2 月 3 日由新华社受权发布，提出推进乡村全面振兴“路线图”。

这份文件题为《中共中央 国务院关于学习运用“千村示范、万村整治”工程经验有力有效推进乡村全面振兴的意见》，全文共六个部分，包括：确保国家粮食安全、确保不发生规模性返贫、提升乡村产业发展水平、提升乡村建设水平、提升乡村治理水平、加强党对“三农”工作的全面领导。

文件指出，推进中国式现代化，必须坚持不懈夯实农业基础，推进乡村全面振兴。要学习运用“千万工程”蕴含的发展理念、工作方法和推进机制，把推进乡村全面振兴作为新时代新征程“三农”工作的总抓手，坚持以人民为中心的发展思想，完整、准确、全面贯彻新发展理念，因地制宜、分类施策，循序渐进、久久为功，集中力量抓好办成一批群众可感可及的实事，不断取得实质性进展、阶段性成果。

文件提出，以确保国家粮食安全、确保不发生规模性返贫为底线，以提升乡村产业发展水平、提升乡村建设水平、提升乡村治理水平为重点，强化科技和改革双轮驱动，强化农民增收举措，打好乡村全面振兴漂亮仗，绘就宜居宜业和美乡村新画卷，以加快农业农村现代化更好推进中国式现代化建设。

（资料来源：新京报）

【启示】国家连续发布关于“三农”的中央一号文件，聚焦推进乡村全面振兴，提出一系列有针对性的解决“三农”问题的政策措施，必将有力推动“三农”问题的解决。

任务四　理解党的二十大报告中关于“三农”工作的重要论述

任务导入

中国共产党第二十次全国代表大会于 2022 年 10 月 16 日至 22 日在北京举行。大会批准了习近平同志代表十九届中央委员会所作的《高举中国特色社会主义伟大旗帜，为全面建设社会主义现代化国家而团结奋斗》的报告即党的二十大报告，批准了十九届中央纪律检查委员会的工作报告，审议通过了《中国共产党章程（修正案）》，选举产生了新一届中央委员会和中央纪律检查委员会。

党的二十大是党和国家政治生活中的一件大事，是指导我国今后一段时期经济社会发展全局的纲领性文献。请你结合所学习的党的二十大报告内容，尤其是其中有关“三农”工作的表述，写一份宣传策划方案。

任务准备

◎知识准备

知识链接

《党的二十大报告》

党的二十大是在全党全国各族人民迈上全面建设社会主义现代化国家新征程、向第二个百年奋斗目标进军的关键时刻召开的一次十分重要的大会，是一次高举旗帜、凝聚力量、团结奋进的大会。大会高举中国特色社会主义伟大旗帜，坚持马克思列宁主义、毛泽东思想、邓小平理论、“三个代表”重要思想、科学发展观，全面贯彻习近平新时代中国特色社会主义思想，分析了国际国内形势，提出了党的二十大主题，回顾总结了过去五年的工作和新时代十年的伟大变革，阐述了开辟马克思主义中国化时代化新境界、中国式现代化的中国特色和本质要求等重大问题，对全面建设社会主义现代化国家、全面推进中华民族伟大复兴进行了战略谋划，对统筹推进“五位一体”总体布局、协调推进“四个全面”战略布局作出了全面部署。

因党的二十大内容较多，本次任务我们重点学习党的二十大报告中关于“三农”工作的重要表述。

一、新时代十年的伟大变革

知识链接

《习近平总书记在全国脱贫攻坚总结表彰大会上的讲话》

经过几代人的接续奋斗，我国实现了小康这个中华民族的千年梦想，国家发展站在了更高历史起点上。实施精准扶贫、尽锐出战，打赢了人类历史上规模最大的脱贫攻坚战，全国 832 个贫困县全部摘帽，现行标准下 9 899 万农村贫困人口全部脱贫，960 多万贫困人口实现易地搬迁，历史性地解决了中国绝对贫困问题，为全球减贫事业作出了重大贡献。谷物总产量稳居世界首位，十四亿多人的粮食安全得到有效保障。

二、中国式现代化的特征与“三农”工作

党的二十大报告指出，中国式现代化是全体人民共同富裕的现代化。共同富裕是中国特色社会主义的本质要求，也是一个长期的历史过程。我们坚持把实现人民对美好生活的

向往作为现代化建设的出发点和落脚点，着力维护和促进社会公平正义，着力促进全体人民共同富裕，坚决防止两极分化。当前，贫富差距主要体现在城乡居民的收入差距上，城镇居民人均可支配收入高，而农村居民人均可支配收入相对较低。要促进共同富裕，就要继续推进乡村振兴战略，提高农牧民收入水平。

中国式现代化是物质文明和精神文明相协调的现代化。物质富足、精神富有是社会主义现代化的根本要求。物质贫困不是社会主义，精神贫乏也不是社会主义。我们不断厚植现代化的物质基础，不断夯实人民幸福生活的物质条件，同时大力发展社会主义先进文化，加强理想信念教育，传承中华文明，促进物的全面丰富和人的全面发展。发展现代农业就是在发展实体经济，扶持农牧业发展就是在扶持实体经济，是物质富足的重要表现。农业中有较多的非物质文化遗产，有利于传承中华文明。物质富足，就要体现在粮食基本自给、口粮绝对安全，调整农牧业结构，保障农产品质量安全，为第二、第三产业的可持续发展打好基础。

中国式现代化是人与自然和谐共生的现代化。人与自然是生命共同体，无止境地向自然索取甚至破坏自然必然会遭到大自然的报复。我们坚持可持续发展，坚持节约优先、保护优先、自然恢复为主的方针，像保护眼睛一样保护自然和生态环境，坚定不移走生产发展、生活富裕、生态良好的文明发展道路，实现中华民族永续发展。农牧业有生态功能，促进农牧业可持续发展，就能有力推动人与自然和谐共生。

三、中国式现代化的“两步走”战略

全面建成社会主义现代化强国，总的战略安排是分两步走：从 2020 年到 2035 年基本实现社会主义现代化，从 2035 年到本世纪中叶把我国建成富强民主文明和谐美丽的社会主义现代化强国。

到 2035 年，我国发展的总体目标是：经济实力、科技实力、综合国力大幅跃升，人均国内生产总值迈上新的大台阶，达到中等发达国家水平；实现高水平科技自立自强，进入创新型国家前列；建成现代化经济体系，形成新发展格局，基本实现新型工业化、信息化、城镇化、农业现代化；基本实现国家治理体系和治理能力现代化，全过程人民民主制度更加健全，基本建成法治国家、法治政府、法治社会；建成教育强国、科技强国、人才强国、文化强国、体育强国、健康中国，国家文化软实力显著增强；人民生活更加幸福美好，居民人均可支配收入再上新台阶，中等收入群体比重明显提高，基本公共服务实现均等化，农村基本具备现代生活条件，社会保持长期稳定，人的全面发展、全体人民共同富裕取得更为明显的实质性进展；广泛形成绿色生产生活方式，碳排放达峰后稳中有降，生态环境根本好转，美丽中国目标基本实现；国家安全体系和能力全面加强，基本实现国防和军队现代化。

在基本实现现代化的基础上，我们要继续奋斗，到本世纪中叶，把我国建设成为综合国力和国际影响力领先的社会主义现代化强国。

未来五年是全面建设社会主义现代化国家开局起步的关键时期，主要目标任务是：经济高质量发展取得新突破，科技自立自强能力显著提升，构建新发展格局和建设现代化经

济体系取得重大进展；改革开放迈出新步伐，国家治理体系和治理能力现代化深入推进，社会主义市场经济体制更加完善，更高水平开放型经济新体制基本形成；全过程人民民主制度化、规范化、程序化水平进一步提高，中国特色社会主义法治体系更加完善；人民精神文化生活更加丰富，中华民族凝聚力和中华文化影响力不断增强；居民收入增长和经济增长基本同步，劳动报酬提高与劳动生产率提高基本同步，基本公共服务均等化水平明显提升，多层次社会保障体系更加健全；城乡人居环境明显改善，美丽中国建设成效显著；国家安全更为巩固，建军一百年奋斗目标如期实现，平安中国建设扎实推进；中国国际地位和影响力进一步提高，在全球治理中发挥更大作用。

四、加快建设农业强国

全面推进乡村振兴。全面建设社会主义现代化国家，最艰巨最繁重的任务仍然在农村。坚持农业农村优先发展，坚持城乡融合发展，畅通城乡要素流动。加快建设农业强国，扎实推动乡村产业、人才、文化、生态、组织振兴。全方位夯实粮食安全根基，全面落实粮食安全党政同责，牢牢守住十八亿亩[①]耕地红线，逐步把永久基本农田全部建成高标准农田，深入实施种业振兴行动，强化农业科技和装备支撑，健全种粮农民收益保障机制和主产区利益补偿机制，确保中国人的饭碗牢牢端在自己手中。树立大食物观，发展设施农业，构建多元化食物供给体系。发展乡村特色产业，拓宽农民增收致富渠道。巩固拓展脱贫攻坚成果，增强脱贫地区和脱贫群众内生发展动力。统筹乡村基础设施和公共服务布局，建设宜居宜业和美乡村。巩固和完善农村基本经营制度，发展新型农村集体经济，发展新型农业经营主体和社会化服务，发展农业适度规模经营。深化农村土地制度改革，赋予农民更加充分的财产权益。保障进城落户农民合法土地权益，鼓励依法自愿有偿转让。完善农业支持保护制度，健全农村金融服务体系。

◎材料准备

（1）收集党的二十大政策宣传策划方案的格式模板和范文。宣传策划方案一般包括活动主题、活动背景、活动目的、活动时间、活动地点、活动对象、主办单位、经费预算等。

（2）收集党的二十大、十九大报告，主要包括：党的二十大报告全文。

（3）收集党的二十大报告的相关解读资料，主要包括：习近平总书记在全国脱贫攻坚总结表彰大会上的讲话。

任务筹划

1. 内容筹划

收集提炼两方面的内容：一是宣传策划方案的主要内容；二是熟悉党的二十大报告提

① 1亩≈667平方米，全书同。

出的“两步走”目标，建设农业强国、全面推进乡村振兴的具体措施。

2. 方法筹划

（1）研读法。认真研读党的二十大报告中关于“三农”的具体内容。

（2）查阅资料法。查阅宣传策划方案的格式、内容。

（3）练习法。以小组为单位完成二十大“三农”工作相关的宣传策划方案。

3. 流程筹划

第一步：深入了解宣传策划方案的内容、格式。

第二步：查找并学习党的二十大报告全文。

第三步：从二十大报告中找出与“三农”相关的内容，查阅相关解读资料。

第四步：撰写二十大“三农”工作相关的宣传策划方案。

任务实施

步骤一：

步骤二：

步骤三：

步骤四：

任务检测

使用微信扫码进入在线测试，可反复多次答题，直到获得满意的结果。

任务检测

任务评价

任务评价表

班级：________ 组别：________ 姓名：________

小组成员		
姓名	学号	组内分工

（续表）

项目	评分标准	自我评价	小组评价	教师评价
基本素质（30分）	学习态度（10分）			
	团队协作（20分）			
知识技能（40分）	掌握党的二十大报告有关“三农”工作的主要内容（10分）			
	掌握宣传策划方案的主要内容、格式（10分）			
	能够写出二十大报告的宣传策划方案（20分）			
任务完成质量（20分）	出色完成任务（20分），较好完成任务（12~19分），基本完成任务（6~11分），较差完成任务（0~5分）			
思政表现（10分）	对报告是否重视（10分）			
合计				
自我评价与总结				
教师点评				

课程思政专栏

铆足干劲　加快建设农业强国

【课程思政关键词】农业强国；高质量发展

党的十八大以来，以习近平同志为核心的党中央高度重视“三农”工作，站在统筹中华民族伟大复兴战略全局和世界百年未有之大变局的高度，引领推进新时代农业农村现代化事业发展，带领全党全国各族人民为农业强、农村美、农民富不懈奋斗，推动农业农村取得历史性成就、发生历史性变革。习近平总书记指出，农业强国是社会主义现代化强国的根基，推进农业现代化是实现高质量发展的必然要求。

党的二十大报告对农业农村工作进行了总体部署，首次提出加快建设农业强国。这是以习近平同志为核心的党中央着眼全面建成社会主义现代化强国作出的战略部署。2022年12月23日至24日，中央农村工作会议在北京举行，习近平出席会议并发表重要讲话。

提出锚定建设农业强国目标，切实抓好农业农村工作；保障粮食和重要农产品稳定安全供给；全面推进乡村振兴；要依靠科技和改革双轮驱动加快建设农业强国；大力推进农村现代化；要坚持党领导“三农”工作原则不动摇。

（资料来源：光明网）

【启示】2022 年底召开的中央农村工作会议对建设农业强国作出了重要部署，需要农业农村领域从业者在工作中认真贯彻落实。

项目三 乡村振兴政策法规

项目导读

乡村振兴战略是新时代“三农”工作的总抓手。自党的十九大报告提出乡村振兴战略以来，国家出台了一系列乡村振兴政策法规，主要涉及产业振兴、人才振兴、文化振兴、生态振兴、组织振兴和推进城乡融合发展等方面。

学习目标

知识目标：了解乡村振兴战略的三个阶段性目标任务。理解国家乡村振兴相关法律政策中针对“五个振兴”的主要内容。掌握青海省“三农三牧”乡村振兴相关政策文件的具体内容。

技能目标：培养学生能够充分利用乡村振兴相关政策法规，指导开展工作，促进当地乡村全面振兴。

素质目标：引导学生形成持续关注乡村振兴发展动态及未来趋势走向的习惯。培养学生遵守法律法规、善于学习、勇于创新的职业素养。

思政目标：使学生坚定中国特色社会主义的道路自信、理论自信、制度自信、文化自信。增强学生致力于乡村振兴的责任感和使命感。

思维导图

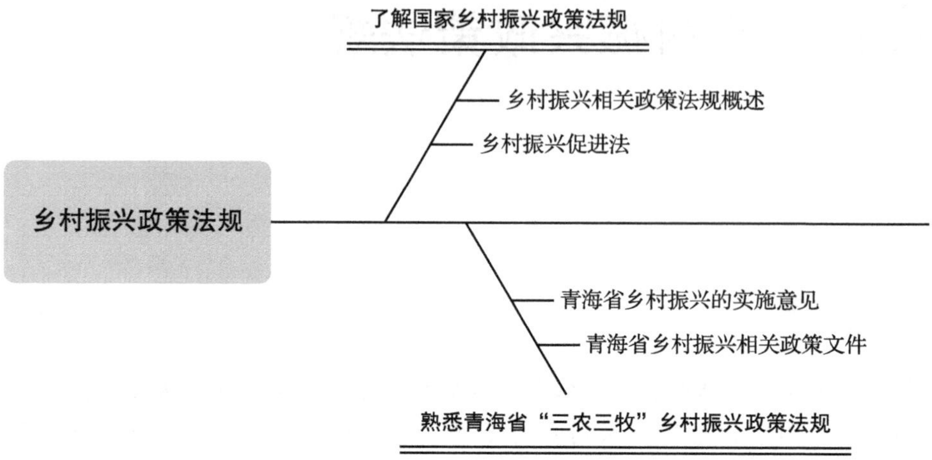

任务一　了解国家乡村振兴政策法规

任务导入

近年来，青海省玉树藏族自治州杂多县把巩固拓展脱贫攻坚成果同乡村振兴有效衔接工作作为重中之重，突出产业优势、整合文化资源、坚持人才引领，以绿为基、以文为魂、以农为本多链条融合发展。依托资源禀赋大力发展具有区域竞争力的优势特色产业。发展特色产业，人才是关键，必须要做好人才招引培养方面的保障。

请你结合国家及青海省在人才支撑方面的政策法规，为杂多县的人才招引培养工作提供一份咨询书。

任务准备

◎知识准备

2017 年 10 月 18 日党的十九大报告提出乡村振兴战略。这是党中央着眼党和国家事业全局，深刻把握现代化建设规律和城乡关系变化特征，着眼“两个一百年”奋斗目标，对“三农”工作作出的重大决策部署。乡村振兴战略是新时代“三农”工作的总抓手。

乡村振兴战略的总体要求是：产业兴旺、生态宜居、乡风文明、治理有效、生活富裕。

乡村振兴相关法律主要有：《中华人民共和国乡村振兴促进法》（以下简称《乡村振兴促进法》）《中华人民共和国职业教育法》（以下简称《职业教育法》）《土地管理法》等。

乡村振兴相关政策文件主要有：《乡村振兴战略规划（2018—2022年）》《中共中央 国务院关于做好2023年全面推进乡村振兴重点工作的意见》以及历年中央一号文件等。

一、《乡村振兴促进法》

2021年6月1日开始施行的《乡村振兴促进法》是我国第一部以“乡村振兴”命名的基础性、综合性法律，是农业农村法律制度体系的重要成果，也是实施乡村振兴战略的重要保障。

知识链接

《乡村振兴促进法》

（一）总则

一是坚持中国共产党的领导。坚持走中国特色社会主义乡村振兴道路，贯彻创新、协调、绿色、开放、共享的新发展理念，促进共同富裕，遵循坚持农业农村优先发展、坚持农民主体地位、坚持人与自然和谐共生、坚持改革创新、坚持因地制宜的原则。

二是明确工作体制机制。建立健全中央统筹、省负总责、市县乡抓落实的工作机制，建立乡村振兴考核评价制度、工作年度报告制度和监督检查制度。

三是建立健全城乡融合发展的政策体系。采取多种形式，广泛宣传乡村振兴促进相关法规和政策，坚持以工补农、以城带乡，推动形成工农互促、城乡互补、协调发展、共同繁荣的新型工农城乡关系。

四是推进粮食安全战略。实施以我为主、立足国内、确保产能、适度进口、科技支撑的粮食安全战略，坚持藏粮于地、藏粮于技，不断提高粮食综合生产能力，建设国家粮食安全产业带，推动节粮减损，保障国家粮食安全。

（二）产业发展

一是增强经济发展活力。通过完善农村集体产权制度，建立农用地分类管理制度，实行永久基本农田保护制度等，增强农村集体所有制经济发展活力，促进集体资产保值增值，确保农民受益。

二是增强产业创新力。构建以企业为主体、产学研协同的创新机制。健全产权保护制度，保障对农业科技基础性、公益性研究的投入。通过农业科技创新、农业技术推广、农业机械生产研发和应用等推动农业农村创新驱动发展。

三是增强产业竞争力。促进农村一二三产业融合发展，发挥农村资源和生态优势，引导新型经营主体通过特色化、专业化经营，合理配置生产要素。完善扶持政策，培育新产业、新业态、新模式，实现乡村产业高质量发展壮大。

四是建立健全有利于农民收入稳定增长的机制，拓宽农民增收渠道。支持农民、返乡人员在乡村创新创业，促进农民就业；支持以多种方式与农民建立紧密型利益联结机制，让农民共享全产业链增值收益。

（三）人才支撑

一是健全乡村人才工作体制机制。统筹农村教育工作，加强职业教育和继续教育，培育有文化、懂技术、善经营、会管理的高素质农民和农村实用人才。

二是加强乡村医疗卫生队伍建设。建立医疗人才服务乡村的工作机制，支持医疗卫生人员城乡流动，提高乡村医疗卫生服务能力。

三是建立健全人才培养合作与交流机制。建立健全城乡、区域、校地之间人才培养、合作与交流机制，建立鼓励各类人才参与乡村建设的激励机制。搭建社会工作和乡村建设志愿服务平台。为返乡入乡人员和各类人才提供必要的生产生活服务和相关福利待遇，鼓励高等学校、职业学校毕业生到农村就业创业。

（四）文化繁荣

拓展乡村文化服务渠道，完善乡村公共文化体育设施网络和服务运行机制，提供便利可及的公共文化服务；丰富农民文化体育生活，倡导科学健康的生产生活方式；保护农业文化遗产和非物质文化遗产，传承和发展优秀传统文化，活跃繁荣农村文化市场。

（五）生态保护

在改善乡村生态环境方面，实施生态修复，推广垃圾分类，对农业投入品实行严格管理。在发展生态农业方面，推动种养结合、农业资源综合开发，加强农业面源污染防治。在改善人居环境方面，建立共建共管共享机制，加强农村住房建设管理和服务等。

（六）组织建设

完善农村基层群众自治制度，健全村民委员会民主决策机制和村务公开制度，建立健全乡村社会治理体系，建设充满活力、和谐有序的善治乡村等。

（七）城乡融合

统筹城乡发展，优化城乡产业发展、基础设施、公共服务设施等布局，逐步健全全民覆盖、普惠共享、城乡一体的基本公共服务体系，加快县域城乡融合发展，促进农业高质高效、乡村宜居宜业、农民富裕富足。

（八）扶持措施

一是建立健全财政投入保障制度，强化财政资金监督管理，提高财政资金使用效益。

二是建立帮扶长效机制，持续推进脱贫地区发展。

三是通过健全资本市场、建立健全农村金融服务体系、建立健全农业保险体系，加大对乡村振兴的支持力度。

（九）监督检查

国家实行乡村振兴战略实施目标责任制和考核评价制度，建立客观反映乡村振兴进展的指标和统计体系，上级人民政府应当对下级人民政府实施乡村振兴战略的目标完成情况等进行考核，考核结果作为地方人民政府及其负责人综合考核评价的重要内容。层层压实责任的同时防止出现一刀切的情况。

二、《职业教育法》

《职业教育法》明确规定“国家采取措施，支持举办面向农村的职业教育，组织开展农业技能培训、返乡创业就业培训和职业技能培训，培养高素质乡村振兴人才”。

三、《土地管理法》

新《土地管理法》对农村村民宅基地基本制度进行了重大修改，改革了宅基地的审批层级，对宅基地流转等做出了新规定。这一系列新规对于保护村民宅基地、助力乡村振兴、促进城乡要素流动均具有重大的意义和积极作用。

四、《乡村振兴战略规划（2018—2022 年）》

该规划对党的十九大提出的 20 字乡村振兴战略要求进行了全面落实。明确了阶段性重点任务，对每一项要求都提出了具体举措和目标要求。该规划的意义在于为乡村振兴提供了总体构想。

知识链接

《中共中央 国务院印发〈乡村振兴战略规划（2018—2022 年）〉》

五、2023 年中央一号文件

文件提出“全面推进乡村振兴”：要全面推进产业、人才、文化、生态、组织“五个振兴”，统筹部署、协同推进，抓住重点、补齐短板。产业振兴是乡村振兴的重中之重，要落实产业帮扶政策，做好“土特产”文章，依托农业农村特色资源，向开发农业多种功能、挖掘乡村多元价值要效益，向一二三产业融合发展要效益，强龙头、补链条、兴业态、树品牌，推动乡村产业全链条升级，增强市场竞争力和可持续发展能力。

◎材料准备

（1）收集青海省杂多县发展特色产业的相关资料，包括区域优势、发展环境、特色产业、产业项目、发展困境等。为杂多县发展特色产业提供人才支撑方面的政策法规奠定基础。

（2）收集人才振兴方面的法律政策文件，主要包括：《乡村振兴促进法》《职业教育法》《乡村振兴战略规划（2018—2022 年）》以及近几年的中央一号文件。

（3）收集青海省根据人才强省战略、就业优先战略和乡村振兴战略出台的一系列人才引进培养计划项目。

任务筹划

1. 内容筹划

从收集的乡村振兴政策法规和青海省人才引进培养计划项目相关材料中，分析提炼国家关于“人才振兴”相关政策法规的主要内容。

2. 方法筹划

（1）研读法。仔细研读《乡村振兴促进法》《职业教育法》《乡村振兴战略规划

（2018—2022 年）》以及近几年的中央一号文件，以及青海省根据人才强省战略、就业优先战略和乡村振兴战略出台的一系列人才引进培养计划项目。从中找出“人才振兴”方面的相关内容。

（2）查阅资料法。借助网络平台，一是查阅与“人才振兴”相关的学术论文、实践经验等，以获取多层面、多角度的理解；二是查阅咨询书的书写格式，以保证咨询书的正确性。

3. 流程筹划

第一步：深入了解“青海省玉树藏族自治州杂多县”的背景资料。

第二步：根据背景资料，查找相关的政策法规。

第三步：从相关政策法规中找出关键的条款。

第四步：为杂多县提出人才振兴咨询意见。

任务实施

步骤一：

步骤二：

步骤三：

步骤四：

任务检测

使用微信扫码进入在线测试，可反复多次答题，直到获得满意的结果。

任务检测

任务评价

任务评价表

班级：__________　组别：__________　姓名：__________

小组成员		
姓名	学号	组内分工

（续表）

<table>
<tr><td colspan="5">小组成员</td></tr>
<tr><td>姓名</td><td>学号</td><td colspan="3">组内分工</td></tr>
<tr><td></td><td></td><td colspan="3"></td></tr>
<tr><td></td><td></td><td colspan="3"></td></tr>
<tr><td></td><td></td><td colspan="3"></td></tr>
<tr><td></td><td></td><td colspan="3"></td></tr>
<tr><td>项目</td><td>评分标准</td><td>自我评价</td><td>小组评价</td><td>教师评价</td></tr>
<tr><td rowspan="2">基本素质（30分）</td><td>学习态度（10分）</td><td></td><td></td><td></td></tr>
<tr><td>团队协作（20分）</td><td></td><td></td><td></td></tr>
<tr><td rowspan="3">知识技能（40分）</td><td>掌握乡村振兴相关的几个主要政策法规文件（10分）</td><td></td><td></td><td></td></tr>
<tr><td>掌握几个主要政策法规文件的主要内容（10分）</td><td></td><td></td><td></td></tr>
<tr><td>能够提出杂多县人才振兴咨询意见（20分）</td><td></td><td></td><td></td></tr>
<tr><td rowspan="4">任务完成质量（20分）</td><td rowspan="4">出色完成任务（20分），较好完成任务（12~19分），基本完成任务（6~11分），较差完成任务（0~5分）</td><td></td><td></td><td></td></tr>
<tr><td></td><td></td><td></td></tr>
<tr><td></td><td></td><td></td></tr>
<tr><td></td><td></td><td></td></tr>
<tr><td>思政表现（10分）</td><td>对法律法规、政策是否重视（10分）</td><td></td><td></td><td></td></tr>
<tr><td colspan="2">合计</td><td></td><td></td><td></td></tr>
<tr><td>自我评价与总结</td><td colspan="4"></td></tr>
<tr><td>教师点评</td><td colspan="4"></td></tr>
</table>

课程思政专栏

用生态文明之笔绘就高质量发展新画卷

【课程思政关键词】生态文明；家国情怀

2023 年 4 月 12 日上午，首届“乡村振兴品牌节”在中国农业电影电视中心（北京）CCTV–17 演播大厅隆重举行，青海省海北藏族自治州刚察县申报的生态振兴案例突破重围，成功入选全国 100 个“乡村振兴赋能计划典型案例”。

青海省海北藏族自治州刚察县地处青海湖北岸、祁连山南麓，是青海湖最大的水源地、最大的湿地所在地、最大的鸟类栖息地、最大的裸鲤洄游地、最大的普氏原羚聚居地，其生态地位独一无二。对此，刚察县坚定不移走“生态优先、绿色发展”的路子，统筹推进生态环境综合整治等工作，压紧压实县乡村三级林草长制责任，创新提出“一核五队促振兴”工作法，在全社会形成“党员做给群众看，群众跟着党员干”的生动局面。同时，把生态保护与脱贫攻坚、乡村振兴结合起来，积极探索生态牧场建设，全面落实禁牧草原补贴等党的惠农惠民资金，并动员 570 余名脱贫户群众担任林草管护员，确保生态保护与群众增收相得益彰。在全省首先开展农牧区垃圾分类五年行动、人居环境整治专项行动等工作，刚察县绿色有机农畜产品输出地引领区、千万千瓦级光伏清洁能源示范基地、国际生态旅游目的地示范区建设取得明显成效，向党中央和省州党委政府交上了一份生态振兴的满意答卷。

（资料来源：青海新闻网 · 大美青海客户端）

【启示】青海省最大的价值在生态、最大的责任在生态、最大的潜力也在生态。要牢固树立“绿水青山就是金山银山”理念，切实推动青海省以生态支撑畜牧业、以生态拉动旅游业、以生态促进乡村振兴，走出一条具有中国特色、青海特点的乡村振兴之路。

任务二　熟悉青海省“三农三牧”乡村振兴政策法规

任务导入

“我们德兴村共有 181 户 632 人，脱贫户 61 户 237 人，在党和政府的好政策下全部走出大山过上了水电不愁的好日子，村民搬走了，更需要将闲置的土地重整利用起来。2018 年，我们紧紧抓住发展村集体经济的有利时机，以 90 万元资金注册成立了德兴村集体经济合作社——民和德心种植专业合作社，入社农户 101 户，流转 1 015 亩土地集中种植马铃薯。今年，种植的610亩马铃薯除去人工和其他成本估算有十几万元的纯收入。”民和德心种植专业合作社法人、村委会副主任王永财介绍说。

作为德兴村村党支部班子的核心力量，王兴斌和王永财对如何提高产量、如何打通市场销路、如何进一步进行深加工都有着自己独到的见解。他们说，在全县推广化肥农药“双减”政策后，在北山乡党委政府的大力支持、县农业农村和科技局的技术指导和选种培育帮助下，今后将以种植更加适应土壤环境的青薯2号、青薯9号和民薯2号为主，在原本销往甘肃省兰州市及海西蒙古族藏族自治州的基础上，打破本地市场的价格瓶颈，让北山优质马铃薯走进民和人的“餐桌”①。

请学习青海省乡村振兴相关政策法规，分析德兴村集体经济合作社——民和德心种植专业合作社的实践情况。

任务准备

◎知识准备

青海省委、省政府把实施乡村振兴战略作为“三农三牧”工作的总抓手，制定出台一系列乡村振兴政策文件，统筹规划，稳步推进青海省乡村振兴战略。

一、青海省“三农三牧”乡村振兴相关政策文件

青海“三农三牧”乡村振兴相关政策文件有《青海省金融服务“三农三牧”发展的实施意见》《中共青海省委青海省人民政府关于推动乡村振兴战略的实施意见》《青海省乡村振兴战略规划（2018—2022年）》《青海省推进乡村建设行动方案》以及《中共青海省委 青海省人民政府贯彻〈中共中央 国务院关于做好2023年全面推进乡村振兴重点工作的意见〉的实施意见》（以下简称《实施意见》）等。

知识链接

《青海省金融服务“三农三牧”发展的实施意见》

知识链接

《中共青海省委青海省人民政府关于推动乡村振兴战略的实施意见》

知识链接

《中共青海省委 青海省人民政府贯彻〈中共中央 国务院关于做好2023年全面推进乡村振兴重点工作的意见〉的实施意见》

① 内容来源：海东日报。

二、《实施意见》重点内容概要

《实施意见》包括：粮食生产和耕地保护、推进乡村特色产业高质量发展、打造绿色有机农畜产品输出地、强化农牧业科技创新和装备支撑、巩固脱贫攻坚成果、拓宽农牧民增收致富渠道、推进高原宜居宜业和美乡村建设、强化乡村治理体系和治理能力现代化建设、健全乡村振兴保障机制等九个方面。

（一）抓好粮食生产和耕地保护

1. 稳定粮食生产

确保全省粮食作物播种面积稳中有增，实施粮食产能提升行动。推进规模化示范种植，着力提高粮油单产，建设一批粮油菜种植百亩示范田、千亩攻关田、万亩创建田。

2. 落实耕地保护制度

确保 838 万亩耕地保有量，严守 737 万亩永久基本农田红线，新建高标准农田 15 万亩、改造提升 4 万亩。

3. 强化粮食生产保障机制

全面落实粮食安全党政同责，持续深化粮食安全责任制考核。严格落实“菜篮子”市州长负责制。加强粮食生产、流通能力建设，增强粮食供给调控能力。健全种粮农民收入保障机制，完善价格、补贴、保险三位一体的政策体系。严格落实最低收购价、种粮补贴、产粮大县奖励等政策。

（二）推进乡村特色产业高质量发展

1. 做优做精特色农牧业

立足资源禀赋，做优做精牦牛、藏羊、青稞、油菜、马铃薯、冷凉蔬菜、饲草、枸杞、藜麦、冷水鱼等特色优势产业，启动实施食用菌产业发展行动计划，扶持培育 100 个千头牦牛、千只藏羊标准化生产基地和生态牧场。

2. 培育乡村产业新业态

依托农牧区特色资源，拓展农牧业多种功能，发掘乡村多元价值，促进三次产业融合发展。实施乡村产业高质量发展行动。实施文旅产业赋能乡村振兴计划，依托田园风光、乡土文化、民俗风情等资源，发展乡村民宿等新业态。

3. 加强农牧业基础设施建设

实施设施农牧业提升行动，加快特色种养基地建设，改扩建一批畜禽规模化养殖场。积极创建国家级现代农业产业园、优势特色产业集群和农业现代化示范区，统筹推进粮食烘干、农畜产品产地冷藏、冷链物流设施建设。

4. 发展新型经营主体

巩固和完善农村基本经营制度，培育新型农业经营主体，健全农业社会化服务体系，发展农业适度规模经营，促进小农户与现代农业发展有机衔接。突出抓好家庭农牧场和农牧民合作社两类主体，引导家庭农牧场组建农牧民合作社，推动农牧民合作社兴办企业，建立农牧业产业化龙头企业引领、农牧民合作社和家庭农牧场跟进、广大小农户参与的农业产业化联合体。

（三）打造绿色有机农畜产品输出地

1. 强化示范引领

全域打造输出地先行示范样板，着力培育牦牛藏羊等特色优势产业，加快推进农区绿色化、牧区有机化、生产经营标准化、特色产品产业化步伐。

2. 推进绿色发展

持续强化污染源头防控，加强农业投入品、畜禽和水产养殖污染物排放监管。

3. 大力发展农畜产品加工

支持家庭农牧场、农牧民合作社、中小微企业等发展农畜产品产地初加工业，配套建设晾晒烘干、预冷保鲜、分拣包装等设施。引导龙头企业发展农畜产品精深加工和副产物综合利用，开发冷鲜肉、优质乳制品、脱水蔬菜、高原水产、藏茶、皮毛绒、食用菌、汉藏药材等特色产品加工。

4. 着力扩大农畜产品流通

进一步加大"净土青海·高原臻品"农牧业公用品牌建设力度，培育一批具有较强影响力的区域公用品牌、企业品牌、特色农畜产品品牌。实施"互联网+"农畜产品出村进城工程，引导供销、邮政、快递等电商主体到乡村布局设点。设立一批农畜产品专营店、鲜活农畜产品直销网点。加大食品安全、农畜产品质量安全监管力度，健全追溯管理制度，不断扩大绿色有机农畜产品输出规模。

（四）强化农牧业科技创新和装备支撑

1. 加强高原特色农牧业技术创新

在优异农作物品种选育、绿色种养加等方面加大技术创新。强化与省内外科研机构、大专院校合作，着力支持现有创新平台建设。

2. 强化实用技术推广和成果转化

持续深入开展"三支队伍"服务"三农"活动，鼓励发展各类社会化农牧业科技服务，创新市场化推广模式，切实打通良种良法进村入户、到田间地头的"最后一公里"。

3. 扎实推进种业振兴行动

完成农业种质资源普查。强化种业基础性研究，紧紧围绕特色优势产业，建设立足全省、面向全国的制繁种基地、育种中心，打造农作物良种北繁高地、畜禽良繁"高原硅谷"。

4. 提升农机装备应用水平

实施农机装备补短板行动。进一步完善农机购置与应用补贴政策，探索与作业量挂钩的补贴办法，支持开展装配式圈舍成套设备购置补贴试点。

（五）持续巩固脱贫攻坚成果

1. 坚持守住不发生规模性返贫底线

强化常态化防返贫动态监测帮扶，健全农牧区低收入人口和乡村振兴重点帮扶地区长效化帮扶机制。健全完善农牧区低收入人口分层分类救助制度，对因病因灾易返贫人口，及时落实医疗保障、民政兜底等帮扶措施，做到及时纳入、及时帮扶，确保兜底保障水平稳步提高。

2. 增强脱贫地区和脱贫群众内生发展动力

抓住产业就业两个关键，推动各类资源、帮扶措施向促进产业发展、扩大就业聚力。启动实施“乡村工匠”培育工程。继续开展“雨露计划 +”就业促进行动。

3. 加大重点帮扶县和易地搬迁后续扶持

支持重点帮扶县继续实施一批补短板促振兴重点项目。实施医疗、教育干部人才“组团式”帮扶，发挥驻村干部、科技特派员产业帮扶作用。做好搬迁群众养老、就业、医保等服务，做好子女入学等各项工作。

4. 完善帮扶政策

持续推动对口援青、苏青东西部协作纵深发展，加强区域间资源互补、产业合作、劳务对接、人才交流。强化与中央定点帮扶单位的沟通联系，开展针对性帮扶。积极推进社会帮扶，进一步深化“百企兴百村”行动，动员各类市场主体参与乡村振兴。

（六）拓宽农牧民增收致富渠道

1. 促进农牧民就业增收

坚持就业优先，落实各项稳岗纾困政策，加大对各类市场主体、中小微企业稳岗倾斜力度，稳定农民工就业。

2. 促进农牧业经营增效

深入开展新型农业经营主体提升行动，支持家庭农场组建农民合作社、合作社根据发展需要办企业，带动小农户合作经营、共同增收。实施农业社会化服务促进行动，大力发展代耕代种、代管代收、全程托管等社会化服务，鼓励区域性综合服务平台建设，促进农业节本增效、提质增效、营销增效。引导土地经营权有序流转，发展农业适度规模经营。总结地方“小田并大田”等经验，探索在农民自愿前提下，结合农田建设、土地整治逐步解决细碎化问题。完善社会资本投资农业农村指引，加强资本下乡引入、使用、退出的全过程监管。健全社会资本通过流转取得土地经营权的资格审查、项目审核和风险防范制度，切实保障农民利益。坚持为农服务和政事分开、社企分开，持续深化供销合作社综合改革。

3. 赋予农牧民更加充分的财产权益

深化农牧区土地制度改革，让农牧民更多分享改革红利。保障进城落户农牧民土地草场合法权益，鼓励依法自愿有偿转让。保障妇女在农村集体经济组织中的合法权益等。

（七）推进高原宜居宜业和美乡村建设

1. 规划引领

分区分类编制村庄规划，严禁违背农牧民意愿撤并村庄、搞大社区。盘活存量集体建设用地，优先保障农牧民居住、乡村基础设施、公共服务空间和乡村产业用地需求。

2. 推进乡村建设

把公共基础设施建设的重点放在农牧区。扎实推进农牧区道路建设；推进小流域水土流失综合治理；实施农村电网巩固提升及微电网工程，下大力气解决 10 个乡镇大电网未延伸覆盖问题；加强农房建设管理，实施 4 万户农牧民居住条件改善工程。

3. 持续改善人居环境

继续选取 200 个村开展乡村振兴试点，遴选 30 个村开展乡村旅游试点；建设 300 个高原美丽乡村、10个美丽特色城镇；深入推进厕所革命，全面完成7.27万座问题厕所整治任务。

4. 提升公共服务能力

推动公共服务资源向农牧区下沉。推进县域内义务教育优质资源均衡发展；加强乡村两级医疗卫生、医疗保障服务能力建设；加快乡镇区域养老服务中心建设，推广日间照料、互助养老、探访关爱、老年食堂等养老服务。

5. 加快城乡融合发展

健全城乡融合发展体制机制和政策体系，赋予县级更多资源整合使用自主权，畅通城乡要素流动。

（八）强化乡村治理体系和治理能力现代化建设

（1）加强基层组织建设。

（2）推进乡村治理现代化。

（3）培育文明乡风。

（4）深化平安乡村建设。

（九）健全乡村振兴保障机制

（1）强化组织保障。

（2）强化政策保障。

（3）强化人才保障。

（4）强化考核监督。

◎材料准备

（1）收集“民和德心种植专业合作社”的相关资料，包括区域优势、发展环境、发展规模、主营业务、经营模式、项目资金等。为寻找该合作社产业发展相关政策法规奠定基础。

（2）收集青海省产业振兴方面的政策文件，主要包括：《中共青海省委青海省人民政府关于推动乡村振兴战略的实施意见》《青海省乡村振兴战略规划（2018—2022年）》《青海省推进乡村建设行动方案》等。

任务筹划

1. 内容筹划

从收集青海乡村振兴的政策法规中，分析提炼两方面的内容：一是青海省乡村振兴相关政策文件内容；二是“民和德心种植专业合作社”所处的区域优势、发展环境、发展规模、发展机遇等。

2. 方法筹划

（1）研读法。仔细研读《中共青海省委青海省人民政府关于推动乡村振兴战略的实施意见》《青海省乡村振兴战略规划（2018—2022年）》《青海省推进乡村建设行动方案》

《实施意见》等，了解青海省乡村振兴政策法规的主要内容。

（2）查阅资料法。借助网络平台，查阅与青海省发展特色产业相关的学术论文、实践经验等，以获取多层面、多角度的理解。

3. 流程筹划

第一步：深入了解“民和德心种植专业合作社”的背景资料，获取“民和德心种植专业合作社”所处的区域优势、发展环境、发展规模、发展机遇等信息。

第二步：研读青海省乡村振兴政策法规，了解乡村振兴法律法规的主要内容。

第三步：整理案例，帮助理解乡村振兴政策法规的实际应用，分析德兴村的实践情况，加深对乡村振兴政策法规实际应用的理解。

任务实施

步骤一：

步骤二：

步骤三：

任务检测

任务检测

使用微信扫码进入在线测试，可反复多次答题，直到获得满意的结果。

任务评价

任务评价表

班级：________ 组别：________ 姓名：________

小组成员		
姓名	学号	组内分工

（续表）

<table>
<tr><th colspan="5">小组成员</th></tr>
<tr><th>姓名</th><th>学号</th><th colspan="3">组内分工</th></tr>
<tr><td></td><td></td><td colspan="3"></td></tr>
<tr><td></td><td></td><td colspan="3"></td></tr>
<tr><th>项目</th><th>评分标准</th><th>自我评价</th><th>小组评价</th><th>教师评价</th></tr>
<tr><td rowspan="2">基本素质
（30 分）</td><td>学习态度（10 分）</td><td></td><td></td><td></td></tr>
<tr><td>团队协作（20 分）</td><td></td><td></td><td></td></tr>
<tr><td rowspan="3">知识技能
（40 分）</td><td>掌握青海省乡村振兴相关的几个主要政策法规文件（10 分）</td><td></td><td></td><td></td></tr>
<tr><td>掌握这几个主要政策法规文件的主要内容（10 分）</td><td></td><td></td><td></td></tr>
<tr><td>能够提出相应的法律法规咨询意见（20 分）</td><td></td><td></td><td></td></tr>
<tr><td rowspan="4">任务完成质量
（20 分）</td><td rowspan="4">出色完成任务（20 分），较好完成任务（12~19 分），基本完成任务（6~11 分），较差完成任务（0~5 分）</td><td></td><td></td><td></td></tr>
<tr><td></td><td></td><td></td></tr>
<tr><td></td><td></td><td></td></tr>
<tr><td></td><td></td><td></td></tr>
<tr><td>思政表现
（10 分）</td><td>对法律法规、政策是否重视（10 分）</td><td></td><td></td><td></td></tr>
<tr><td colspan="2">合计</td><td></td><td></td><td></td></tr>
<tr><td>自我评价与总结</td><td colspan="4"></td></tr>
<tr><td>教师点评</td><td colspan="4"></td></tr>
</table>

课程思政专栏

突出资源优势走特色发展之路

【课程思政关键词】生态文明；产业振兴

2023 年 4 月 12 日，首届乡村振兴品牌节暨赋能计划发布仪式在北京举行，青海省玉树藏族自治州作为“中国牦牛之都”“玉树牦牛产业”和 9 项优秀涉农产业一同荣获“全国产业振兴十大典型案例”。

乡村振兴战略实施以来，玉树藏族自治州将“产业生态化，生态产业化”与自身资源优势有效结合，因地制宜、因时制宜，以自然为本，以可持续发展为核心，应用“三整合四解放”现代化养殖方式，有效整合草场，推行逐区放牧、四季轮牧，给足草场休养生长的机会，使草场保持活力，科学把握发展和保护之间的关系，有效处理了产业发展与生态保护之间互为依存、互为支撑、互为因果的关系，逐步实现了三江源生态越来越好、牧民群众生活越来越好的发展目标，探索出高原地区生态农牧产业高质量发展新路径，为实现产业振兴增添动能。

世界牦牛看青海，青海牦牛看玉树。目前，玉树正以“中国牦牛之都”的形象，申报“世界牦牛之都”，进一步挖掘生态畜牧资源，坚持生态保护优先、走好绿色发展道路；打造绿色有机农畜产品输出地主供区，全面打响“玉树牦牛”品牌；抢占世界牦牛制高点，做牦牛产业高质量发展的践行者和引领者；构建青藏高原命运共同体，实现青藏高原人草畜平衡，打造生态优先“四生合一”的发展模式。

（资料来源：青海新闻网 · 大美青海客户端）

【启示】乡村振兴首先要产业振兴。产业振兴是乡村振兴的物质基础，是农民增收和农村富裕的有力保障。乡村产业振兴要突出资源优势，走特色发展之路。要因地制宜，找准特色，创新发展特色农业。要融入地域文化，提高农产品的附加值，促进农民持续增收。

项目四 农业生产经营管理政策法规

项目导读

农业现代化是新“四化”之一。要实现农业现代化，就需要推动农业质量发展。本项目的任务是推动农业高质量发展的一些举措实施。新型农业经营主体包括农牧民专业合作社、专业大户、家庭农牧场、农牧业企业等。近年来，我国的农业扶持政策尤其是新增扶持资金的政策正逐渐转向新型农业经营主体。农产品质量安全是农牧业健康发展的底线。动物防疫与检疫是畜牧业发展所必须要做的工作。打造农业全产业链，是提高农业经济效益的重要举措。发展农产品电子商务，对扩大销路、提高农业效益有很大的帮助，同时也能有力地助推国内统一大市场的形成。

学习目标

知识目标：理解新型农业经营主体的含义；熟悉新型农业经营主体的类型；掌握扶持新型农业经营主体相关的政策。掌握《农产品质量安全法》确立了哪些农产品质量安全监管制度，对农产品产地管理做了哪些规定，特定农产品禁止生产区域的确定；农产品生产记录应记载的事项；农产品的包装标识要求；不得销售的农产品范围。掌握动物疫病的预防；动物疫情的报告、通报和公布；动物疫病的控制措施；动物和动物产品的检疫；保障措施；法律责任相关规定。了解病死动物和病害动物产品的无害化处理、动物诊疗、兽医管理、监督管理相关规定。

技能目标：能充分利用扶持新型农业经营主体相关政策丰富当地农业生产经营主体形式，带动农业经济发展。能够初步运用所学《农产品质量安全法》对社会实践中发现的问题进行分析总结，并提出有针对性的处理意见和建议。能够初步运用所学的《动物防疫法》知识对社会实践中发现的问题进行分析总结，并提出有针对性的处理意见和建议。

素养目标：培养学生创新意识。培养学生热爱“三农”情怀和致力于乡村振兴的情感。培养团队合作精神。

思政目标：引导学生树立正确的乡村发展观念，增强学生的乡村振兴意识和责任；树立安全发展的理念；形成与时俱进的思想观念，树立安全意识、风险意识、底线思维，做到学法、知法、守法。

思维导图

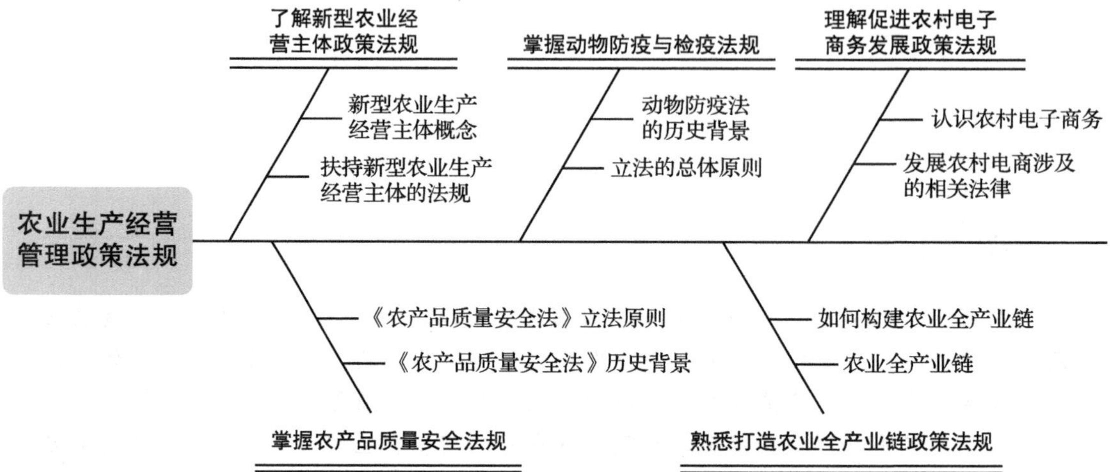

任务一　了解新型农业经营主体政策法规

任务导入

农民专业合作社是现阶段国家支持“三农”发展落实政策的主要载体。国家鼓励农民建设农民专业合作社示范社，并给予省级示范社、国家级示范社资金与政策的重点支持。享受优惠政策就等于减少合作社的经营成本。国家与各地方政府连续出台多项优惠政策鼓励合作社发展，分别从税收减免、金融政策、土地政策、用水用电、农产品流通等多方面予以优惠。

青海省湟源县胡萝卜产业是一个区域特色十分明显的小众化产业，曾经饱受市场冲击，连续多年市场收购价格低迷，绿色有机优质的农产品并没有实现优价，市场恶性竞争导致种植效益不高，种植面积一度下滑。面对困局，湟源县农业农村局借鉴南京市六合区竹镇特色青萝卜产业发展经验，通过扶持发展专业种植合作社，采取以社带户、以收定种的方式，将区域特色产业进一步做强做大，重新振兴壮大胡萝卜产业，实现富民增收。湟源县丰达胡萝卜种植专业合作社通过聚焦当地胡萝卜种植特色产业，引进优良品种，推广良种良法，2022 年实现盈余 73.52 万元，成员户均分红 5 600 元，带动就业 3 100 人次。成功入选全国第四批新型农业经营主体典型案例①。

① 资料来源：青海新闻网。

请学习扶持新型农业经营主体的相关政策法规，分析湟源县丰达胡萝卜种植专业合作社的实践情况。

任务准备

◎知识准备

一、新型农业经营主体

（一）新型农业生产经营主体的含义

新型农业生产经营主体是相对于经营几亩地的传统的小农户而言的，主要是指在完善家庭联产承包经营制度的基础上，有文化、懂技术、会经营的职业农民和大规模经营、较高的集约化程度和较强的市场竞争力的农业经营组织。

（二）新型农业经营主体的类型

我国现有农业经营主体，是在以家庭承包经营为基础、统分结合的双层经营体制的基础上形成和发展起来的。按农业经营主体类型划分，主要有专业大户、家庭农场、农民专业合作社、农业产业化龙头企业和其他各类农业社会化服务组织等。其中，专业大户和家庭农场是家庭经营，农民专业合作社、农业产业化龙头企业是合作经营、集体经营或企业经营。

1. 专业大户

专业大户主要指种养大户，是以种养业为主，以家庭劳动力为主，在自有责任的基础上通过租用村内其他农户家庭的土地，扩大种养规模，在地缘基础上“土生土长”的新型农业经营主体。专业大户正如其名，它的主要特点是规模经营与专业化程度高、市场化特征明显。

2. 家庭农场

家庭农场是以家庭成员为生产主体的企业化经营单位，具有法人性质。和专业大户相比，虽然都是以家庭为单位，但是其产业链较长，集约化、专业化程度较高，并非简单的从事初级的农产品生产。这种模式集专业化的农产品生产、加工、流通、销售于一体，可以涵盖第一、第二、第三产业。例如，一户人家既种植大规模的土地，又开办了农产品加工厂，还从事乡村旅游或者经营农家乐等。特点就是商品化水平较高，生产技术和装备较为先进，规模化和专业化程度较高，生产效率极高。

3. 农民专业合作社

农民专业合作社是农户之间通过土地、劳动力、资金、技术或者其他生产资料采取一定合作方式经营的联合体。这种模式是一种互助性质的农业生产经营组织，其规模更大，专业化水平更高，与市场的结合程度也更高，是农民自愿组织起来的联合经营体，也就是“抱团取暖”。特点是分工明确，从生产、加工到销售都由专门的团队负责，其生产效率也因此得到提高。

4. 农业产业化龙头企业

农业产业化龙头企业所经营的内容，可以涵盖到整个产业链条，从农产品的种植与加工、仓储、物流运输、销售甚至科研，组织化和专业化程度都比较高，与农户的合作模式主要有“企业 + 基地 + 农户”“企业 + 专业合作社 + 基地 + 农户”等。在实现自身发展的同时，也能带动农户的发展，甚至带动一个区域的特色农产品的发展。

二、扶持新型农业经营主体的政策法规

知识链接

《农民专业合作社法》

新型农业经营主体涉及的主要法律包括《农民专业合作社法》《中华人民共和国公司法》(以下简称《公司法》)。

我国陆续制定出台了一系列关于推动新型农业经营主体发展的政策文件。比如：历年中央一号文件、《农民专业合作社示范章程》《农民专业合作社财务会计制度》《国务院关于支持农业产业化龙头企业发展的意见》《关于加快构建政策体系培育新型农业经营主体的意见》《关于实施家庭农场培育计划的指导意见》《中共中央 国务院关于做好 2023 年全面推进乡村振兴重点工作的意见》等，对发展新型农业经营主体给予多方面的政策支持。

知识链接

《农民专业合作社示范章程》

知识链接

《国务院关于支持农业产业化龙头企业发展的意见》

知识链接

《关于加快构建政策体系培育新型农业经营主体的意见》

知识链接

《关于实施家庭农场培育计划的指导意见》

知识链接

《农业农村部关于实施新型农业经营主体提升行动的通知》

（一）基础设施建设方面

1. 支持建设高标准农田

农业农村部指导地方在安排高标准农田建设项目和资金时，积极支持家庭农场、农民合作社和农业企业等新型农业经营主体建设高标准农田，促进农业适度规模经营，提升农业综合竞争力；鼓励地方发挥财政资金的撬动作用，采取投资补助、以奖代补、财政贴息等多种方式，引导家庭农场、农民合作社和农业企业等新型农业经营主体加大农田基础设施投入，建设稳产高产、生态友好的高标准农田，改善农业生产条件，发挥示范引领作用。

2. 支持建设农产品仓储保鲜设施

统筹规划建设农村物流设施，重点支持一村一品示范村镇和农民合作社示范社建设电商平台基础设施，逐步带动形成以县、乡、村、社为支撑的农村物流网络体系。允许新型农业经营主体依法依规盘活现有农村集体建设用地发展新产业。

（二）财政税收政策方面

在财政税收政策上，加大对新型农业经营主体发展的支持力度，针对不同主体，综合采用直接补贴、政府购买服务、定向委托、以奖代补等方式，增强补贴政策的针对性实效性。农机具购置补贴等政策要向新型农业经营主体倾斜。支持新型农业经营主体发展加工流通、直供直销、休闲农业等，实现农村一二三产业融合发展。落实农民合作社税收优惠政策。

（三）金融信贷方面

在金融信贷服务上，综合运用税收、奖补等政策，鼓励金融机构创新产品和服务，加大对新型农业经营主体、农村产业融合发展的信贷支持。支持龙头企业为其带动的农户、家庭农场和农民合作社提供贷款担保。稳步推进农村承包土地经营权和农民住房财产权抵押贷款试点，探索开展粮食生产规模经营主体营销贷款和大型农机具融资租赁试点，积极推动厂房、生产大棚、渔船、大型农机具、农田水利设施产权抵押贷款和生产订单、农业保单融资。鼓励发展新型农村合作金融，稳步扩大农民合作社内部信用合作试点。

（四）保险补贴方面

近年来，财政部、金融监管总局①、农业农村部等部门按照“扩面、增品、提标”的要求，不断加大对农业保险支持力度，深入开展农业大灾保险、三大粮食作物完全成本保险和收入保险、中央财政对地方优势特色农产品保险以奖代补等试点工作，探索开展制种保险等新型农业保险产品，启动筹建中国农业再保险股份有限公司。在实施对象上，覆盖各种类型的新型农业经营主体，对进一步提高农业生产抗风险能力发挥重要作用。2019 年，各农业保险为 1.91 亿户次农户提供风险保障，向 4 918.25 万户次农户支付赔款 560.2 亿元，承保和理赔户次数均居全球第一。

（五）鼓励拓展营销市场

在拓展营销市场上，支持新型农业经营主体参与产销对接活动和在城市社区设立直销店（点）。落实鲜活农产品运输绿色通道、免征蔬菜流通环节增值税和支持批发市场建设等政策。加快实施“互联网 +”现代农业行动，支持新型农业经营主体带动农户应用农业物联网和电子商务。

（六）支持人才培养引进

在人才培养引进上，依托新型职业农民培育工程，整合各渠道培训资金资源，实施现代青年农场主培养计划、农村实用人才带头人培训计划以及新型农业经营主体带头人轮训计划，力争到“十四五”时期末轮训一遍，培养更多爱农业、懂技术、善经营的新型职业农民。将新型农业经营主体列入高校毕业生“三支一扶”计划、大学生村官计划服务岗位

① 2023 年，在中国银行保险监督管理委员会基础上组建。

的拓展范围。深入推行科技特派员制度，鼓励科研人员到农民合作社、龙头企业任职兼职，完善知识产权入股、参与分红等激励机制。

◎材料准备

（1）收集“化隆曹家养殖专业合作社”相关资料，包括发展环境、发展规模、主营业务、经营模式、项目资金等。为寻找发展壮大该农民合作社的政策法规奠定基础。

（2）收集农民专业合作社方面的法律文件，主要包括：《农民专业合作社法》。

（3）收集农民专业合作社方面的政策文件，主要包括：财政部国家税务总局关于农民专业合作社有关税收政策的通知。

任务筹划

1. 内容筹划

从收集的政策法规中，分析提炼两方面的内容：一是农民专业合作社应享受的政策法规的主要内容；二是农民专业合作社在发展过程中应规避的政策法规风险。

2. 方法筹划

（1）研读法。仔细研读《农民专业合作社法》《农业农村部关于实施新型农业经营主体提升行动的通知》、近几年的中央一号文件和青海省根据打造绿色有机农畜产品输出地出台的一系列产业培育项目，从中找出新型农业经营主体方面的相关内容。

（2）查阅资料法。借助网络平台，一是查阅与农民专业合作社相关的学术论文、实践经验等，以获取多层面、多角度的理解。二是查阅咨询书的书写格式，以保证咨询书的准确性。

3. 流程筹划

第一步：深入了解“化隆曹家养殖专业合作社”的背景资料。

第二步：根据背景资料，查找相关的政策法规。

第三步：从相关政策法规中找出关键的条款。

第四步：为合作社提出相关咨询意见。

任务实施

步骤一：

步骤二：

步骤三：

步骤四：

任务检测

使用微信扫码进入在线测试，可反复多次答题，直到获得满意的结果。

任务检测

任务评价

任务评价表

班级：________　组别：________　姓名：________

<table>
<tr><th colspan="5">小组成员</th></tr>
<tr><th>姓名</th><th>学号</th><th colspan="3">组内分工</th></tr>
<tr><td></td><td></td><td colspan="3"></td></tr>
<tr><td></td><td></td><td colspan="3"></td></tr>
<tr><td></td><td></td><td colspan="3"></td></tr>
<tr><td></td><td></td><td colspan="3"></td></tr>
<tr><td></td><td></td><td colspan="3"></td></tr>
<tr><th>项目</th><th>评分标准</th><th>自我评价</th><th>小组评价</th><th>教师评价</th></tr>
<tr><td rowspan="2">基本素质
（30 分）</td><td>学习态度（10 分）</td><td></td><td></td><td></td></tr>
<tr><td>团队协作（20 分）</td><td></td><td></td><td></td></tr>
<tr><td rowspan="3">知识技能
（40 分）</td><td>掌握新型农业经营主体的类型（10 分）</td><td></td><td></td><td></td></tr>
<tr><td>掌握这几个主要政策法规文件的主要内容（10 分）</td><td></td><td></td><td></td></tr>
<tr><td>能够提出相应的法律法规咨询意见（20 分）</td><td></td><td></td><td></td></tr>
<tr><td>任务完成质量
（20 分）</td><td>出色完成任务（20 分），较好完成任务（12~ 19 分），基本完成任务（6~11 分），较差完成任务（0~5 分）</td><td></td><td></td><td></td></tr>
<tr><td>思政表现
（10 分）</td><td>对法律法规是否重视（10 分）</td><td></td><td></td><td></td></tr>
<tr><td colspan="2">合计</td><td></td><td></td><td></td></tr>
</table>

（续表）

自我评价与总结	
教师点评	

课程 思政专栏

庭院方寸地　增收致富园

【课程思政关键词】服务人民；创新发展

党的二十大报告指出，“发展乡村特色产业，拓宽农民增收致富渠道”。2023年，“庭院经济”在中央一号文件中的首次亮相，成为盘活农村闲置资源，促进农民增收的新发展方向。

利用自有院落空间及资源资产，高质量发展庭院经济是促进就近就地就业创业、发展乡村特色产业、拓展增收来源的有效途径。

青海省海北藏族自治州门源回族自治县立足新发展阶段，大力发展乡村产业、促进充分就业的同时，支持引导乡村因地制宜，整合房前屋后的空余土地、空闲资源发展庭院经济，进一步拓宽村民增收渠道。

绿树茅草、美景清吧，文艺情怀和田园特色遥相呼应，记者从门源县城出发，大概10分钟车程抵达一个“闹中取静”的回族风格小院——韩家大院。

“利用庭院发展休闲服务业，对于我们村来说是比较新颖的模式，村民对于成本和收入都有很多顾虑，不敢尝试。”为了激发村民发展庭院经济的积极性，西滩乡崖头村原村委会主任韩生录“试水”整合自家庭院资源打造韩家大院。

韩家大院自3月1日开业后，热闹十足，每天下午和晚上前来休憩、聚餐的人络绎不绝。

在韩生录的带动下，崖头村有2位村民用自家庭院空间开设了休闲餐饮、烧烤营地等业态，庭院经济逐渐成为崖头村发展农旅融合的新趋势。

绿油油的菜地、广袤的草地、清澈的河水和特色帐篷……走进崖头村，一幅山青、村净、景美、人乐的美丽乡村画卷便映入眼帘。

美丽的环境也是生产力。崖头村以美丽乡村建设为抓手，充分发挥基层党组织引领作用和党员干部先锋模范作用，通过开展农村人居环境整治工作，引导村民更新观念，增强环境保护意识，养成清洁卫生的良好习惯，乡村风貌焕然一新。

在村两委班子的带领下，辖区内党员率先做出承诺，主动做好自家庭院清理整治，带头做好宣传，带动周边群众自觉行动，及时清除房前屋后的垃圾，做好日常保洁，积极配合做好人居环境整治工作。与此同时，西滩乡依托三联六组党建品牌和周二干部下村日，常态化开展卫生整治大行动，引导发动党员群众共同参与，凝聚起人居环境集中整治的强大力量。

村民马大哥表示："这几年村里的环境越来越好，我们自己也积极响应村委会的号召，做好自己家的环境卫生，环境好了，生活才能越过越美。"

韩家大院的"出道"为崖头村发展庭院经济起到了示范带动作用，不仅让村民看到了样板，也成为村里年轻人的聚集地，更为村民就地就业提供了便利，大家不仅来参观、休闲、娱乐，也在大院里话未来、谋发展。

近年来，门源回族自治县在促进乡村振兴上突出特色，围绕打造传统村落，增强村庄建设的特色，主动学习其他地区民居建设经验，打造"回族人家"等，多措并举促使"回族农家乐"实现提档升级，同时，大力打造珠固乡东旭村华热藏族民俗文化会客厅和皇城蒙古族乡特色村，利用好乡村振兴资金，不断促进乡村产业稳步发展。

路子有了，方向不偏，致富有望。像崖头村这样的自然村还有很多很多，各村充分依靠特色文化优势和自然禀赋，不断促使庭院经济在门源大地如火如荼开展。

美丽乡村建设让乡村正向着"处处是美景、家家皆幸福"的目标迈进，田园乡村新画卷愈加色彩绚烂和精彩。

（资料来源：学习强国平台）

【启示】庭院经济是农业经济的组成部分。以其"小而全"的特点，在我国传统农业经济中发挥着重要作用。"庭院经济"能充分利用农村闲置资源，继承和发展传统技艺，有效消化农村剩余劳动力，农民可以自由安排劳动时间。"庭院经济"对增加农民收入、繁荣农村经济、改善农村环境起到积极作用。

任务二　掌握农产品质量安全法规

任务导入

2024 年 3 月 15 日，中央电视台 3 · 15 晚会点名安徽省阜阳市的相关企业生产梅菜扣肉时使用劣质原料，阜阳市春天食品有限公司的梅菜扣肉原料相关黑幕被曝光。近年来，预制菜销售火爆，"梅菜扣肉"成"顶流"。安徽省阜阳市是梅菜扣肉预制菜的主要产区之一，当地有近六十家生产梅菜扣肉预制菜的生产企业。3 · 15 晚会记者接到举报，当地有个别企业用未经严格处理的槽头肉制作梅菜扣肉预制菜。

根据 GB/T 17236—2019《畜禽屠宰操作规程　生猪》国家标准要求，必须对屠宰后的猪进行"整修"：整修可视病变淋巴结、摘除肾上腺和残留甲状腺等。尤其是甲状腺，含有大量甲状腺激素，食用后会产生中毒反应。槽头肉因为含有大量淋巴结、脂肪瘤和甲状腺，属于猪肉中必须进行严格"整修"的部分，是猪肉中公认品质差、价格低的部位。因此，梅菜扣肉的生产企业应严格处理槽头肉原料中的有害部分再进行下一步生产。

梅菜扣肉问题曝光后，阜阳市市场监管局立即部署在全市联合开展肉类产品违法犯罪专项整治行动，全面查隐患、补漏洞，严厉打击违法违规行为，确保食品质量安全[①]。

请为遭遇“梅菜扣肉”事件的阜阳市某食品公司写一份整改方案。

任务准备

◎知识准备

知识链接

《农产品质量安全法》

一、《农产品质量安全法》历史背景

《农产品质量安全法》于2006年颁布实施，2018年对个别条款进行了修正。2018年，全国人大常委会进行《农产品质量安全法》执法检查时，建议抓紧修订《农产品质量安全法》，全国人大代表提出修改《农产品质量安全法》的议案，2021年10月，由国务院提请全国人大常委会第三十一次会议初次审议了《农产品质量安全法》修订草案。2022年6月，全国人大常委会第三十五次会议对修订草案进行了第二次审议。2022年9月2日，全国人大常委会第三十六次会议表决全票通过了修订后的《农产品质量安全法》，2023年1月1日起施行。

二、《农产品质量安全法》立法总则

（一）立法目的

为了保障农产品质量安全，维护公众健康，促进农业和农村经济发展，制定《农产品质量安全法》。

（二）调整范围

农产品是指来源于种植业、林业、畜牧业和渔业等的初级产品，即在农业活动中获得的植物、动物、微生物及其产品。农产品质量安全指农产品质量达到农产品质量安全标准，符合保障人的健康、安全的要求。与农产品质量安全有关的农产品生产经营及其监督管理活动，适用于《农产品质量安全法》。《中华人民共和国食品安全法》（以下简称《食品安全法》）对食用农产品的市场销售、有关质量安全标准的制定、有关安全信息的公布和农业投入品已经作出规定的，应当遵守其规定。

（三）管理体制

国家加强农产品质量安全工作，实行源头治理、风险管理、全程控制，建立科学、严格的监督管理制度，构建协同、高效的社会共治体系。国务院农业农村主管部门、市场监督管理部门依照本法和规定的职责，对农产品质量安全实施监督管理。国务院其他有关部门依照本法和规定的职责承担农产品质量安全的有关工作。

① 资料来源：每日经济新闻、阜阳市市场监管局。

县级以上地方人民政府对本行政区域的农产品质量安全工作负责，统一领导、组织、协调本行政区域的农产品质量安全工作，建立健全农产品质量安全工作机制，提高农产品质量安全水平。县级以上地方人民政府应当依照本法和有关规定，确定本级农业农村主管部门、市场监督管理部门和其他有关部门的农产品质量安全监督管理工作职责。各有关部门在职责范围内负责本行政区域的农产品质量安全监督管理工作。乡镇人民政府应当落实农产品质量安全监督管理责任，协助上级人民政府及其有关部门做好农产品质量安全监督管理工作。

农产品生产经营者应当对其生产经营的农产品质量安全负责。农产品生产经营者应当依照法律、法规和农产品质量安全标准从事生产经营活动，诚信自律，接受社会监督，承担社会责任。

县级以上人民政府应当将农产品质量安全管理工作纳入本级国民经济和社会发展规划，所需经费列入本级预算，加强农产品质量安全监督管理能力建设。

（四）科研与推广

国家引导、推广农产品标准化生产，鼓励和支持生产绿色优质农产品，禁止生产、销售不符合国家规定的农产品质量安全标准的农产品。

国家支持农产品质量安全科学技术研究，推行科学的质量安全管理方法，推广先进安全的生产技术。国家加强农产品质量安全科学技术国际交流与合作。

（五）宣传引导

各级人民政府及有关部门应当加强农产品质量安全知识的宣传，发挥基层群众性自治组织、农村集体经济组织的优势和作用，指导农产品生产经营者加强质量安全管理，保障农产品消费安全。

新闻媒体应当开展农产品质量安全法律、法规和农产品质量安全知识的公益宣传，对违法行为进行舆论监督。有关农产品质量安全的宣传报道应当真实、公正。

农民专业合作社和农产品行业协会等应当及时为其成员提供生产技术服务，建立农产品质量安全管理制度，健全农产品质量安全控制体系，加强自律管理。

三、农产品质量安全风险管理

（一）国家建立农产品质量安全风险监测制度

国务院农业农村主管部门应当制定国家农产品质量安全风险监测计划，并对重点区域、重点农产品品种进行质量安全风险监测。省、自治区、直辖市人民政府农业农村主管部门应当根据国家农产品质量安全风险监测计划，结合本行政区域农产品生产经营实际，制订本行政区域的农产品质量安全风险监测实施方案，并上报国务院农业农村主管部门备案。县级以上地方人民政府农业农村主管部门负责组织实施本行政区域的农产品质量安全风险监测。县级以上人民政府市场监督管理部门和其他有关部门获知有关农产品质量安全风险信息后，应当立即核实并向同级农业农村主管部门通报。接到通报的农业农村主管部门应当及时上报。制订农产品质量安全风险监测计划、实施方案的部门应当及时研究分析，必要时进行调整。

（二）国家建立农产品质量安全风险评估制度

国务院农业农村主管部门应当设立农产品质量安全风险评估专家委员会，对可能影响农产品质量安全的潜在危害进行风险分析和评估。国务院卫生健康、市场监督管理等部门发现需要对农产品进行质量安全风险评估的，应当向国务院农业农村主管部门提出风险评估建议。农产品质量安全风险评估专家委员会由农业、食品、营养、生物、环境、医学、化工等方面的专家组成。

（三）农产品质量安全风险监测、风险评估结果

国务院农业农村主管部门应当根据农产品质量安全风险监测、风险评估结果采取相应的管理措施，并将农产品质量安全风险监测、风险评估结果及时通报国务院市场监督管理、卫生健康等部门和有关省、自治区、直辖市人民政府农业农村主管部门。县级以上人民政府农业农村主管部门开展农产品质量安全风险监测和风险评估工作时，可以根据需要进入农产品产地、储存场所及批发、零售市场。采集样品应当按照市场价格支付费用。

四、农产品质量安全标准

（一）国家建立健全农产品质量安全标准体系

农产品质量安全标准是强制执行的标准，包括以下与农产品质量安全有关的要求。

（1）农业投入品质量要求、使用范围、用法、用量、安全间隔期和休药期规定。

（2）农产品产地环境、生产过程管控、储存、运输要求。

（3）农产品关键成分指标等要求。

（4）与屠宰畜禽有关的检验规程。

（5）其他与农产品质量安全有关的强制性要求。

《食品安全法》对食用农产品的有关质量安全标准作出规定的，依照其规定执行。

（二）农产品质量安全标准的制定和发布

农产品质量安全标准的制定和发布，依照法律、行政法规的规定执行，制定农产品质量安全标准应当充分考虑农产品质量安全风险评估结果，并听取农产品生产经营者、消费者、有关部门、行业协会等的意见，保障农产品消费安全。农产品质量安全标准应当根据科学技术发展水平以及农产品质量安全的需要，及时修订。

五、农产品产地

（一）产地安全管理

国家建立健全农产品产地监测制度。县级以上地方人民政府农业农村主管部门应当会同同级生态环境、自然资源等部门制订农产品产地监测计划，加强农产品产地安全调查、监测和评价工作。县级以上地方人民政府农业农村主管部门应当会同同级生态环境、自然资源等部门按照保障农产品质量安全的要求，根据农产品品种特性和产地安全调查、监测、评价结果，依照土壤污染防治等法律、法规的规定提出划定特定农产品禁止生产区域的建议，报本级人民政府批准后实施。

（二）产地要求、基地建设

任何单位和个人不得在特定农产品禁止生产区域种植、养殖、捕捞、采集特定农产品和建立特定农产品生产基地。特定农产品禁止生产区域划定和管理的具体办法由国务院农业农村主管部门和国务院生态环境、自然资源等部门制定。

任何单位和个人不得违反有关环境保护法律、法规的规定向农产品产地排放或者倾倒废水、废气、固体废物或者其他有毒有害物质。农业生产用水和用作肥料的固体废物，应当符合法律、法规和国家有关强制性标准的要求。

农产品生产者应当科学合理使用农药、兽药、肥料、农用薄膜等农业投入品，防止对农产品产地造成污染。农药、肥料、农用薄膜等农业投入品的生产者、经营者、使用者应当按照国家有关规定回收并妥善处置包装物和废弃物。

县级以上人民政府应当采取措施，加强农产品基地建设，推进农业标准化示范建设，改善农产品的生产条件。

六、农产品生产

（一）农产品生产技术规范的培训和指导

县级以上地方人民政府农业农村主管部门应当根据本地区的实际情况，制定保障农产品质量安全的生产技术要求和操作规程，并加强对农产品生产经营者的培训和指导。农业技术推广机构应当加强对农产品生产经营者质量安全知识和技能的培训。国家鼓励科研教育机构开展农产品质量安全培训。

（二）实施良好农业规范

农产品生产企业、农民专业合作社、农业社会化服务组织应当加强农产品质量安全管理。农产品生产企业应当建立农产品质量安全管理制度，配备相应的技术人员；不具备配备条件的，应当委托具有专业技术知识的人员进行农产品质量安全指导。国家鼓励和支持农产品生产企业、农民专业合作社、农业社会化服务组织建立和实施危害分析和关键控制点体系，实施良好农业规范，提高农产品质量安全管理水平。

（三）建立农产品生产记录

农产品生产企业、农民专业合作社、农业社会化服务组织应当建立农产品生产记录，如实记载下列事项。

（1）使用农业投入品的名称、来源、用法、用量和使用、停用的日期。

（2）动物疫病、农作物病虫害的发生和防治情况。

（3）收获、屠宰或者捕捞的日期。

农产品生产记录应当至少保存两年。禁止伪造、变造农产品生产记录。国家鼓励其他农产品生产者建立农产品生产记录。

（四）农业投入品的使用与监管

对可能影响农产品质量安全的农药、兽药、饲料和饲料添加剂、肥料、兽医器械，依照有关法律、行政法规的规定实行许可制度。

省级以上人民政府农业农村主管部门应当定期或者不定期组织对可能危及农产品质量

安全的农药、兽药、饲料和饲料添加剂、肥料等农业投入品进行监督抽查，并公布抽查结果。

农药、兽药经营者应当依照有关法律、行政法规的规定建立销售台账，记录购买者、销售日期和药品施用范围等内容。

农产品生产经营者应当依照有关法律、行政法规和国家有关强制性标准、国务院农业农村主管部门的规定，科学合理使用农药、兽药、饲料和饲料添加剂、肥料等农业投入品，严格执行农业投入品使用安全间隔期或者休药期的规定；不得超范围、超剂量使用农业投入品危及农产品质量安全。禁止在农产品生产经营过程中使用国家禁止使用的农业投入品以及其他有毒有害物质。

农产品生产场所以及生产活动中使用的设施、设备、消毒剂、洗涤剂等应当符合国家有关质量安全规定，防止污染农产品。

县级以上人民政府农业农村主管部门应当加强对农业投入品使用的监督管理和指导，建立健全农业投入品的安全使用制度，推广农业投入品科学使用技术，普及安全、环保农业投入品的使用。

（五）打造农产品品牌

国家鼓励和支持农产品生产经营者选用优质特色农产品品种，采用绿色生产技术和全程质量控制技术，生产绿色优质农产品，实施分等分级，提高农产品品质，打造农产品品牌。

（六）冷链农产品质量安全保证

国家支持农产品产地冷链物流基础设施建设，健全有关农产品冷链物流标准、服务规范和监管保障机制，保障冷链物流农产品畅通高效、安全便捷，扩大高品质市场供给。

从事农产品冷链物流的生产经营者应当依照法律、法规和有关农产品质量安全标准，加强冷链技术创新与应用、质量安全控制，执行对冷链物流农产品及其包装、运输工具、作业环境等的检验检测检疫要求，保证冷链农产品质量安全。

七、农产品销售

（一）对农产品的规定

1. 销售的农产品应当符合农产品质量安全标准

农产品生产企业、农民专业合作社应当根据质量安全控制要求自行或者委托检测机构对农产品质量安全进行检测；经检测不符合农产品质量安全标准的农产品，应当及时采取管控措施，且不得销售。农业技术推广等机构应当为农户等农产品生产经营者提供农产品检测技术服务。

2. 应当符合国家有关强制性标准以及其他农产品质量安全规定

农产品在包装、保鲜、储存、运输过程中所使用的保鲜剂、防腐剂、添加剂、包装材料等，应当符合国家有关强制性标准以及其他农产品质量安全规定。储存、运输农产品的容器、工具和设备应当安全、无害。禁止将农产品与有毒有害物质一同储存、运输，防止污染农产品。

3. 不得销售的农产品

（1）含有国家禁止使用的农药、兽药或者其他化合物。

（2）农药、兽药等化学物质残留或者含有的重金属等有毒有害物质不符合农产品质量安全标准。

（3）含有的致病性寄生虫、微生物或者生物毒素不符合农产品质量安全标准。

（4）未按照国家有关强制性标准以及其他农产品质量安全规定使用保鲜剂、防腐剂、添加剂、包装材料等，或者使用的保鲜剂、防腐剂、添加剂、包装材料等不符合国家有关强制性标准以及其他质量安全规定。

（5）病死、毒死或者死因不明的动物及其产品。

（6）其他不符合农产品质量安全标准的情形。

对规定不得销售的农产品，应当依照法律、法规的规定进行处置。

（二）对农产品批发市场的规定

农产品批发市场应当按照规定设立或者委托检测机构，对进场销售的农产品质量安全状况进行抽查检测；发现不符合农产品质量安全标准的，应当要求销售者立即停止销售，并向所在地市场监督管理、农业农村等部门报告。农产品销售企业对其销售的农产品，应当建立健全进货检查验收制度；经查验不符合农产品质量安全标准的，不得销售。食品生产者采购农产品等食品原料，应当依照《食品安全法》的规定查验许可证和合格证明，对无法提供合格证明的，应当按照规定进行检验。

（三）对承诺达标合格证的规定

（1）农产品生产企业、农民专业合作社以及从事农产品收购的单位或者个人销售的农产品，按照规定应当包装或者附加承诺达标合格证等标识的，须经包装或者附加标识后方可销售。包装物或者标识上应当按照规定标明产品的品名、产地、生产者、生产日期、保质期、产品质量等级等内容；使用添加剂的，还应当按照规定标明添加剂的名称。

（2）农产品生产企业、农民专业合作社应当执行法律、法规的规定和国家有关强制性标准，保证其销售的农产品符合农产品质量安全标准，并根据质量安全控制、检测结果等开具承诺达标合格证，承诺不使用禁用的农药、兽药及其他化合物且使用的常规农药、兽药残留不超标等。鼓励和支持农户销售农产品时开具承诺达标合格证。法律、行政法规对畜禽产品的质量安全合格证明有特别规定的，应当遵守其规定。

（3）从事农产品收购的单位或者个人应当按照规定收取、保存承诺达标合格证或者其他质量安全合格证明，对其收购的农产品进行混装或者分装后销售的，应当按照规定开具承诺达标合格证。农产品批发市场应当建立健全农产品承诺达标合格证查验等制度。

（4）县级以上人民政府农业农村主管部门应当做好承诺达标合格证有关工作的指导服务，加强日常监督检查。农产品质量安全承诺达标合格证管理办法由国务院农业农村主管部门会同国务院有关部门制定。

（四）对网络平台销售农产品的规定

农产品生产经营者通过网络平台销售农产品的，应当依照本法和《中华人民共和国电子商务法》《食品安全法》等法律、法规的规定，严格落实质量安全责任，保证其销售的农产品符合质量安全标准。网络平台经营者应当依法加强对农产品生产经营者的管理。

（五）农产品实施质量安全追溯管理的规定

国家对列入农产品质量安全追溯目录的农产品实施追溯管理。国务院农业农村主管部门应当会同国务院市场监督管理等部门建立农产品质量安全追溯协作机制。农产品质量安全追溯管理办法和追溯目录由国务院农业农村主管部门会同国务院市场监督管理等部门制定。国家鼓励具备信息化条件的农产品生产经营者采用现代信息技术手段采集、留存生产记录、购销记录等生产经营信息。

（六）对农产品质量标志使用的规定

农产品质量符合国家规定的有关优质农产品标准的，农产品生产经营者可以申请使用农产品质量标志。禁止冒用农产品质量标志。国家加强地理标志农产品保护和管理。属于农业转基因生物的农产品，应当按照农业转基因生物安全管理的有关规定进行标识。依法需要实施检疫的动植物及其产品，应当附具检疫标志、检疫证明。

◎材料准备

（1）收集阜阳市梅菜扣肉食品加工业的相关资料，包括加工企业数量、产业规模、日常监管措施。

（2）收集整改报告的格式、内容，主要包括：整改报告的构成、写作注意事项。

（3）收集农产品质量安全的法律文件，主要包括：《农产品质量安全法》。

任务筹划

1. 内容筹划

从收集的资料中，分析提炼两方面的内容：一是农产品质量安全法律法规的主要内容，二是整改方案的写作注意事项。

2. 方法筹划

（1）浏览法。浏览农产品、食品质量安全政策法规的具体内容。

（2）查阅资料法。查阅农产品质量安全问题的相关报道，例如“梅菜扣肉”事件。

（3）小组讨论法。为有关梅菜扣肉生产企业提出咨询意见、整改方案。

3. 流程筹划

第一步：深入了解“梅菜扣肉”事件的背景资料。

第二步：根据背景资料，查找相关的农产品质量安全法规。

第三步：从相关政策法规中找出关键的条款，如监管调控。

第四步：在讨论的基础上，为生产问题梅菜扣肉的阜阳某食品公司写一份整改方案。

任务实施

步骤一：

步骤二：

步骤三：

步骤四：

任务检测

使用微信扫码进入在线测试，可反复多次答题，直到获得满意的结果。

任务检测

任务评价

任务评价表

班级：________　组别：________　姓名：________

<table>
<tr><th colspan="5">小组成员</th></tr>
<tr><th>姓名</th><th>学号</th><th colspan="3">组内分工</th></tr>
<tr><td></td><td></td><td colspan="3"></td></tr>
<tr><td></td><td></td><td colspan="3"></td></tr>
<tr><td></td><td></td><td colspan="3"></td></tr>
<tr><td></td><td></td><td colspan="3"></td></tr>
<tr><td></td><td></td><td colspan="3"></td></tr>
<tr><th>项目</th><th>评分标准</th><th>自我评价</th><th>小组评价</th><th>教师评价</th></tr>
<tr><td rowspan="2">基本素质
（30分）</td><td>学习态度（20分）</td><td></td><td></td><td></td></tr>
<tr><td>团队协作（10分）</td><td></td><td></td><td></td></tr>
<tr><td rowspan="3">知识技能
（40分）</td><td>理解农产品质量安全的重要性（10分）</td><td></td><td></td><td></td></tr>
<tr><td>掌握《农产品质量安全法》的主要内容（10分）</td><td></td><td></td><td></td></tr>
<tr><td>能够写出整改方案（20分）</td><td></td><td></td><td></td></tr>
</table>

（续表）

项目	评分标准	自我评价	小组评价	教师评价
任务完成质量（20分）	出色完成任务（20分），较好完成任务（12~19分），基本完成任务（6~11分），较差完成任务（0~5分）			
思政表现（10分）	对法律法规是否重视（10分）			
合计				
自我评价与总结				
教师点评				

课程思政专栏

推进农产品质量安全追溯体系建设确　保餐桌上的安全

【课程思政关键词】质量安全；追溯

四川省邛崃市深入推进农产品质量安全追溯体系建设，不断完善追溯网格化体系，促进追溯监管全链条闭环。一是建立三级网格化监管追溯体系。建立了“层层负责、网格到底、责任到人、全面覆盖”的“市、镇（街道）、村（涉农社区）”追溯监管网络，现有监管网格177个，专兼职监管人员300余人。2023年各级监管人员依托国家、成都追溯平台使用移动巡查App实时上传和查阅监管信息，累计录入日常监管记录10 279条。二是建立三级监测溯源体系。建设“1个市级农检站+7个镇街检测室+59个村级检测室”体系，连续8年通过省级主管部门组织的检测能力验证考核，连续三次获得“成都市农检技能竞赛团体二等奖”，获“四川省农检技能竞赛一等奖”，年均定量抽检农产品2 000批次以上，定性检测农产品15 000批次以上。三是实现质量安全追溯“三个覆盖”。即粮油、生猪、茶叶、水果等主导产业全面覆盖，农业企业、农民合作社、家庭农场等规模化农业生产经营主体全面覆盖，绿色、有机和地理标志农产品生产主体和部省市农业品牌、公用品牌主体全覆盖。

（资料来源：农业农村部农产品质量安全中心）

【启示】农产品质量安全关乎农牧民等农业生产经营主体的利益，更关乎消费者的利益，政府应加大监管力度，确保老百姓餐桌上的安全。

任务三 掌握动物防疫与检疫法规

任务导入

2018年8月3日，辽宁省沈阳市沈北新区发生一起非洲猪瘟疫情。我国历史上从未发生过非洲猪瘟疫情，此次是我国首次发生非洲猪瘟疫情。截至2018年9月15日，全国有7个省（自治区）发生共计17起非洲猪瘟疫情。非洲猪瘟对生猪的感染性强，生猪的患病率和死亡率可达到100%，因此对生猪养殖业危害巨大，是世界生猪养殖业的“头号杀手”。我国生猪养殖量大，猪肉流通速度快。为防止疫情扩散、彻底根除非洲猪瘟，当前，辽宁省采取了严厉的防控措施，已全面禁止生猪跨县区调运，实行“就地屠宰、冷鲜上市”，努力保障市场供应。动物疫情的发生严重威胁着畜牧业的健康发展。

辽宁省对非洲猪瘟严防死守，逐级压实防控责任，落实各项防控措施，动员社会各界力量，群防群控，合力打赢非洲猪瘟防控攻坚战。2019年6月，农业农村部表示，我国非洲猪瘟疫情得到有效控制①。

根据《动物防疫法》的规定，发生一类动物疫病时，当地县级以上人民政府和畜牧兽医行政管理部门应当采取哪些措施？请为该县拟定发生一类动物疫病时的应对预案。

任务准备

◎知识准备

一、《动物防疫法》的历史背景

《动物防疫法》的前身是国务院于1985年发布实施的《家畜家禽防疫条例》。长期以来，社会上有很多声音质疑《动物防疫法》没有得到全面贯彻落实，在野生动物、水生动物、宠物的监管上存在缺失。1997年，第八届全国人民代表大会常务委员会审议通过《动物防疫法》，动物防疫工作立法层次从行政法规上升为法律，2007年，第十届全国人民代表大会常务委员会通过对《动物防疫法》第一次修订，后历经2013年、2015年两次修正，《动物防疫法》于2021年1月22日在第十三届全国人民代表大会常务委员会第二十五次会议第二次修订，2021年5月1日起施行，这是时隔6年的再次系统性修订。《动物防疫法》可以称之为我国动物防疫工作的“母法”，动物防疫和兽医人员管理

① 资料来源：黑龙江日报。

知识链接

《动物防疫法》

的法律制度均由该法确立，本次修订还专门授权国务院制定兽药、兽医器械管理办法，其在兽医领域的“基本法”地位更加突出。本次修法工作有两个具体背景：一是政府机构改革和农业综合行政执法改革；二是非洲猪瘟等突发情况。原法中“兽医主管部门”修改为“农业农村主管部门”，动物卫生监督机构及其官方兽医不再履行监督检查等行政职能。

二、《动物防疫法》立法的总体原则

（一）立法目的

为了加强对动物防疫活动的管理，预防、控制、净化、消灭动物疫病，促进养殖业发展，防控人畜共患传染病，保障公共卫生安全和人体健康，制定《动物防疫法》。

（二）适用范围

《动物防疫法》适用于在中华人民共和国领域内的动物防疫及其监督管理活动。进出境动物、动物产品的检疫，适用《中华人民共和国进出境动植物检疫法》（以下简称《进出境动植物检疫法》）。

（三）特定概念

《动物防疫法》所称动物，是指家畜家禽和人工饲养、捕获的其他动物。《动物防疫法》所称动物产品，是指动物的肉、生皮、原毛、绒、脏器、脂、血液、精液、卵、胚胎、骨、蹄、头、角、筋以及可能传播动物疫病的奶、蛋等。《动物防疫法》所称动物疫病是指动物传染病包括寄生虫病。《动物防疫法》所称动物防疫是指动物疫病的预防、控制、诊疗、净化、消灭和动物、动物产品的检疫，以及病死动物、病害动物产品的无害化处理。

（四）动物疫病分类

根据动物疫病对养殖业生产和人体健康的危害程度，《动物防疫法》规定的动物疫病分为以下三类：

一类疫病，是指口蹄疫、非洲猪瘟、高致病性禽流感等对人、动物构成特别严重危害，可能造成重大经济损失和社会影响，需要采取紧急、严厉的强制预防、控制等措施的。

二类疫病，是指狂犬病、布鲁氏菌病、草鱼出血病等对人、动物构成严重危害，可能造成较大经济损失和社会影响，需要采取严格预防、控制等措施的。

三类疫病，是指大肠杆菌病、禽结核病、鳖腮腺炎病等常见多发，对人、动物构成危害，可能造成一定程度的经济损失和社会影响，需要及时预防、控制的。

（五）动物防疫方针

动物防疫实行预防为主，预防与控制、净化、消灭相结合的方针。

（六）主体责任

国家鼓励社会力量参与动物防疫工作。

从事动物饲养、屠宰、经营、隔离、运输以及动物产品生产、经营、加工、贮藏等活动的单位和个人，依照《动物防疫法》和国务院农业农村主管部门的规定，做好免疫、消毒、检测、隔离、净化、消灭、无害化处理等动物防疫工作，承担动物防疫相关责任。

县级以上人民政府对动物防疫工作实行统一领导，采取有效措施稳定基层机构队伍，加强动物防疫队伍建设，建立健全动物防疫体系，制定并组织实施动物疫病防治规划。

乡级人民政府、街道办事处组织群众做好本辖区的动物疫病预防与控制工作，村民委员会、居民委员会予以协助。

国务院农业农村主管部门主管全国的动物防疫工作。县级以上地方人民政府农业农村主管部门主管本行政区域的动物防疫工作。县级以上人民政府其他有关部门在各自职责范围内做好动物防疫工作。军队动物卫生监督职能部门负责军队现役动物和饲养自用动物的防疫工作。

县级以上人民政府卫生健康主管部门和本级人民政府农业农村、野生动物保护等主管部门应当建立人畜共患传染病防治的协作机制。国务院农业农村主管部门和海关总署等部门应当建立防止境外动物疫病输入的协作机制。

县级以上地方人民政府的动物卫生监督机构依照本法规定，负责动物、动物产品的检疫工作。县级以上人民政府按照国务院的规定，根据统筹规划、合理布局、综合设置的原则建立动物疫病预防控制机构。动物疫病预防控制机构承担动物疫病的监测、检测、诊断、流行病学调查、疫情报告以及其他预防、控制等技术工作；承担动物疫病净化、消灭的技术工作。

（七）科学研究

国家鼓励和支持开展动物疫病的科学研究以及国际合作与交流，推广先进适用的科学研究成果，提高动物疫病防治的科学技术水平。各级人民政府和有关部门、新闻媒体，应当加强对《动物防疫法》法律法规和动物防疫知识的宣传。

（八）其他

对在动物防疫工作、相关科学研究、动物疫情扑灭中做出贡献的单位和个人，各级人民政府和有关部门按照国家有关规定给予表彰、奖励。有关单位应当依法为动物防疫人员缴纳工伤保险费。对因参与动物防疫工作致病、致残、死亡的人员，按照国家有关规定给予补助或者抚恤。

三、动物疫病的预防

（一）建立动物疫病风险评估制度

国务院农业农村主管部门根据国内外动物疫情以及保护养殖业生产和人体健康的需要，及时会同国务院卫生健康等有关部门对动物疫病进行风险评估，并制定、公布动物疫病预防、控制、净化、消灭措施和技术规范。省、自治区、直辖市人民政府农业农村主管部门会同本级人民政府卫生健康等有关部门开展本行政区域的动物疫病风险评估，并落实动物疫病预防、控制、净化、消灭措施。

（二）对严重危害养殖业生产和人体健康的动物疫病实施强制免疫

国务院农业农村主管部门确定强制免疫的动物疫病病种和区域。省、自治区、直辖市人民政府农业农村主管部门制订本行政区域的强制免疫计划；根据本行政区域动物疫病流行情况增加实施强制免疫的动物疫病病种和区域，报本级人民政府批准后执行，并报国务院农业农村主管部门备案。

饲养动物的单位和个人应当履行动物疫病强制免疫义务，按照强制免疫计划和技术规范，对动物实施免疫接种，并按照国家有关规定建立免疫档案、加施畜禽标识，保证可追溯。实施强制免疫接种的动物未达到免疫质量要求，实施补充免疫接种后仍不符合免疫质量要求的，有关单位和个人应当按照国家有关规定处理。用于预防接种的疫苗应当符合国家质量标准。

县级以上地方人民政府农业农村主管部门负责组织实施动物疫病强制免疫计划，并对饲养动物的单位和个人履行强制免疫义务的情况进行监督检查。乡级人民政府、街道办事处组织本辖区饲养动物的单位和个人做好强制免疫，协助做好监督检查；村民委员会、居民委员会协助做好相关工作。县级以上地方人民政府农业农村主管部门应当定期对本行政区域的强制免疫计划实施情况和效果进行评估，并向社会公布评估结果。

（三）实行动物疫病监测和疫情预警制度

县级以上人民政府建立健全动物疫病监测网络，加强动物疫病监测。国务院农业农村主管部门会同国务院有关部门制定国家动物疫病监测计划。省、自治区、直辖市人民政府农业农村主管部门根据国家动物疫病监测计划，制订本行政区域的动物疫病监测计划。动物疫病预防控制机构按照国务院农业农村主管部门的规定和动物疫病监测计划，对动物疫病的发生、流行等情况进行监测；从事动物饲养、屠宰、经营、隔离、运输以及动物产品生产、经营、加工、贮藏、无害化处理等活动的单位和个人不得拒绝或者阻碍。国务院农业农村主管部门和省、自治区、直辖市人民政府农业农村主管部门根据对动物疫病发生、流行趋势的预测，及时发出动物疫情预警。地方各级人民政府接到动物疫情预警后，应当及时采取预防、控制措施。

陆路边境省、自治区人民政府根据动物疫病防控需要，合理设置动物疫病监测站点，健全监测工作机制，防范境外动物疫病传入。科技、海关等部门按照本法和有关法律法规的规定做好动物疫病监测预警工作，并定期与农业农村主管部门互通情况，紧急情况及时通报。县级以上人民政府应当完善野生动物疫源疫病监测体系和工作机制，根据需要合理布局监测站点；野生动物保护、农业农村主管部门按照职责分工做好野生动物疫源疫病监测等工作，并定期互通情况，紧急情况及时通报。

（四）建设无规定动物疫病区

国家支持地方建立无规定动物疫病区，鼓励动物饲养场建设无规定动物疫病生物安全隔离区。对符合国务院农业农村主管部门规定标准的无规定动物疫病区和无规定动物疫病生物安全隔离区，国务院农业农村主管部门验收合格予以公布，并对其维持情况进行监督检查。省、自治区、直辖市人民政府制定并组织实施本行政区域的无规定动物疫病区建设方案。国务院农业农村主管部门指导跨省、自治区、直辖市无规定动物疫病区建设。国务院农业农村主管部门根据行政区划、养殖屠宰产业布局、风险评估情况等对动物疫病实施分区防控，可以采取禁止或者限制特定动物、动物产品跨区域调运等措施。

（五）实施动物疫病净化、消灭规划

国务院农业农村主管部门制定并组织实施动物疫病净化、消灭规划。县级以上地方人民政府根据动物疫病净化、消灭规划，制订并组织实施本行政区域的动物疫病净化、消灭计划。动物疫病预防控制机构按照动物疫病净化、消灭规划、计划，开展动物疫病净化技术指导、培训，对动物疫病净化效果进行监测、评估。国家推进动物疫病净化，鼓励和支持饲养动物的单位和个人开展动物疫病净化。饲养动物的单位和个人达到国务院农业农村主管部门规定的净化标准的，由省级以上人民政府农业农村主管部门予以公布。

（六）种用、乳用动物的防疫规定

种用、乳用动物应当符合国务院农业农村主管部门规定的健康标准。饲养种用、乳用动物的单位和个人，应当按照国务院农业农村主管部门的要求，定期开展动物疫病检测；检测不合格的，应当按照国家有关规定处理。

（七）特定场所的动物防疫条件规定

动物饲养场和隔离场所、动物屠宰加工场所以及动物和动物产品无害化处理场所，应当符合下列动物防疫条件。

（1）场所的位置与居民生活区、生活饮用水水源地、学校、医院等公共场所的距离符合国务院农业农村主管部门的规定。

（2）生产经营区域封闭隔离，工程设计和有关流程符合动物防疫要求。

（3）有与其规模相适应的污水、污物处理设施，病死动物、病害动物产品无害化处理设施设备或者冷藏冷冻设施设备，以及清洗消毒设施设备。

（4）有与其规模相适应的执业兽医或者动物防疫技术人员。

（5）有完善的隔离消毒、购销台账、日常巡查等动物防疫制度。

（6）具备国务院农业农村主管部门规定的其他动物防疫条件。

动物和动物产品无害化处理场所除应当符合前款规定的条件外，还应当具有病原检测设备、检测能力和符合动物防疫要求的专用运输车辆。

（八）实行动物防疫条件审查制度

开办动物饲养场和隔离场所、动物屠宰加工场所以及动物和动物产品无害化处理场所，应当向县级以上地方人民政府农业农村主管部门提出申请，并附具相关材料。受理申请的农业农村主管部门应当依照《动物防疫法》和《中华人民共和国行政许可法》的规定进行审查。经审查合格的，发给动物防疫条件合格证；不合格的，应当通知申请人并说明理由。动物防疫条件合格证应当载明申请人的名称（姓名）、场（厂）址、动物（动物产品）种类等事项。

经营动物、动物产品的集贸市场应当具备国务院农业农村主管部门规定的动物防疫条件，并接受农业农村主管部门的监督检查。县级以上地方人民政府应当根据本地情况，决定在城市特定区域禁止家畜家禽活体交易。

动物、动物产品的运载工具、垫料、包装物、容器等应当符合国务院农业农村主管部门规定的动物防疫要求。染疫动物及其排泄物、染疫动物产品，运载工具中的动物排泄物以及垫料、包装物、容器等被污染的物品，应当按照国家有关规定处理，不得随意处置。

禁止屠宰、经营、运输下列动物和生产、经营、加工、贮藏、运输下列动物产品。

（1）封锁疫区内与所发生动物疫病有关的。

（2）疫区内易感染的。

（3）依法应当检疫而未经检疫或者检疫不合格的。

（4）染疫或者疑似染疫的。

（5）病死或者死因不明的。

（6）其他不符合国务院农业农村主管部门有关动物防疫规定的。

因实施集中无害化处理需要暂存、运输动物和动物产品并按照规定采取防疫措施的，不适用前款规定。

（九）保障公共卫生安全

单位和个人饲养犬只，应当按照规定定期免疫接种狂犬病疫苗，凭动物诊疗机构出具的免疫证明向所在地养犬登记机关申请登记。携带犬只出户的，应当按照规定佩戴犬牌并采取系犬绳等措施，防止犬只伤人、疫病传播。街道办事处、乡级人民政府组织协调居民委员会、村民委员会，做好本辖区流浪犬、猫的控制和处置，防止疫病传播。县级人民政府和乡级人民政府、街道办事处应当结合本地实际，做好农村地区饲养犬只的防疫管理工作。

四、动物疫情的报告、通报和公布

（一）动物疫情的认定与报告

从事动物疫病监测、检测、检验检疫、研究、诊疗以及动物饲养、屠宰、经营、隔离、运输等活动的单位和个人，发现动物染疫或者疑似染疫的，应当立即向所在地农业农村主管部门或者动物疫病预防控制机构报告，并迅速采取隔离等控制措施，防止动物疫情扩散。其他单位和个人发现动物染疫或者疑似染疫的，应当及时报告。接到动物疫情报告的单位，应当及时采取临时隔离控制等必要措施，防止延误防控时机，并及时按照国家规定的程序上报。

动物疫情由县级以上人民政府农业农村主管部门认定；其中重大动物疫情由省、自治区、直辖市人民政府农业农村主管部门认定，必要时报国务院农业农村主管部门认定。《动物防疫法》所称重大动物疫情，是指一、二、三类动物疫病突然发生，迅速传播，给养殖业生产安全造成严重威胁、危害，以及可能对公众身体健康与生命安全造成危害的情形。在重大动物疫情报告期间，必要时，所在地县级以上地方人民政府可以作出封锁决定并采取扑杀、销毁等措施。

（二）动物疫情的通报

1. 国家实行动物疫情通报制度

国务院农业农村主管部门应当及时向国务院卫生健康等有关部门和军队有关部门以及省、自治区、直辖市人民政府农业农村主管部门通报重大动物疫情的发生和处置情况。县级以上地方人民政府野生动物保护主管部门发现野生动物染疫或者疑似染疫的，应当及时处置并向本级人民政府农业农村主管部门通报。

2. 发生人畜共患传染病疫情相互通报制度

发生人畜共患传染病疫情时，县级以上人民政府农业农村主管部门与本级人民政府卫生健康、野生动物保护等主管部门应当及时相互通报。发生人畜共患传染病时，卫生健康主管部门应当对疫区易感染的人群进行监测，并应当依照《中华人民共和国传染病防治法》的规定及时公布疫情，采取相应的预防、控制措施。

患有人畜共患传染病的人员不得直接从事动物疫病监测、检测、检验检疫、诊疗以及易感染动物的饲养、屠宰、经营、隔离、运输等活动。

（三）动物疫情的公布

国务院农业农村主管部门向社会及时公布全国动物疫情，也可以根据需要授权省、自治区、直辖市人民政府农业农村主管部门公布本行政区域的动物疫情。其他单位和个人不得发布动物疫情。任何单位和个人不得瞒报、谎报、迟报、漏报动物疫情，不得授意他人瞒报、谎报、迟报动物疫情，不得阻碍他人报告动物疫情。

知识链接

《中华人民共和国传染病防治法》

◎材料准备

（1）收集畜牧养殖业常见疫情尤其是一类动物疫病的相关资料，如非洲猪瘟、蓝耳病、口蹄疫等相关资料。

（2）收集动物疫情应急预案的格式、内容，主要包括：动物疫情应急预案的构成、写作注意事项。

（3）收集动物防疫的法律文件，主要包括：《动物防疫法》。

任务筹划

1. 内容筹划

从收集的资料中，分析提炼两方面的内容：一是动物防疫与检疫法律法规的主要内容；二是应急预案的写作注意事项。

2. 方法筹划

（1）研读法。研读动物防疫与检疫法律法规的具体内容。

（2）查阅资料法。查阅资料，深入学习应急预案的格式和内容。

（3）小组讨论法。小组讨论，为某县拟定发生一类动物疫病时的应对预案。

3. 流程筹划

第一步：深入了解动物疫病的背景资料。

第二步：根据背景资料，查找动物防疫与检疫相关的法律法规。

第三步：从相关政策法规中找出关键的条款，如处置、报告制度。

第四步：在讨论的基础上，为某县拟定发生一类动物疫病时的应对预案。

任务实施

步骤一：

步骤二：

步骤三：

步骤四：

任务检测

使用微信扫码进入在线测试，可反复多次答题，直到获得满意的结果。

任务检测

任务评价

任务评价表

班级：________ 组别：________ 姓名：________

<table>
<tr><th colspan="5">小组成员</th></tr>
<tr><th>姓名</th><th>学号</th><th colspan="3">组内分工</th></tr>
<tr><td></td><td></td><td colspan="3"></td></tr>
<tr><td></td><td></td><td colspan="3"></td></tr>
<tr><td></td><td></td><td colspan="3"></td></tr>
<tr><td></td><td></td><td colspan="3"></td></tr>
<tr><td></td><td></td><td colspan="3"></td></tr>
<tr><th>项目</th><th>评分标准</th><th>自我评价</th><th>小组评价</th><th>教师评价</th></tr>
<tr><td rowspan="2">基本素质
（30 分）</td><td>学习态度（10 分）</td><td></td><td></td><td></td></tr>
<tr><td>团队协作（20 分）</td><td></td><td></td><td></td></tr>
<tr><td rowspan="3">知识技能
（40 分）</td><td>理解动物防疫的重要性（10 分）</td><td></td><td></td><td></td></tr>
<tr><td>掌握动物防疫与检疫法律法规的主要内容（10 分）</td><td></td><td></td><td></td></tr>
<tr><td>能够写出动物疫病应对预案（20 分）</td><td></td><td></td><td></td></tr>
<tr><td rowspan="4">任务完成质量
（20 分）</td><td rowspan="4">出色完成任务（20 分），较好完成任务（12~ 19 分），基本完成任务（6~11 分），较差完成任务（0~5 分）</td><td></td><td></td><td></td></tr>
<tr><td></td><td></td><td></td></tr>
<tr><td></td><td></td><td></td></tr>
<tr><td></td><td></td><td></td></tr>
</table>

（续表）

项目	评分标准	自我评价	小组评价	教师评价
思政表现（10分）	对法律法规是否重视（10分）			
合计				
自我评价与总结				
教师点评				

课程思政专栏

抓好春季动物防疫　护航畜牧业健康发展

【课程思政关键词】动物防疫；安全

海西蒙古族藏族自治州都兰县以持续推进绿色有机农畜产品输出地重点示范县、高原生态特色农牧业大县建设为抓手，积极开展春季动物疫病防控工作，全力做好疫苗接种、疫病检测、防控知识宣传、人员技术培训等工作，严格落实各项防疫措施，确保不发生区域性重大动物疫情。

强化组织领导，压实工作责任。成立了春季重大动物疫病防疫工作技术指导小组，制定印发《都兰县2024年动物疫病免疫实施方案》，明确免疫病种、免疫区域、免疫主体、免疫时间及工作要求等，为扎实推进重大动物疫病免疫工作提供了制度保障。各乡镇动物防疫工作实行分片承包责任制，明确划分成员的工作责任，各乡镇畜牧兽医站与辖区行政村签订动物防疫目标责任书，确保2024年春季动物防疫工作有序推进。

强化宣传引导，提高防疫认识。以百名干部下乡开展“一学三促”活动为抓手，深入各乡镇、村社开展动物疫病防控知识宣讲。通过摆放展板、悬挂横幅、发放宣传资料、入户宣传、现场解答等方式，向群众讲解防控布病、包虫病等重大动物疫病防控和动物尸体无害化处理知识，营造群防群控、依法防治的良好氛围。共发放宣传资料1 205份，开展宣讲培训8次。

强化操作规范，提升技能水平。开展动物防疫工作技能提升培训，重点对个人防护、疫苗规范存储、应激反应处置、疫情识别报告等进行技术指导，进一步提高村级防疫员、养殖场技术人员的科技素质和防疫技术能力。同时，通过村级防疫员工作群、村民畜禽养殖微信群等平台，推送春季畜禽防疫知识及重大意义，增强群众自我防控意识。

强化工作调度，掌握春防进度。启动全县春季动物免疫工作，覆盖全县8个乡镇，涉及畜禽种类包括猪、牛、羊、禽类等的口蹄疫、小反刍兽疫和高致病性禽流感 3 种强制免疫病种。定期对全县春季动物防疫工作进度进行收集统计，实行春防免疫周报制、及时掌握防疫情况。截至 2024 年 4 月，牛口蹄疫免疫 5.84 万头，羊口蹄疫免疫 91.32 万只，骆驼口蹄疫免疫 0.257 万峰，羊小反刍兽疫免疫 90.27 万只。

（资料来源：新华网青海频道）

【启示】抓好动物防疫，防范动物疫病发生，确保不发生区域性重大动物疫情，确保畜牧业生产安全，为畜牧业健康发展保驾护航。

任务四 熟悉打造农业全产业链政策法规

任务导入

2021 年中央一号文件明确提出："构建现代乡村产业体系"。首先提到要依托乡村特色优势资源，打造农业全产业链，把产业链主体留在县城，让农民更多分享产业增值收益。农业农村部在《关于落实好党中央、国务院 2021 年农业农村重点工作部署的实施意见》中提到大力发展乡村富民产业，提升产业链供应链现代化水平，首先要打造农业全产业链。习近平总书记 2022 年在海南考察时强调，"要深入推进农业供给侧结构性改革，加强农业全产业链建设"。

请你根据家乡所在地产业发展特点，设计有当地特色的农业产业链。

任务准备

◎知识准备

一、农业全产业链

农业产业链是指与农业初级产品密切相关的产业群的供给和需求关联构成的网络结构，包括为农业生产做准备的科研、农资等前期产业部门，农作物种植、畜禽养殖等中间产业部门，以及以农产品为原料的加工、储存、运输、销售等后期产业部门。

农业全产业链是农业研发、生产、加工、储运、销售、品牌、体验、消费、服务等环节和主体紧密关联、有效衔接、耦合配套、协同发展的有机整体。一般由产品链、价值链、创新链、资金链、信息链、组织链构成。

二、如何构建农业全产业链

知识链接

《打造农业全业链意义》

（一）延伸产业链条，构建完整完备的农业全产业链

通过选择聚集度较高、影响国计民生的粮食和重要农产品，建设标准化原料基地，拓展农产品初加工，为产品搭建体系化物流网络，培育一批“土字号”“乡字号”产品品牌，推动农业绿色化发展，建设全产业链大数据中心等措施，不断向上向下延伸产业链条。

（二）完善支撑体系，提升全产业链稳定性和竞争力

全产业链要有竞争力，需要不断创新，鼓励各类农业经营主体合作建立农业供应链体系，发展种养加、产供销、内外贸一体化的现代农业。不断拓展产业增值空间，开发特色化、多样化产品，提升产业附加值。同时还需要源源不断注入大量资金，加大对农业全产业链优质品种、专用农资和基地建设的支持。

（三）强化保障措施，促进全产业链素质整体跃升

全产业链要保持稳定健康发展，需要政府、企业、协会、金融、农户等各主体参与，各自发挥自己职能和优势，为全产业链保驾护航。

三、构建农业全产业链政策解读

（一）总体要求

1. 指导思想

以习近平新时代中国特色社会主义思想为指导，全面贯彻党的十九大和十九届二中、三中、四中、五中全会精神，深入贯彻新发展理念，紧紧围绕“保供固安全、振兴畅循环”，拓展乡村多种功能，拓展产业增值增效空间，打造一批创新能力强、产业链条全、绿色底色足、安全可控制、联农带农紧的农业全产业链，为乡村全面振兴和农业农村现代化提供支撑。

2. 基本原则

在构建农业全产业链的过程中，要坚持统筹谋划、协同推进、创新驱动、联农带农的原则，确保农业全产业链朝着正确的方向发展。

3. 总体目标

到 2025 年，农业全产业链标准体系更加健全，粮棉油糖、肉禽蛋奶等重要农产品全产业链基本建成，果菜菌茶、水产品、特色农产品全产业链不断健全，培育一批年产值超百亿的农业“链主”企业，打造一批全产业链价值超百亿的典型县，发展一批省域全产业链价值超千亿元的重点链。

（二）延伸产业链条，构建完整完备的农业全产业链

通过聚焦规模化主导产业、建设标准化原料基地、发展精细化综合加工、搭建体系化物流网络、开展品牌化市场营销、推进社会化全程服务、推广绿色化发展模式、促进数字化转型升级等措施，不断延伸农业产业链条。

（三）完善支撑体系，提升全产业链稳定性和竞争力

农业全产业链要保持稳定和长久的竞争力，离不开体系的支撑，包括创新链、供应链、价值链、资金链等。各方体系不断完善，为农业全产业链保驾护航。

（四）强化保障措施，促进全产业链素质整体跃升

农业全产业链，光靠一方的力量是很难形成影响力的，要打造出有品质、素质高的农业全产业链，还需省级农业农村部门、农业产业化龙头企业、科研院所、种植大户、家庭农场、小农户和社会化服务组织等多方力量通力合作，强化要素整合机制，按照农业产业化联合体内部“资源要素畅通、利益联结紧密、服务购销最惠”要求，创新利益整合机制，向实体化、集团化方向发展。

◎材料准备

知识链接

《农业农村部关于加强农业全产业链培育发展的指导意见》

（1）家乡农业产业布局资料。通过网络或实地走访（平时积累）查询当地农业发展特色和农业产业布局情况，分析当地农业产业优势和不足，为构建当地特色农业全产业链打下基础。

（2）收集本地出台的支持农业产业发展的相关政策，主要包括：青海省人民政府办公厅关于印发《进一步支持种业企业加快发展的政策措施（暂行）》的通知、《青海省乡村振兴促进条例》、中共青海省委 青海省人民政府贯彻《中共中央 国务院关于全面推进乡村振兴加快农业农村现代化的意见》的实施意见等。

任务筹划

1. 内容筹划

青稞，青藏高原上特有的农作物之一。现在越来越多的青稞制品走上了人们的餐桌，从最基础的青稞面，青稞饼干，青稞酒，到现在的青稞酸奶，风味独特。据悉，青海省牦牛、藏羊、油菜、青稞 4 个优势特色产业集群不断带动龙头企业、合作社规模化经营、集约化发展。请你根据家乡当地的农业特色，设计有当地特色的农业产业链。

2. 方法筹划

（1）通过网络查找当地产业布局情况，查阅资料。

（2）通过实地走访政府部门了解当地农业产业规划。

（3）通过走访当地企业了解产业发展情况，进行综合分析。

3. 流程筹划

第一步：熟悉当地特色农产品及农业企业有哪些。

第二步：熟悉当地农业产业布局，挖掘当地特色农产品，了解特色农产品上下游产业，思考如何设计特色农产品产业链。

第三步：选定某一特色农产品，试分析与之相关的前后产业有哪些。

第四步：尝试简要画出某一特色农产品产业链。

任务实施

步骤一：

步骤二：

步骤三：

步骤四：

任务检测

使用微信扫码进入在线测试，可反复多次答题，直到获得满意的结果。

任务检测

任务评价

任务评价表

班级：__________ 组别：__________ 姓名：__________

<table>
<tr><th colspan="5">小组成员</th></tr>
<tr><th>姓名</th><th>学号</th><th colspan="3">组内分工</th></tr>
<tr><td></td><td></td><td colspan="3"></td></tr>
<tr><td></td><td></td><td colspan="3"></td></tr>
<tr><td></td><td></td><td colspan="3"></td></tr>
<tr><th>项目</th><th>评分标准</th><th>自我评价</th><th>小组评价</th><th>教师评价</th></tr>
<tr><td rowspan="2">基本素质
（30分）</td><td>学习态度（10分）</td><td></td><td></td><td></td></tr>
<tr><td>团队协作（20分）</td><td></td><td></td><td></td></tr>
<tr><td rowspan="3">知识技能
（40分）</td><td>掌握农业产业链的概念（10分）</td><td></td><td></td><td></td></tr>
<tr><td>掌握构建产业链的政策措施（10分）</td><td></td><td></td><td></td></tr>
<tr><td>能画出当地特色产业链结构图（20分）</td><td></td><td></td><td></td></tr>
</table>

（续表）

项目	评分标准	自我评价	小组评价	教师评价
任务完成质量（20分）	出色完成任务（20分），较好完成任务（12~19分），基本完成任务（6~11分），较差完成任务（0~5分）			
思政表现（10分）	热爱家乡，致力于乡村产业发展（10分）			
合计				
自我评价与总结				
教师点评				

课程思政专栏

青海：特色农业把高原荒山变“金窝窝”

【课程思政关键词】特色产业；乡村振兴；农民增收

2023年6月16日，青海省海东市乐都区洪水镇高家湾村后山上的近千亩“仙女果”长势喜人，地面上滴灌设备管道正不停涌出水，滋润着成片的“仙女果”。“明年我还要扩大种植规模，扩产后能达到1 800多亩。”靓柱林农林科技开发有限公司负责人韩常宽介绍说。

青海省海东市乐都区立足地方资源特色，在引胜沟万栋拱棚基地发展梅花鹿、绿壳蛋鸡等养殖和乡村旅游业，国网海东供电公司（以下简称海东供电公司）因需施策改造升级农网，支撑乐都区农业产业规模化发展，以优质服务助推农业产业升级转型，助力农业增效、农民增收。

在优质电力带动下，高原特色农业正发生着翻天覆地的变化。农民们用上了新技术，并用新理念推动农业标准化建设，培育壮大了一批带动力强、科技含量高的特色农畜品牌，助力了乡村振兴，开辟了一条条致富路。

乐都区兴昌野生养殖专业合作社位于乐都区寿乐镇赵家湾村，是由李永忠、李兴繁、李兴昌等5户村民联合成立的。在当地政府利好政策的引导下，村民租用百亩荒山，建起了养鹿场，开始了小规模投资驯养梅花鹿。

经过近几年的摸索，养殖合作社总结出了一套好的养鹿经验和技术，梅花鹿出栏率较高，赚到了“第一桶金”。存栏梅花鹿已达到 75 头，年产值利润达 60 万元以上。养殖场规模不断扩大，除了梅花鹿，还养殖驴、羊、野兔、土鸡等，经济效益越来越好。

养殖场照明、加工饲料都需要用电，因此电气设备多、负荷高。李永忠介绍：“前些年，村里用电高峰时段，养殖场一台机器都不敢开，生怕影响其他村民用电。幸好 2015 年供电公司帮忙安装了一台专用变压器，解决了养殖社用电的问题。2019 年，供电公司又对村里的电网进行改造升级，用电就更方便了。”

在赵家湾村兴昌野生养殖专业合作社带动下，周边已经新发展出了禾韵种养殖合作社、鹏盛野生养殖专业合作社等 3 个养殖合作社，分别养殖梅花鹿、麝、野猪、马鹿、驴等，年收入均在 50 万 ~100 万元。

为保证养殖户有良好的用电环境，国网海东供电公司为其建立了服务档案，将养殖种类、养殖规模、用电情况等信息详细记录在册，每月定时开展上门服务，及时消除安全隐患，让用户用上安全电、放心电。

海东供电公司依据历年负荷增长变化趋势，结合“党建 + 服务”活动，发挥党员的先锋模范作用，让“红马甲”始终冲锋在生产服务最前沿，以党建引领优质服务，以星级供电所和“全能型”供电所建设“双引擎”为动力，深化末端业务融合机制，以“一专多能”的人员力量、“一次”到位的贴心服务对用户的用电设备、线路、自备电源等开展拉网式检查维护，对发现的隐患及时消缺，建立配电线路和配变设备的预警档案，满足用户用电需求，为乐都区“菜篮子”工程提供了强有力的用电保障。

（资料来源：中国科技网）

【启示】青海特色农业的发展得益于得天独厚的天然优势资源，农业要延伸产业链，离不开农牧业科技服务体系和智力支撑，同时需要社会各方力量的参与、支持和保障，才能让青海特色的农畜产品走出青海省，走向全国，让更多的农牧民们腰包鼓起来。我们相信，青海的特色农牧业发展不止于今天，明天会更好。

任务五　理解促进农村电子商务发展政策法规

任务导入

义乌市郊的青岩刘村有中国“淘宝第一村”之称，曾上演无数淘宝店主一夜暴富的神话，电子商务行业悄然经历一场变革，青岩刘村的网店热开始“退烧”。

随着电子商务行业逐步走向规范、成熟，当年“淘宝店开一家赚一家”的情形一去不复返，但网商成功的大门并没有完全关闭，“一百个创业者里面有十几个人能生存下来。”

青岩刘村位于浙江省义乌市郊，村道两端一侧是环城路，标志性的牌坊对面是荒芜的农田；另一侧是小商品集聚地。青岩刘村是一个面积不大的住宅小区，仅有200多户人家，公寓楼清一色乌青颜色外墙，马路上冷冷清清，但村里有两多：快递多，网络推广广告多。

青岩刘村成为淘宝第一村，在必然之中也有些偶然。与村仅有数百米距离原本有一个小商品交易市场，2008年迁移到商贸城，使青岩刘村出现一股房屋退租潮。当时B2B（企业对企业，business to business）电子商务概念刚刚兴起，青岩村有几名年轻人开始从事淘宝店经营，进军淘宝。

真正让外界将淘宝与青岩刘村联系起来的，是一则义乌工商学院鼓励学生淘宝创业的新闻。有"淘宝大学"之称的义乌工商学院鼓励学生淘宝创业，学校规定"上课时可以随时出去拿货"，也可以"随时搬出学校成立公司"开淘宝店，学校为刚起步开网店的学生免费配有一间供上网的教室和一间储存货物的仓库，而学生在"淘宝"上的业绩可以折算成实践课学分。

自2008年开始，义乌工商学院共有2 000多名学生参与淘宝创业，开了1 500多家淘宝网店，诞生了几名百万富翁和一批月收入数千元的学生。青岩刘村淘宝店疯狂的吸金能力，加之营销和推广，"青岩刘村淘宝第一村"声名鹊起，全国各地怀有网商致富梦想的人们奔向青岩刘村①。

请利用京东、淘宝、1688网络平台，帮助家乡农产品实现在线销售。

任务准备

◎知识准备

一、农村电子商务概念

农村电商一般是指涉农领域的生产经营主体利用互联网（包括移动互联网）在网上完成产品或服务的销售、购买和电子支付等业务交易，促进农产品、农村特色产品的销售和流通的过程，是提高农村经济发展水平的一种新型商业模式。

二、农村电商的分类

（一）根据产品流通方向分类

（1）输出模式是指以农产品、手工艺品、加工产品、特色旅游资源等从农村向外部市场输出为主的电子商务模式。当前，农村电商主要就是以输出农村资源为主，从而解决农村产品难销、滞销问题，增加农民收入。该模式通过政府主导、政府委托企业或者企业自发，依托当地特有资源，以品牌化、标准化为路径，增加产品附加值和市场竞争力，实现农民收入的增加。

① 资料来源：搜狗百科，有删减。

（2）输入模式是以消费品、服务业向农村输入为主的电子商务模式。一般情况下，输入模式通过在县域设立县级服务中心、在乡镇建立服务站点，依托完善的网络服务体系和前端服务点，向农村输入农资产品、消费品、金融产品、服务项目等资源，使农民借助互联网共享发展红利。

（二）根据电子商务县域发展模式分类

（1）沙集模式是互联网在农村高度应用的典型，是农村自发发展电子商务典型模式，核心是“网络 + 公司 + 农户”的互相推动发展，是以家庭经营为基础，以返乡创业农民工为主体，以信息化带动产业化，形成了相对完整的农村电商生态链。

（2）清河模式是“专业市场 + 互联网”的农村电商模式。清河县依托其特有的羊绒支柱产业，借助互联网进行重新整合，将互联网融入传统的羊绒加工销售产业链，有效解决销售成本高、效率低、开拓市场难等问题，带动当地羊绒产业高速发展，网商群体和交易规模迅速扩大，形成依托产业优势的农村电商模式。

（3）武功模式是基于区位优势形成的电子商务模式。武功县大力发展仓储物流和物资集散业务，将自身搭建成电商枢纽，提出“买西北、卖全国”的电子商务发展战略，投资建设设施齐全的大型电子商务园区，吸引当地乃至全国的电商企业设点占位，以聚集作用形成规模效应，辐射带动青海省、甘肃省、新疆维吾尔自治区等西部地区农特产品销售，将自身打造成西北电子商务中转站。

（三）根据服务对象进行分类

（1）农资电商是涉及农资的电子商务。农资是农用物资的简称，一般是指在农业生产过程中用以改变和影响劳动对象的物质资料和物质条件，如农业运输机械、生产及加工机械、农药、种子、化肥、农膜等。

（2）农产品电商是指在农产品的生产加工及配送销售等过程中，交易当事人或参与人利用计算机技术和网络技术等现代信息技术所进行的供求和价格等信息的收集发布、达成农产品或服务的交易，同时依托生产基地与物流配送系统完成农产品交付的一种新型商业模式。

（3）乡村旅游电商是电子商务和乡村旅游、乡村经济融合发展的产物。可以认为，乡村旅游电商是在旅游电子商务的基础上加入乡村的因素，是旅游电子商务在乡村旅游活动各环节的具体应用。

（4）农村金融电商是与“三农”相关的货币、信用等金融行业与互联网相结合的新兴领域，包括与“三农”相关的互联网支付货币、互联网信贷、供应链金融、预售订单融资、跨界合作金融、中间业务、货币汇兑、账户预存款、支付工具、移动支付等金融业务。

三、发展农村电商涉及的相关法律

（一）《中华人民共和国电子商务法》

《中华人民共和国电子商务法》（以下简称《电子商务法》）是为了保障电子商务各方主体的合法权益，规范电子商务行为，维护市场秩序，促进电子商务持续健康发展而制定的法规，由第十三届全国人大常委会第五次会议于 2018 年 8 月 31 日表决通过，自 2019 年 1 月 1 日起施行。

（二）《网络购买商品七日无理由退货暂行办法》

2017年1月6日，工商行政管理总局[①]印发《网络购买商品七日无理由退货暂行办法》，明确了不适用退货的商品范围和商品完好标准以及相关退货程序，并对网络商品销售者违反本办法规定，作出了明确的处罚细则。办法自2017年3月15日起施行。

（三）《非金融机构支付服务管理办法》

2010年6月14日，中国人民银行正式公布了《非金融机构支付服务管理办法》全文，规定未经中国人民银行批准，任何非金融机构和个人不得从事或变相从事支付业务。该方法经2010年5月19日第7次行长办公会议通过，自2010年9月1日起施行。自2018年6月30日起，支付机构受理的涉及银行账户的网络支付业务全部通过网联平台处理。

四、发展农村电商出台的相关政策

近年来，随着“互联网+”战略的推进，我国政府积极推动农村电商的发展，出台了一系列相关政策。

（一）农村电商扶贫政策

2016年，国务院印发了《关于进一步加大扶贫开发力度的意见》，提出要积极发展农村电商，支持贫困地区和贫困户开展电商扶贫，推进“电商+扶贫”模式。

（二）农村电商税收优惠政策

2017年，国家税务总局发布了《关于农村电子商务企业所得税优惠政策通知》，对符合条件的农村电商企业给予企业所得税减免、免征等优惠政策。

（三）中共中央 国务院《乡村振兴战略规划》（2018—2022年）

2018年9月，中共中央 国务院发布《乡村振兴战略规划》（2018—2022年），指出要深入实施电子商务进农村综合示范，建设具有广泛性的农村电子商务发展基础设施，加快建立健全适应农产品电商发展的标准体系。

（四）中共中央办公厅 国务院办公厅关于《数字乡村发展战略纲要》

2019年5月，中共中央办公厅 国务院办公厅发布《数字乡村发展战略纲要》，提出要深化电子商务进农村综合示范，培育农村电商产品品牌。

（五）中共中央 国务院《关于抓好“三农”领域重点工作确保如期实现全面小康的意见》

2020年2月，中共中央 国务院发布《关于抓好“三农”领域重点工作确保如期实现全面小康的意见》，提出要有效开发农村市场，扩大电子商务进农村覆盖面，支持供销合作社、邮政快递企业等延伸乡村物流服务网络，加强村级电商服务站点建设，推动农产品进城、工业品下乡双向流通。

（六）农业农村部《关于加快农业全产业链培育发展的指导意见》

2021年5月，农业农村部发布《关于加快农业全产业链培育发展的指导意见》，提出加强农村电商主体培训培育，引导农业生产基地、农产品加工企业、农资配送企业、物流企业应用电子商务。

① 现国家市场监督管理总局。

（七）财政部《关于进一步做好农村综合性改革试点试验工作的通知》

2021 年 5 月，财政部发布《关于进一步做好农村综合性改革试点试验工作的通知》，指出要依托绿水青山、田园风光，发挥农村资源和生态优势，发展休闲农业、生态旅游、农村电商等乡村新产业、新业态、新模式，促进产业深度交叉融合，推动乡村自然资源加快增值。

（八）商务部等 17 部门关于《关于加强县域商业体系建设促进农村消费的意见》

2021 年 6 月，商务部等 17 部门联合印发《关于加强县域商业体系建设促进农村消费的意见》，指出扩大农村电商覆盖面。强化县级电子商务公共服务中心统筹能力，为电商企业、家庭农场、农民合作社、专业运营公司等主体提供市场开拓、资源对接、业务指导等服务，提升农村电商应用水平。引导电商平台投放更多种类工业品下乡，弥补农村实体店供给不足短板。实施“数商兴农”，发展农村电商新基建。

（九）商务部办公厅、发展改革委办公厅、中华全国供销合作总社办公厅《关于进一步推动农商互联助力乡村振兴的通知》

2021 年 9 月，商务部、发展改革委、中华全国供销合作总社发布《关于进一步推动农商互联助力乡村振兴的通知》，指出设立区域电商兴农助农频道，省级主管部门要结合本地实际开通本地电商兴农助农频道，选取符合条件的电商平台、直播电商、社区电商等企业加入，联合频道企业定期开展公益帮扶活动。

（十）农业农村部《关于拓展农业多种功能 促进乡村产业高质量发展的指导意见》

2021 年 11 月，农业农村部《关于拓展农业多种功能 促进乡村产业高质量发展的指导意见》指出，发挥农村电商在对接科工贸的结合点作用，实施“互联网 +”农产品出村进城工程，利用 5G、云计算、物联网、区块链等技术，加快网络体系、前端仓库和物流设施建设，把现代信息技术引入农业产加销各个环节，建立县域农产品大数据，培育农村电商实体及网络直播等业态。

（十一）国务院《“十四五”推进农业农村现代化规划》

2022 年 2 月，国务院发布《“十四五”推进农业农村现代化规划》指出，实施“数商兴农”，推动农村电商基础设施数字化改造、智能化升级，打造农产品网络品牌。

（十二）国务院《关于落实〈政府国务院工作报告〉重点工作分工的意见》

2022 年 3 月，国务院发布《关于落实〈政府国务院工作报告〉重点工作分工的意见》，指出加强县域商业体系建设，发展农村电商和快递物流配送。

知识链接

《电子商务法》

知识链接

《网络购买商品七日无理由退货暂行办法》

知识链接

《非金融机构支付服务管理办法》

知识链接

《数字乡村发展战略纲要》

知识链接

《商务部等 17 部门关于加强县域商业体系建设促进农村消费的意见》

知识链接

《“十四五”推进农业农村现代化规划》

◎材料准备

（1）选择销售对象（某农产品）。

（2）确定电商平台。

（3）收集电子商务涉及的法律法规，主要有：《电子商务法》。

（4）收集电子商务相关的政策，主要有：《数字经济促进共同富裕实施方案》。

任务筹划

1. 内容筹划

根据家乡农产品的特色，为其选择一个适合的电商平台，并根据电商平台的要求，实现农产品在线销售。

2. 方法筹划

（1）利用网络熟悉农产品在线销售步骤。

（2）利用网络或向专业人士请教，熟悉农产品在线销售涉及的业务，包括产品包装、品牌、物流等方面的业务知识。

3. 流程筹划

第一步：深入了解电商平台在线销售农产品流程及步骤，如确定销售对象、寻找销售平台、在销售平台上线农产品、农产品在线销售等。

第二步：深入了解农产品特色，为其编写产品文案。

第三步：将产品按要求上架到电商平台销售。

第四步：为消费者在线答疑解惑，促成交易。

第五步：根据消费者反馈，不断改进农产品信息。

任务实施

步骤一：

步骤二：

步骤三：

步骤四：

步骤五：

任务检测

使用微信扫码进入在线测试，可反复多次答题，直到获得满意的结果。

任务检测

任务评价

任务评价表

班级：________　组别：________　姓名：________

<table>
<tr><th colspan="5">小组成员</th></tr>
<tr><th>姓名</th><th>学号</th><th colspan="3">组内分工</th></tr>
<tr><td></td><td></td><td colspan="3"></td></tr>
<tr><td></td><td></td><td colspan="3"></td></tr>
<tr><td></td><td></td><td colspan="3"></td></tr>
<tr><td></td><td></td><td colspan="3"></td></tr>
<tr><td></td><td></td><td colspan="3"></td></tr>
<tr><th>项目</th><th>评分标准</th><th>自我评价</th><th>小组评价</th><th>教师评价</th></tr>
<tr><td rowspan="2">基本素质
（30 分）</td><td>学习态度（20 分）</td><td></td><td></td><td></td></tr>
<tr><td>团队协作（10 分）</td><td></td><td></td><td></td></tr>
<tr><td rowspan="3">知识技能
（40 分）</td><td>了解农产品电子商务的概念（10 分）</td><td></td><td></td><td></td></tr>
<tr><td>熟悉电子商务的政策措施（10 分）</td><td></td><td></td><td></td></tr>
<tr><td>能将农产品成功在线销售（20 分）</td><td></td><td></td><td></td></tr>
<tr><td rowspan="4">任务完成质量
（20 分）</td><td rowspan="4">出色完成任务（20 分），较好完成任务（12~19 分），基本完成任务（6~11 分），较差完成任务（0~5 分）</td><td></td><td></td><td></td></tr>
<tr><td></td><td></td><td></td></tr>
<tr><td></td><td></td><td></td></tr>
<tr><td></td><td></td><td></td></tr>
</table>

（续表）

项目	评分标准	自我评价	小组评价	教师评价
思政表现（10分）	热爱家乡，致力于乡村产业发展（10分）			
合计				
自我评价与总结				
教师点评				

课程思政专栏

河北清河：摒弃传统＋顺势而为

【课程思政关键词】乡村振兴；开拓创新

在河北省清河县，“电商”成了清河县最具特色的商业群体，清河县也成为了全国最大的羊绒制品网络销售基地。全县淘宝天猫店铺超过2万家，年销售15亿元，羊绒纱线销售占淘宝7成以上，成为名副其实的淘宝县。

而在之前的传统产业时代，河北清河羊绒产业在竞争中近乎一败涂地，2007年开始在淘宝卖羊绒意外成功，随即一发不可收，在基础设施建设方面，该县不断加大力度，目前电子商务产业园、物流产业聚集区以及仓储中心等一大批电子商务产业聚集服务平台正在建设之中，清河县正在实现由“淘宝村”向“淘宝县”的转型提升。

（资料来源：根据相关资料整理）

【启示】通过发展农畜产品电商，可以扩大农产品销路、促进就业，提高农业经济效益，带动农村第二、第三产业的发展，增加农牧民收入，增强农业职业的吸引力。

项目五 农业科技政策法规

项目导读

科技是第一生产力。农业科技是乡村振兴和解决“三农”问题的第一动力。为了推进农业科技发展，国家出台了一系列农业科技政策法规，主要涉及农业技术推广、地理标志产品保护、青海绿色有机农畜产品输出地等。

学习目标

知识目标：掌握农业技术推广的含义；理解农业技术推广的意义；掌握青海打造绿色有机农畜产品输出地政策的内容。

技能目标：能够查阅、整理分析农业技术推广资料，以实际行动落实农业技术推广政策；能够编写实施方案。

素质目标：培养学生创新思维，用农业技术推广助力农村产业发展、促进产业振兴。增强学生的写作能力。

思政目标：形成从事农业推广岗位工作的职业理想，热爱“三农”、服务“三农”。

思维导图

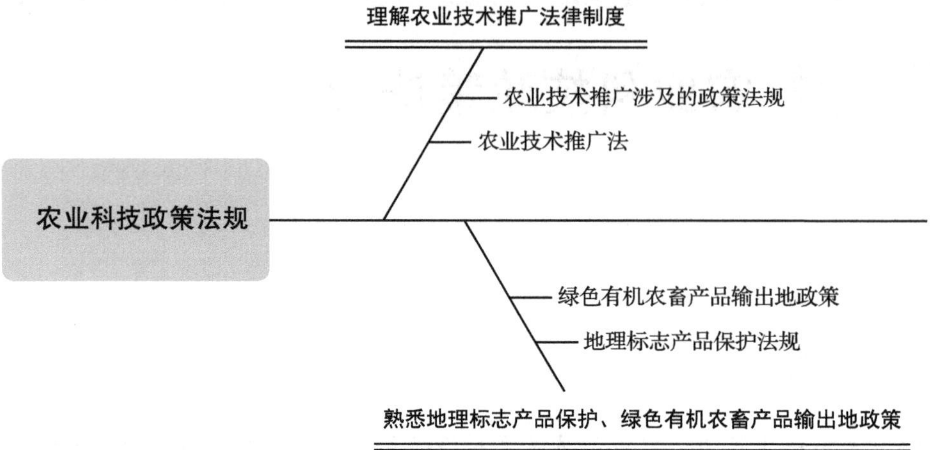

任务一　理解农业技术推广法律制度

任务导入

某农业科学研究院的科研人员新近获得了一项国家专利“青贮牧草封装系统”（专利号 3CN****4130.8）。该系统包括一储料槽、一输送装置、一入料桶及一推料板，储料槽底部的螺旋杆能将牧草输出，由输送装置运送至入料装置的承料斗中，料经入料装置送入入料桶中，入料桶呈中空状直立设置，其外缘罩设有一可升降的外桶，外桶外缘供一包装袋套设，使入料装置送入的牧草落入包装袋中，再由设于入料桶顶部的压板下压将牧草压实，使牧草的体积缩小并减少包装袋中的空气含量，之后将包装袋封口，再由推料板将包装袋推出。该系统能极大地提高青贮牧草封装效率，具有很大的推广价值。

该研究院准备将该专利向青海省及其他省份的牧区推广应用。为了保证该专利技术的顺利推广，需要借助相关的政策法规来保驾护航。为此，需要全面掌握农业技术推广方面的政策法规。

请为该研究院提供一份农业技术推广法律制度的咨询报告。

任务准备

◎知识准备

知识链接

《农业技术推广法》

一、农业技术推广涉及的主要法规

农业技术推广涉及的主要法律包括《中华人民共和国专利法》（以下简称《专利法》）《中华人民共和国知识产权保护法》（以下简称《知识产权保护法》）《中华人民共和国农业技术推广法》。

农业技术推广涉及的主要政策包括《农业部[①]关于贯彻实施〈中华人民共和国农业技术推广法〉的意见》、“三区”人才政策和现代农业产业技术体系建设政策等。

（一）《专利法》

《专利法》是为了保护专利权人的合法权益，鼓励发明创造，推动发明创造的应用，提高创新能力，促进科学技术进步和经济社会发展制定的法律。

（二）《农业技术推广法》

《农业技术推广法》的立法目的是提高农业生产水平，促进农业和农村经济持续发展，加速实现农业现代化。该法规定了农业技术推广的主要任务，包括普及先进适用的农业技术，促进农业科技成果转化和产业化，提高农民素质和技能，以及保护和改善农业生态环境等。

二、农业技术推广涉及的主要政策

（一）“三区”人才政策

“三区”人才计划是科技部为加快建设边远贫困地区、边疆民族地区和革命老区（以下简称“三区”）本土科技人才和农村科技创业人才队伍，提升“三区”科技服务水平而设立的专项计划。受援范围主要是脱贫地区（原国家确定的连片特困地区、国家扶贫开发工作重点县、省级扶贫开发工作重点县及各地确定的其他深度贫困地区、新疆生产建设兵团困难团场），重点向国家乡村振兴重点帮扶县、原“三区三州”等深度贫困地区倾斜。通过“三区”人才政策，加大了贫困地区的科技投入，给偏远的农牧区带来了先进的科学技术和思想观念，提升了农牧业科技水平。

在“三区”人才计划实施过程中，受援地科技部门负责财务支出管理，由高等学校、科研院所等单位的技术人员主持或参与，从事农业技术推广工作。技术人员的推广费用可以通过受援地科技部门报销。通过提供信息、帮助农业生产经营主体解决问题，并且帮助他们获得必要的知识、技能和观念来有效地利用技术，在这个过程中提升了人力资本。

专业技术人员对农业生产经营主体进行培训，提供解决技术问题的方案，对技术进行

① 现农业农村部。

示范等，使农牧业生产经营主体逐步提高农业生产中的技术水平、管理水平和品牌经营水平，加快农业科技成果转化。

（二）现代农业产业技术体系建设政策

2007年，为提升国家、区域创新能力和农业科技自主创新能力，为现代农业和社会主义新农村建设提供强大的科技支撑，在实施优势农产品区域布局规划的基础上，决定在玉米、小麦、奶牛等10个农产品中开展现代农业产业技术体系建设实施试点工作。随后又开展了肉牛、牦牛、肉羊等第二批现代农业产业技术体系建设工作。

现代农业产业技术体系由产业技术研发中心和综合试验站两个层级构成。每一个农产品设置一个国家产业技术研发中心（由若干功能研究室组成），研发中心设1名首席科学家和若干科学家岗位；在主产区设立若干综合试验站，每个综合试验站设1名站长。

到2008年底，已启动建设了50个现代农业产业技术体系，共设50个产业技术研发中心，聘用50位首席科学家，涉及34个作物产品、11个畜产品、5个水产品。为此，中央财政在2008年共投入了9.675亿元专项资金。此后国家陆续投入了专项资金用于体系建设。

体系的主要职能是围绕产业发展需求，进行共性技术和关键技术研究、集成和示范；收集、分析农产品的产业及其技术发展动态与信息，为政府决策提供咨询，向社会提供信息服务，为用户开展技术示范和技术服务，为产业发展提供全面系统的技术支撑；推进产学研结合，提升农业区域创新能力，增强我国农业竞争力。在管理机制上，通过设立管理咨询委员会、执行专家组和监督评估委员会等，确保决策、执行和监督三个层面权责明晰、相互制约、相互协作。调整和完善优势农产品区域布局规划，明确以产业需求为导向的建设现代农业产业技术体系的基本思路。

通过建设产业技术体系，围绕产业发展需求，进行共性技术和关键技术研究、集成和示范；以农产品为单元，产业为主线，建设从产地到餐桌、从生产到消费、从研发到市场各个环节紧密衔接、环环相扣、服务国家目标的现代农业产业技术体系，提升农业科技创新能力，从而增强我国农业竞争力。经过多年建设，体系为农业科研与农业技术推广搭建了桥梁，为农业生产经营主体的生产活动提供了科技支撑，加速了农业科技成果转化。

“十四五”全国农业农村科技发展规划指出，要做强现代农业产业技术体系。优化完善现代农业产业技术体系建设，长期稳定支持体系专家开展全产业链技术攻关和集成示范，鼓励支持地方开展特色或优势产业创新团队建设。组建种业创新、耕地资源利用与保护、绿色低碳、智慧农业、产业经济等五个重要共性技术创新团队，加强体系间有效衔接，建设纵横交织、点线面结合、立体网络化现代农业产业技术体系升级版。加强制度建设，完善考核机制，建立科学合理激励约束机制，确保现代农业产业技术体系有力保障粮食安全和重要农产品有效供给，有力支撑乡村全面振兴和农业农村现代化。

◎材料准备

（1）收集“青贮牧草封装系统”专利的相关资料，包括技术参数、功能参数、使用说明书、专利证书等。为寻找该专利技术的推广政策法规奠定技术基础。

（2）收集农业技术推广方面的法律文件，主要包括：《农业技术推广法》。

（3）收集农业技术推广方面的政策文件，主要包括：《关于做好 2022 年基层农技推广体系改革与建设任务实施工作的通知》。

任务筹划

1. 内容筹划

从收集的政策法规中，分析提炼两方面的内容：一是作为《农业技术推广法》，应遵守的政策法规的主要内容；二是应该规避的政策法规风险。

2. 方法筹划

（1）研读法。研读农业技术推广政策法规的具体内容。

（2）查阅资料法。查阅资料，熟悉某一农业技术的具体内容，包括但不限于技术路线、应用范围、预期效果等。例如某研究院研发的“青贮牧草封装系统”。

（3）小组讨论法。集思广益，为研究院的专利技术推广提出咨询意见。

3. 流程筹划

第一步：深入了解专利技术的背景材料。

第二步：根据专利技术资料，查找相关的政策法规。

第三步：从相关政策法规中找出关键的条款。

第四步：为研究院提出相关咨询意见。

任务实施

步骤一：

步骤二：

步骤三：

步骤四：

任务检测

使用微信扫码进入在线测试，可反复多次答题，直到获得满意的结果。

任务检测

任务评价

任务评价表

班级：____________ 组别：____________ 姓名：____________

<table>
<tr><td colspan="5">小组成员</td></tr>
<tr><td>姓名</td><td>学号</td><td colspan="3">组内分工</td></tr>
<tr><td></td><td></td><td colspan="3"></td></tr>
<tr><td></td><td></td><td colspan="3"></td></tr>
<tr><td></td><td></td><td colspan="3"></td></tr>
<tr><td></td><td></td><td colspan="3"></td></tr>
<tr><td></td><td></td><td colspan="3"></td></tr>
<tr><td>项目</td><td>评分标准</td><td>自我评价</td><td>小组评价</td><td>教师评价</td></tr>
<tr><td rowspan="2">基本素质
（30 分）</td><td>学习态度（10 分）</td><td></td><td></td><td></td></tr>
<tr><td>团队协作（20 分）</td><td></td><td></td><td></td></tr>
<tr><td rowspan="3">知识技能
（40 分）</td><td>熟悉青贮牧草封装系统的原理和操作规程（10 分）</td><td></td><td></td><td></td></tr>
<tr><td>掌握农业技术推广政策法规文件的主要内容（10 分）</td><td></td><td></td><td></td></tr>
<tr><td>能够提出该项技术推广的咨询报告（20 分）</td><td></td><td></td><td></td></tr>
<tr><td rowspan="4">任务完成
质量
（20 分）</td><td rowspan="4">出色完成任务（20 分），较好完成任务（12~ 19 分），
基本完成任务（6~11 分），较差完成任务（0~5 分）</td><td></td><td></td><td></td></tr>
<tr><td></td><td></td><td></td></tr>
<tr><td></td><td></td><td></td></tr>
<tr><td></td><td></td><td></td></tr>
<tr><td>思政表现
（10 分）</td><td>是否有农技推广意识（10 分）</td><td></td><td></td><td></td></tr>
<tr><td colspan="2">合计</td><td></td><td></td><td></td></tr>
<tr><td>自我评价
与总结</td><td colspan="4"></td></tr>
<tr><td>教师点评</td><td colspan="4"></td></tr>
</table>

课程思政专栏

天津市蔬菜产业技术体系助力辣椒产业健康发展

【课程思政关键词】科技服务；产业发展

辣椒（天鹰椒）是天津市宝坻区特色农作物“三辣”之一，在国内外市场享有很高声誉，近年来由于病虫害加重、机械化水平低等因素，其种植面积出现下滑。2022 年入夏以来，宝坻区普降两场大雨，部分地区出现了涝灾，近期又连续出现高温天气，给辣椒生长带来了很大危害，加之该季节正是病虫害高发期，今年辣椒稳产高产面临巨大压力。市蔬菜产业技术体系茄果及叶菜类病虫害绿色防控岗专家深入宝坻区调研辣椒生产情况，制定针对性的辣椒病虫害全程防控技术，实地开展技术服务帮助种植基地解决病害难题，稳定辣椒生产。

在宝坻区农业发展服务中心和区辣椒产业协会组织下，专家到宝坻区为辣椒种植大户和辣椒企业技术人员进行专题技术培训，围绕制约辣椒生产的难题，重点围绕“高温、涝灾对辣椒生长的影响及应对措施，功能型肥料与健康栽培，麦茬椒除草剂安全使用技术，辣椒常见病虫害综合防治技术要点”等内容进行了技术培训与交流，受到与会人员热烈欢迎。会后，又来到田间进行了现场指导，天鹰红（天津）农业科技有限公司还提出了长期技术合作的意向。

辣椒产业科技服务，推动了辣椒高产健康栽培新技术新成果推广应用，发挥了蔬菜产业技术体系科技支撑作用。

（资料来源：天津市农业农村委）

【启示】农业产业技术体系为农业科研与农业技术推广搭建了桥梁，为农业生产经营主体的生产活动提供了科技支撑，加速了农业科技成果转化。使农业走上一条产出高效、产品安全、资源节约、环境友好的绿色高质量发展道路，助力全面推进乡村振兴和农业农村现代化建设。

任务二　熟悉地理标志产品保护、绿色有机农畜产品输出地政策

任务导入

2021 年 3 月，习近平总书记在参加全国人大青海代表团审议时，首次提出青海要加快建设世界级盐湖产业基地，打造国家清洁能源产业高地、国际生态旅游目的地、绿色有机农畜产品输出地宏伟蓝图。产业“四地”建设为青海经济高质量发展指明了方向。

近年来，绿色有机农牧业发展取得新成效，突出品种培优、品质提升、品牌打造和标准化生产，转变农牧业发展方式，绿色有机农畜产品输出地建设取得阶段性成效。在青海省海南藏族自治州贵南县全国最大的绿色有机青稞种植基地里，有机肥的施用、绿色防控技术的应用实施和“耕二休一”的轮作休耕制度，让这里的土地地力逐年肥沃起来，成为

国家有机认证的青稞种植基地。

地处祁连山下的海北藏族自治州祁连县，拥有纯天然、无污染的绿色有机认证草场，为祁连牦牛提供了得天独厚的栖息环境。为加快祁连牦牛的品种培优，祁连县形成“中心 + 基地”“繁育 + 保护 + 销售”的良种产业体系，以达玉牦牛良种繁育场为基础，大力实施牦牛核心群组建，祁连牦牛良种化不断取得新进展。

粮食作物增加 0.15 万公顷（1 公顷等于 10 000 平方米，下同），油料作物增加 0.084 万公顷；全省产业强镇达到 18 个；国家作物种质西宁资源复份库建成运行，保存作物种质资源 44.85 万份；在 20 万公顷耕地实施化肥农药减量增效，化肥农药使用量持续减少；全省饲草种植面积达到 15.33 万公顷以上……机械不停轰鸣、粮食粒粒归仓，农民满面笑容，种植业迎来丰收，绿色兴农、质量兴农、品牌兴农，为“青”字号农畜产品品牌不断注入含金量①。

请为某县落实绿色有机农畜产品输出地政策拟写一份实施意见。

任务准备

◎知识准备

一、地理标志产品保护法规

地理标志产品，是指产自特定地域，所具有的质量、声誉或其他特性本质上取决于该产地的自然因素和人文因素，经审核批准以地理名称进行命名的产品。

《地理标志产品保护规定》经 2005 年 5 月 16 日国家质量监督检验检疫总局局务会议审议通过，自 2005 年 7 月 15 日起施行，原国家质量技术监督局公布的《原产地域产品保护规定》同时废止。2021 年 2 月，国家知识产权局办公室印发《国家地理标志产品保护示范区建设管理办法（试行）》。

截至 2022 年 10 月，中国累计批准地理标志产品 2 495 个，核准地理标志作为集体商标、证明商标注册 7 013 件。2021 年，地理标志产品直接产值突破 7 000 亿元。

据统计，青海省有柴达木枸杞、贵南黑藏羊、门源奶皮、昂思多矿泉水、大通牦牛肉、贵德蜂蜜、乐都藏香猪、乐都沙果、热贡唐卡、青海冬虫夏草、昆仑玉、湟源陈醋、茶卡盐、藏毯、互助青稞酒等 15 种产品获得地理保护标志认证。

二、绿色有机农畜产品输出地政策

（一）政策目标

到 2025 年，青海省绿色优质农畜产品生产能力显著提升，农牧业生态环境明显改善，现代农牧业产业体系、生产体系、经营体系不断健全，质量效益和品牌影响力持续提升，基本建成生态环保、特色鲜明、国内外知名的绿色有机农畜产品输出地。

① 资料来源：青海新闻网。

（二）重点任务

（1）突出生态优先，着力打造基础稳固的绿色发展支撑体系。加强耕地质量保护提升，推进农牧业生态化转型。开展生态畜牧业关键技术研发与集成示范，抓好生态畜牧业股份制改造，以组织化、规模化、产业化为重点，加快牦牛、藏羊产业高效发展，培育一批“企业＋基地＋合作社＋家庭农牧场”联合体，落实好第三轮草原生态保护补助奖励政策，提高草地畜牧业生产水平。推进产地环境清洁化。提升基础设施建设水平。加强青海省东部农业区设施农业改造升级和新型设施农业建设，强化青南牧区畜牧业防灾、避灾基础设施建设。建设重点产业生产基地。

知识链接

《农业农村部 青海省人民政府共同打造青海绿色有机农畜产品输出地行动方案》

（2）加快提档升级，着力打造农业生产“三品一标”发展体系。强化优良品种培育。提升农畜产品品质。做强特色优势品牌，大力实施“青字号”农畜产品品牌培育行动，挖掘文化内涵，增强文化创意。推动全程标准化生产。强化质量安全监管。

（3）强化科技引领，着力打造智慧高效的科技创新服务体系。促进科技创新，建设一批现代农牧业科技创新中心，布局一批农牧业科技创新平台，加强特色产业产品核心技术攻关，集成推广一批先进适用技术。发展智慧农业。加强农技服务，继续推进农技推广服务体系改革建设，健全公益性农牧业技术服务力量为主体、市场化科技服务力量为补充的农牧业社会化服务体系。培育人才队伍，搭建农牧区创业平台，以最优惠政策积极引导返乡农民工、大中专毕业生、退役军人、科技人员和经营管理者到农牧区创业。

（4）强化主体培育，着力打造带动力强的新型农牧业经营体系。做强重点龙头企业，加大农牧业产业化龙头企业培育力度。培育新型合作组织，整县制推进农牧民合作社质量提升行动，培育扶持一批合作社和家庭农牧场。

（5）突出延链强链，着力打造提质增效的现代农畜产品加工体系。拓展产地加工，强化精深加工，提升综合加工，推动融合发展。

（6）强化平台支撑，着力打造高效快捷的物流输出体系。大力发展电子商务，提高数字化交易水平，打造物流专业服务平台。

（7）推动“青货出海”，着力打造开放协同的市场营销体系。大力拓展产品市场，在东部沿海、中西部地区城市建立青海高原特色农畜产品专卖店、体验店，结合“拉面经济”，联动开展营销体验和宣传推介。完善市场服务手段，加强仓储、保鲜、冷链、物流服务设施建设，提升农畜产品产地商品化处理能力，形成产地农畜产品流通的“蓄水池”，发挥好鲜活农产品绿色通道作用，提高流通快捷度、便利性，建立全省统一的农畜产品市场供求、交易、价格信息服务平台。

（三）政策支持

优化财政补助，通过贷款贴息、以奖代补、先建后补、政府购买服务等方式，引导社会资本投入，对基础设施改造、园区基地建设、加工物流提升、“青字号”品牌打造、产品市场拓展等关键环节予以重点支持。强化金融服务，把输出地相关项目列入优先支持范围，出台优惠政策，简化信贷手续，扩大信贷规模。强化融资担保功能，发挥农牧业融资担保体系作用。落实好农业新增建设用地保障政策，解决农畜产品加工用地问题。

◎材料准备

（1）收集农畜产品输出地的相关资料，以及绿色有机农畜产品输出地的具体政策。

（2）收集实施意见的内容、格式、范文。

（3）收集某县农牧业发展的情况，主要包括：特色优势农畜产品的种类、产量、价格。

任务筹划

1. 内容筹划

从收集的农村科技政策法规资料中，分析提炼两方面的内容：一是农畜产品输出地政策，二是某县的农牧业发展情况。

2. 方法筹划

（1）检索青海省打造绿色有机农畜产品输出地政策的具体内容，并加以学习。

（2）查阅实施意见的格式、内容及写作方法。例如，查阅《中共青海省委　青海省人民政府关于学习运用“千万工程”经验有力有效推进乡村全面振兴的实施意见》。

（3）小组讨论，然后以小组为单位为某县落实绿色有机农畜产品输出地政策拟写一份实施意见。

3. 流程筹划

第一步：深入了解该县农牧业发展的背景材料。

第二步：查找绿色有机农畜产品输出地政策的具体内容。

第三步：根据实际情况，确定落实绿色有机农畜产品输出地政策应达到的目标。

第四步：为该县落实绿色有机农畜产品输出地政策拟写一份实施意见。

任务实施

步骤一：

步骤二：

步骤三：

步骤四：

任务检测

使用微信扫码进入在线测试，可反复多次答题，直到获得满意的结果。

任务检测

任务评价

任务评价表

班级：________　组别：________　姓名：________

小组成员				
姓名	学号	组内分工		
项目	评分标准	自我评价	小组评价	教师评价
基本素质（30分）	学习态度（10分）			
	团队协作（20分）			
知识技能（40分）	熟悉地理保护标志产品的含义（10分）			
	掌握绿色有机农畜产品输出地政策的主要内容（10分）			
	能够为该县落实绿色有机农畜产品输出地政策拟写一份实施意见（20分）			
任务完成质量（20分）	出色完成任务（20分），较好完成任务（12~19分），基本完成任务（6~11分），较差完成任务（0~5分）			
思政表现（10分）	是否有农技推广意识（10分）			
合计				

（续表）

自我评价与总结	
教师点评	

课程思政专栏

让“青字号”农产品走得更远

【课程思政关键词】绿色有机；生态产业化

“我们青海的牛羊肉肉质细嫩、营养丰富，可惜就是‘叫好不叫座’。”青海省政协十三届二次会议小组讨论会上，省政协委员韩文杰为“青字号”农产品感到惋惜。打造绿色有机农畜产品输出地，让“青字号”农产品走出青海、享誉全国是委员们热议的焦点话题。

“青海独特的地理位置和自然环境，经过漫长的自然和人工选择，形成了具有耐寒、抗逆性和适应性强的特有农业种质资源，是青藏高原农业种质资源最为丰富的地区之一。”省政协委员王舰说。

牦牛、藏羊、青稞、油菜、冷水鱼、藜麦……提起“青字号”农产品，青海人如数家珍。连来参加联组讨论的省委副书记刘奇凡都忍不住给自家产品“上分”：“每天喝着矿泉水、吃着优质牧草、看着蓝天白云、晒着高原阳光长大的牛羊，品质就是不一样。”

数据显示，青海有机草原监测面积突破1.5亿亩，认证绿色食品、有机农产品和地理标志农产品1 115个，全省自产农产品质量安全合格率达98%……打造绿色有机农畜产品输出地，青海有这个底气和实力。

青海省政协委员、省农业农村厅副厅长杨毅青坦言，“青海农畜产品品牌竞争力不强，叫得响、市场影响力大的品牌少，农畜产品‘特而不精’，还没有实现优质优价。”

韩文杰也表达了相同的观点：“我们的农畜产品产业链还不够健全，尤其缺乏深加工龙头企业。同时，物流体系不够完善、冷链运输成本高。”

“要支持企业强化基础设施建设，鼓励企业开展品种研发、良种繁育和推广，培育具有较强竞争力的牦牛、藏羊、油菜、青稞等育繁推一体化种业企业。”王舰建议。

省政协委员吴昆仑认为，应提升种业科企协同创新水平，发挥青海海南藏族自治州黄河河谷和海西蒙古族藏族自治州柴达木盆地光热条件和高产优势，加快推进良种繁育基地建设，实现“西繁东种、南繁北种”的种子繁、种分离推广。

九三学社青海省委员会也在今年的提案中建议，尽快启动实施冷水鱼产业链延伸计划，设置产业链培育基金，鼓励和引导企业加大设备投入，开展精深加工，延伸产业链条。

杨毅青建议，省级层面出台政策，在农畜产品运输，特别是鲜枸杞果、牛羊肉等冷鲜农畜产品运输方面给予一定的补贴，通过建立运输信息化平台和在西安、北京、杭州等枢纽城市建立物流中转仓等方式，控制运输成本。

"绿色有机农畜产品输出地建设是篇大文章，仍需科学养殖、品牌带动，不断完善壮大产业链，打响'青字号'金字招牌。委员们的有关意见，我将带回去认真总结研究。"联组讨论会上，刘奇凡表示。

（资料来源：人民政协报）

【启示】打造绿色有机农畜产品输出地，落实农牧业扶持政策，还需要出更多的实招硬招。只有更好的落实扶持政策，"青字号"农产品才能走得更远。

项目六 农村金融政策法规

项目导读

近年来，金融部门和社会各界认真贯彻落实党中央、国务院关于推进普惠金融发展的决策部署，基本形成了与全面建成小康社会相适应的普惠金融服务和保障体系。在促进共同富裕中，普惠金融同样需要主动担当、善于作为，更好地支持巩固脱贫攻坚成果、有效防止返贫。部分地区脱贫成果还不稳固，产业基础还比较薄弱，可持续发展基础不牢，脱贫人群收入不稳定，金融服务的有效性、针对性、精准性还不够，金融在助力产业发展、培育更多致富带头人等方面的作用有待进一步发挥。充分发挥普惠金融巩固拓展脱贫攻坚成果同乡村振兴有效衔接的作用，不断优化、完善农村金融服务体系，推动城乡金融服务更加均衡。要抓住“产业兴旺”这个“牛鼻子”，不断创新金融产品和服务体系，盘活农村资产，增加农民财产性收入，夯实乡村振兴的经济基础。要深入践行习近平生态文明思想，实现普惠金融与绿色金融的融合发展。让普惠更绿色，让绿色更普惠。

学习目标

知识目标：了解普惠金融提出的背景；掌握普惠金融政策的必要性。了解征信系统建立的必要性；掌握征信系统的作用。了解农牧业保险政策法规。

技能目标：了解普惠金融政策中与大学生相关的扶持政策。掌握征信信息的查询渠道；掌握个人所具有的征信相关权利。了解农业保险主要险种，具备一定的居安思危的保险意识。

素质目标：培养学生的爱国情怀以及感受国家经济强大给人民生活带来的便利。培养学生回报家乡，为乡村振兴贡献自己力量的意识。了解诚实守信的重要性及背信弃义可能面临的严重后果。

思政目标：了解我国目前正在实行的“去美元化”及“一带一路”政策背后的经济逻辑，了解普惠金融政策的推出对中低资产收入者的意义。了解在当前电信及金融诈骗屡禁不止的大环境下，我国为保护好人民的个人信息及资产安全而做的努力。了解我国政府为了实现“尽可能减轻农民保费负担”“尽可能减少农民因灾损失”的目标要求，推动政策性农业保险又好又快发展，先后推出的农业政策性保险政策，意识到政府为农牧业等弱质产业从业人员降低风险方面所作的努力。

思维导图

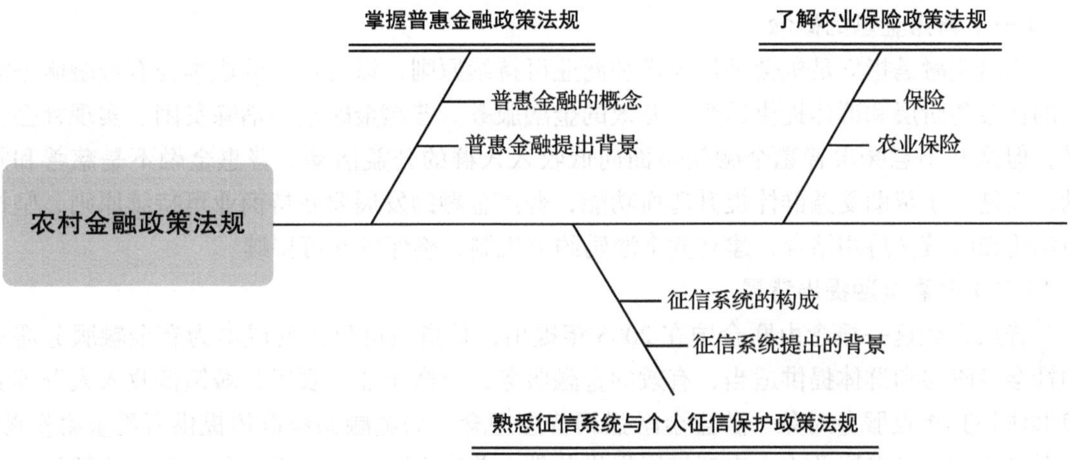

任务一　掌握普惠金融政策法规

任务导入

中国农业银行股份有限公司甘肃省分行（以下简称甘肃农行）作为县域网点最多的国有大行分支机构，为响应支持实体经济和普惠金融服务“新市民”的号召，积极贯彻落实国家政策导向，在充分运用国家创业担保基金的基础上，以“个人创业担保贷”模式为核心，对接政府部门、产业行业主管、行业协会，围绕地方特色产业，针对新市民群体较为集中的社会再就业自主创业和返乡农民工创业人员推出“建材贷”“餐饮贷”“超市贷”“百合贷”“拉面贷”等多种特色服务，通过产业推动、行业客户拉动的方式促进贷款投放，将“个人创业担保贷款”打造成服务新市民的甘肃农行新名片。全行近年累计投放个人创业担保贷款 30.55 亿元，惠及新市民群体创业人员 4.23 万人，金融扶持社会创业就业质效大幅提升，受到甘肃省委、省政府的肯定及表扬，充分体现了国有大行服务实体经济“稳就业、稳市场主体”的社会责任担当。

假设你是一名即将毕业的高职毕业生，打算申请大学生创业担保贷款，应如何操作？

任务准备

◎知识准备

一、普惠金融

（一）普惠金融的概念

普惠金融是指立足机会平等要求和商业可持续原则，以可负担的成本为有金融服务需求的社会各阶层和群体提供适当、有效的金融服务。普惠金融重视消除贫困、实现社会公平，但这并不意味着普惠金融就是面向低收入人群的公益活动。普惠金融不是慈善和救助，而是为了帮助受益群体提升造血功能，普惠金融的发展要坚持商业可持续原则，坚持市场化和政策扶持相结合，建立健全激励约束机制，确保发展可持续。

（二）普惠金融提出背景

普惠金融这一概念由联合国在 2005 年提出，是指以可负担的成本为有金融服务需求的社会各阶层和群体提供适当、有效的金融服务，小微企业、农民、城镇低收入人群等弱势群体是其重点服务对象。普惠金融强调普惠理念，为金融弱势群体提供所需金融资源，为弱势群体自身发展及收入来源拓展提供条件。普惠金融本质上仍然是金融，能够发挥资源配置功能，畅通实体经济发展循环机制，增强经济增长动力，扩大再次分配基础。与此同时，普惠金融的实践源于扶贫领域，与慈善公益基金等有天然的联系，有助于撬动参与第三次分配的资源。

（三）我国普惠金融政策支持

发展普惠金融，能够满足人民群众日益增长的金融需求，增加人民群众收入来源。我国社会主要矛盾已经转变为人民日益增长的美好生活需要和不平衡不充分的发展之间的矛盾，金融领域同样存在着人民群众日益增长的金融服务需求得不到充分满足的问题，小微企业、“三农”领域从业人员、中低收入群体等长期受到金融排斥问题的困扰。普惠金融的发展为这一问题提供了解决途径。

发展普惠金融，目的就是要提升金融服务的覆盖率、可得性、满意度，满足人民群众日益增长的金融需求，特别是要让农民、小微企业、城镇低收入人群、贫困人群和残疾人、老年人等及时获取价格合理、便捷安全的金融服务。普惠金融的发展不仅能够扩展金融服务在生产流通领域的覆盖面，为小微企业、创业群体、贫困人口提供生产经营资金，而且能够降低投资理财门槛，增加人民群众获得要素性收入和财产性收入的机会，从而推动我国社会主义分配制度的完善与收入分配结构的改善。

知识链接

《国务院关于推进普惠金融高质量发展的实施意见》

（四）我国普惠金融取得进展

政府在普惠金融发展中的引导作用要有边界，但在金融基础设施建设和金融监管方面依然大有可为：一是完善金融基础设施建设，降低金融科技成本、信用信息成本，推动普惠金融服务价格下行。例如，针对当前由于金融科技投入大、重复投入，导致部分金融机构普惠金融服务定价相对较高的问题，应该统筹协调金融科技的研发与共享应用，以达到降低各类金融机构特别是中小金融机构服务成本的目的。二是坚持“持牌经营”原则，严格执行各类金融机构准入监管，明确各类金融机构类型、业务边界及其监管主体；健全金融机构尤其是新型金融机构的资质、业务、经营等信息披露机制，完善相关法律法规及监管标准，明确普惠金融业务契约关系。

（五）普惠金融政策如何为我所用

《普惠金融发展专项资金管理办法》第四条：为落实就业优先政策，支持重点群体就业创业，引导金融机构加大创业担保贷款投放，专项资金安排支出用于对财政贴息支持的创业担保贷款给予一定奖补。

第五条：本办法所称创业担保贷款，是指以符合规定条件的创业者个人或小微企业为借款人，由创业担保贷款担保基金或政府性融资担保机构提供担保，由经办银行发放，由财政部门给予贴息，用于支持个人创业或小微企业吸纳就业的贷款业务。

第六条：符合以下条件的个人可申请创业担保贷款和财政贴息支持。

（1）属于重点就业群体。包括城镇登记失业人员、就业困难人员（含残疾人）、退役军人、刑满释放人员、高校毕业生（含大学生村官和留学回国学生）、化解过剩产能企业职工和失业人员、返乡创业农民工、网络商户、脱贫人口、农村自主创业农民。

（2）除助学贷款、脱贫人口小额信贷、住房贷款、购车贷款、5 万元以下小额消费贷款（含信用卡消费）以外，申请人提交创业担保贷款申请时，本人及其配偶无其他贷款。

知识链接

《关于进一步加大创业担保贷款贴息力度全力支持重点群体创业就业的通知》

◎材料准备

（1）收集大学生创业担保贷款及贴息政策，如大学生创业担保贷款的贷款对象范围、优惠政策、担保的种类等。

（2）收集大学生创业担保贷款方面的政策文件，主要包括：《普惠金融发展专项资金管理办法》。

（3）收集大学生享受贷款贴息政策的政策文件，主要包括：《财政部 人力资源社会保障部 中国人民银行关于进一步加大创业担保贷款贴息力度、全力支持重点群体创业就业的通知》。

任务筹划

1. 内容筹划

收集提炼两方面的内容：一是《普惠金融发展专项资金管理办法》相关政策法规的主要内容；二是想要获得相关政策支持，需要满足哪些条件。

2. 方法筹划

（1）认真研读《普惠金融发展专项资金管理办法》的具体内容及其借鉴价值。

（2）通过小组讨论，结合扎西措的实际情况，为扎西措申请大学生创业补贴贷款理清思路、扫清障碍。

3. 流程筹划

第一步：深入了解《普惠金融发展专项资金管理办法》和《国务院关于推进普惠金融高质量发展的实施意见》的背景资料。

第二步：根据背景资料，查找相关的政策法规。

背景资料：扎西措是青海省某高职院校大学三年级的学生，在校期间参加了很多次大学生创新创业大赛，取得了不错的成绩，在比赛期间，扎西措萌生了将自己的创业项目落地的想法，她打算在大学毕业后开一家自己的藏文化体验店，经过咨询教师、与同学和朋友沟通、寻求家长的帮助等，她了解到自己创业最艰难的一步就是前期资金的投入，为此，她查阅了许多资料，在了解到我国大学生可以申请创业担保贷款后，她打算放手一搏，为自己的梦想寻求助力。

第三步：从相关政策法规中找出关键的条款。

第四步：为扎西措理清申请贷款及补贴所必须要满足的条件。

任务实施

步骤一：

步骤二：

步骤三：

步骤四：

任务检测

使用微信扫码进入在线测试，可反复多次答题，直到获得满意的结果。

任务检测

任务评价

任务评价表

班级:______________ 组别:______________ 姓名:______________

<table>
<tr><td colspan="5">小组成员</td></tr>
<tr><td>姓名</td><td>学号</td><td colspan="3">组内分工</td></tr>
<tr><td></td><td></td><td colspan="3"></td></tr>
<tr><td></td><td></td><td colspan="3"></td></tr>
<tr><td></td><td></td><td colspan="3"></td></tr>
<tr><td></td><td></td><td colspan="3"></td></tr>
<tr><td>项目</td><td>评分标准</td><td>自我评价</td><td>小组评价</td><td>教师评价</td></tr>
<tr><td rowspan="2">基本素质
（30 分）</td><td>学习态度（10 分）</td><td></td><td></td><td></td></tr>
<tr><td>团队协作（20 分）</td><td></td><td></td><td></td></tr>
<tr><td rowspan="3">知识技能
（40 分）</td><td>熟悉普惠金融相关的几个主要政策法规文件（10 分）</td><td></td><td></td><td></td></tr>
<tr><td>掌握几个主要政策法规文件的主要内容（10 分）</td><td></td><td></td><td></td></tr>
<tr><td>能够找出办理大学生创业贷款应具备的条件（20 分）</td><td></td><td></td><td></td></tr>
<tr><td>任务完成质量
（20 分）</td><td>出色完成任务（20 分），较好完成任务（12~ 19 分），基本完成任务（6~11 分），较差完成任务（0~5 分）</td><td></td><td></td><td></td></tr>
<tr><td>思政表现
（10 分）</td><td>对法律法规是否重视（10 分）</td><td></td><td></td><td></td></tr>
<tr><td colspan="2">合计</td><td></td><td></td><td></td></tr>
<tr><td>自我评价
与总结</td><td colspan="4"></td></tr>
<tr><td>教师点评</td><td colspan="4"></td></tr>
</table>

课程 思政专栏

青海银行奇招频发，助力地区普惠金融发展

【课程思政关键词】突破陈规；大胆探索；勇于创新

青海银行近年来积极践行普惠金融理念，打通金融服务“最后一公里”，加大对具有帮扶能力的贫困人员或企业，特别是新型农牧场、专业合作社和小微企业的信贷支持力度，创造更多的就业机会，以村、乡镇为单位重点扶持，通过大户带动小户的方式，推进精准扶贫工作长效开展。积极利用“农联宝”“农富宝”“龙头宝”等农户信贷产品，助力涉农企业和农牧民发展生产，有效解决贫困户在艰难生产经营过程中资金不足、贷款难、担保难的问题，带动有思路、有想法的贫困户积极发展产业项目，真正做到精准到农户、精准到项目，让贫困户“贷得到、用得好、还得上”。

青海银行作为青海省唯一的地方城商行，近年来通过智能化与科技创新，改善客户体验、适应新趋势、降低金融服务成本，构建出电子渠道与实体网络互连互通，线下业务与线上业务齐头并进的全新服务模式，以现代金融科技带来的高效便捷新服务，塑起了青海银行在社会大众心中现代化银行的新形象。

青海银行为解决广大居民用户因天然气充卡点、售气点较少而带来的诸多不便，方便居民用户就近购气，减少居民生活成本，辖区内共有16家网点开通了燃气代缴业务，主要以覆盖网点周围3千米以内的燃气缴费用户为主，有效缓解了燃气缴费的排队压力，真正做到便民、惠民服务。同时，推出“银行卡聚合支付活动”，通过银行卡，聚合支付（二维码支付）、手机银行等专属渠道开展“惠民暖企，健康消费”活动，并加大手续费减免力度，通过执行优惠利率、提供免费服务等方式助力民生，惠民让利，践行一个百姓银行的责任担当。

（资料来源：“青海银行股份有限公司”微信公众号）

【启示】普惠金融强调的是金融服务的普及性和公平性，通过为弱势群体和欠发达地区提供金融服务，可以促进金融业的可持续均衡发展。青海省2023年三次产业结构为10.2∶42.4∶47.4（数据来源于青海省统计局）。习近平总书记曾提出“青海最大的价值在生态、最大的责任在生态、最大的潜力也在生态。”从青海省的经济结构来看，第一产业发展依然后劲不足，而作为青海省数量众多的农民及牧民，想要发展农牧业，资金的支持必不可少，各大金融机构如何在维持银行营利性的基础上，让利于民，开拓思路，让金融业服务者不仅仅是锦上添花者，也是雪中送炭人，需要各大金融机构扎根基层，了解农牧民面临的实际困难，切实推动青海省第一产业及第二、第三产业发展。

任务二　熟悉征信系统与个人征信保护政策法规

任务导入

《拖欠农民工工资失信联合惩戒对象名单管理暂行办法》（以下简称《管理办法》），是人社部依据《保障农民工工资支付条例》制定出台的办法。《管理办法》的颁布实施，是深入贯彻习近平总书记关于根治欠薪重要指示批示精神的重大举措，是实施《保障农民工工资支付条例》、维护农民工工资权益的具体措施，对构建以信用为基础的新型监管机制，进一步提升劳动保障监察执法效能，营造守法诚信劳动用工环境具有重要意义。

用人单位克扣、无故拖欠农民工工资达到认定拒不支付劳动报酬罪数额标准，或者因拖欠农民工工资违法行为引发群体性事件、极端事件造成严重不良社会影响，经人力资源和社会保障行政部门依法责令限期支付工资，逾期未支付的，人力资源和社会保障行政部门应当按照《管理办法》规定的程序，将该用人单位及其法定代表人等有关责任人员列入失信联合惩戒名单，按照规定公开并共享至同级信用信息共享平台。相关部门在各自职责范围内按照《保障农民工工资支付条例》等有关规定，在政府资金支持、政府采购、招投标、融资贷款、市场准入、税收优惠、评优评先、交通出行等方面依法依规予以限制。

请通过某种渠道查询本人或家长的征信报告，并进行分析。

任务准备

◎知识准备

一、征信系统

（一）征信管理提出的背景

20世纪90年代初，我国以建立社会主义市场经济体制为目标的改革迈出了决定性步伐。市场经济参与主体多元化，专业银行改造为商业银行，银行贷款对象从国营企业和集体企业逐渐扩大到多方投资的企业和个人，跨地区、跨银行的经济活动日益频繁。由于信贷供求双方信息严重不对称，企业多头贷款、恶意拖欠和逃废银行债务的现象不断滋生。另外，个人消费、投资的快速增长也带动了个人贷款大幅度上升。面对企业和个人越来越频繁的跨区域经济活动，商业银行对全面把握企业和个人信用状况的需求也愈加强烈。金融生态环境变化使商业银行经营面临诸多困难。银行业迫切需要有一个共享借款人信用信息的平台，以全面了解借款人的信用状况。

为适应我国市场经济发展需要，推动信贷市场发展，维护金融稳定，中国人民银行于1997年开始筹建银行信贷登记咨询系统，2002年建成电子化的地市、省市和总行三级联网的银行信贷登记咨询系统，2004年开始升级银行信贷登记咨询系统为企业征信系统，2006年建成全国集中统一的企业征信系统；2004年启动个人征信系统建设，2006年建成全国集中统一的个人征信系统，实现在全国范围内提供征信服务。在此基础上，随着征信业务的发展，逐步优化升级征信系统，提高系统运行效能。

2012年12月26日，国务院常务会议审议通过《征信业管理条例（草案）》。会议指出，征信业是市场经济中提供信用信息服务的行业。征信服务可以为防范信用风险、保障交易安全创造条件，促进形成诚信者受益、失信者受惩戒的社会环境。我国征信业从无到有，逐步发展，作用日益显现，征信市场初具规模。《征信业管理条例（草案）》对采集、整理、保存、加工个人或企业信用信息、并向信息使用者提供的征信业务活动作了规范。草案规定由中国人民银行及其派出机构依法对征信业进行监督管理。草案对从事个人征信业务的征信机构规定了较为严格的市场准入条件和相应的审批程序，明确了征信机构采集、保存、提供信用信息的范围和行为规范，明确了信息主体的权利。

知识链接

《最高人民法院关于公布失信被执行人名单信息的若干规定》

（二）征信系统构成

征信是依法采集、整理、保存、加工自然人、法人及其他组织的信用信息，并对外提供信用报告、信用评估、信用信息咨询等服务，帮助客户判断、控制信用风险，进行信用管理的活动。

2002年3月，按照国务院要求，由中国人民银行牵头的22个单位，组成建立企业和个人征信体系专题工作小组，负责提出全国企业和个人征信体系建设总体方案。2004年，专题工作小组向国务院上报了《建设企业和个人征信系统总体方案专题报告》，建议加快建设全国集中统一的企业和个人信用信息基础数据库，首先满足商业银行的实际需要，同时依法服务于其他部门的征信需要。

征信系统的构成（图6–1）主要包括以下几个方面。

（1）数据库。征信系统的核心是一个大型数据库，用于存储个人和企业的信用信息。这个数据库是征信系统的基础，包含了大量的信用交易记录、还款记录、贷款信息、信用卡信息等。

（2）数据采集和处理模块。数据采集和处理模块负责从各个金融机构、公共部门等收集原始信用数据，并进行清洗、整合和标准化处理，确保数据的准确性和一致性。这些数据经过处理后，会被存入数据库，供后续的分析和使用。

（3）信用评估模型。征信系统还包含信用评估模型，这些模型基于大量的历史数据，通过统计分析和机器学习等方法，对个人的信用状况进行评估。这些模型可以帮助金融机构快速判断借款人的信用风险，从而做出决策。

（4）查询和服务接口。为了方便金融机构和其他授权机构查询和使用征信数据，征信系统提供了查询和服务接口。这些接口保证了数据的安全性和隐私性，同时提供了灵活的数据访问方式，支持多种查询方式和数据输出格式。

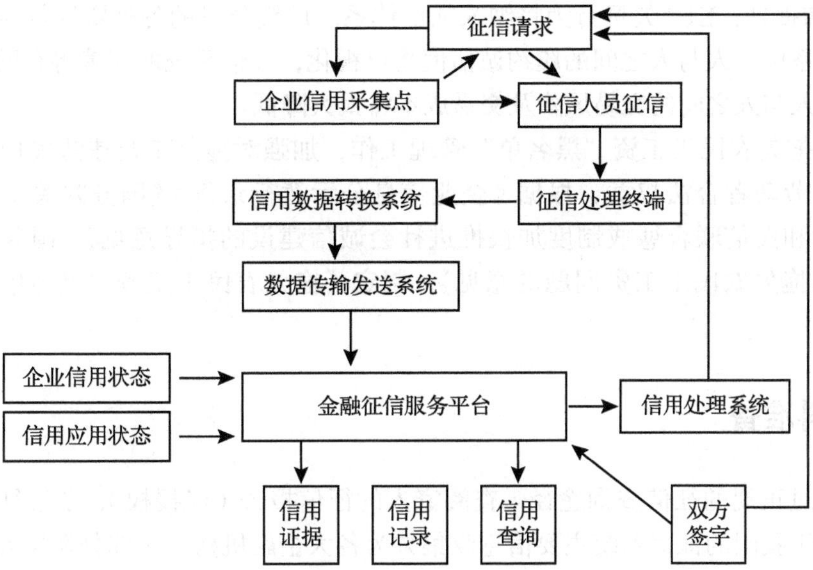

图 6-1　征信系统构成

综上所述，征信系统是由数据库、数据采集和处理模块、信用评估模型以及查询和服务接口等多个部分构成的。每个部分都有其独特的功能和作用，共同协作，确保征信系统的正常运行和数据的准确性。这样的结构使得征信系统在金融领域发挥了重要的作用，为金融机构提供决策支持，促进信贷市场的健康发展。

（三）征信系统的意义

征信是构建社会信用体系的重要基石。征信系统通过收集和整理个人的信用信息，形成了一个全面、客观、公正的信用评价体系。这个体系不仅能够帮助金融机构、企业等各方主体了解个人的信用状况，减少信息不对称的风险，还能够为社会提供一个公平、透明的信用环境，推动社会信用的健康发展。

征信有助于维护市场秩序和公平竞争。在市场经济条件下，信用是交易的基础和保障。征信系统通过记录和公示个人的信用行为，使失信者受到应有的惩罚，守信者得到应有的回报。这种机制有效地遏制了失信行为的发生，维护了市场的公平竞争和秩序，保护了消费者的合法权益。

征信还有助于提升个人的信用意识和责任感。通过参与征信系统，个人能够更加清晰地认识到自己的信用状况和价值，从而更加珍视和维护自己的信用。同时，征信系统也能够促使个人更加注重自身的行为规范和道德标准，提高自我约束和自我管理的能力。

征信系统的推进还有利于整个社会提高效率，因人与人之间的交易行为都被记录，每个公民的违约成本是相当高的，这也让公民们不再试图钻制度的漏洞或利用信息不对称获取不当收益，从而使整个社会的交易和交流变得便捷且高效。

（四）征信系统建设的进展

2021 年，交通运输部等三部门发布《关于进一步做好货车 ETC 发行服务有关工作的通知》，通知提到：ETC 欠费行为将纳入征信体系。后续公民的各种履约行为也将逐步纳入到征信体系中，人与人之间的履约诚信值将可视化，征信系统的完善将有助于建设一个诚信国度，人与人之间的交易风险及交易成本将大大降低。

为规范拖欠农民工工资“黑名单”管理工作，加强对拖欠工资违法失信用人单位的惩戒，维护劳动者合法权益，根据《企业信息公示暂行条例》《国务院关于建立完善守信联合激励和失信联合惩戒制度加快推进社会诚信建设的指导意见》《国务院办公厅关于全面治理拖欠农民工工资问题的意见》，制定《拖欠农民工工资“黑名单”管理暂行办法》。

◎材料准备

（1）通过正规的征信查询途径，查阅家人的征信报告（经授权），了解征信报告的组成内容。基于我国的征信系统主要信息收集方为各大金融机构，大部分在校大学生的征信信息都是空白，不具参考性，学生可向家长求助，获得身份信息，经过家长授权后，查询家长的征信报告，分析和解读相关信息。

（2）收集可以查询到个人征信信息的几个渠道，主要包括：中国人民银行。

（3）收集个人征信信息报告中包含的主要内容，主要包括：基本信息、借贷信息。

任务筹划

1. 内容筹划

查阅资料，了解查阅个人征信报告的正规途径，了解查阅个人征信报告需满足的条件及征信查询授权书的意义。

2. 方法筹划

（1）研读法。研读《征信业务管理办法》及《征信业管理条例》的具体内容。

（2）练习法。通过不同方式查询本人或家长的征信报告。

（3）案例分析法。通过了解本人或家长的征信报告，理解征信信息的重要性，加快推进社会信用体系建设的迫切性。

3. 流程筹划

第一步：深入了解《征信业务管理办法》及《征信业管理条例》的背景资料。

第二步：根据背景资料，查找相关的政策法规。

第三步：从相关政策法规中找出关键的条款。

第四步：查询某家长的个人征信报告并作简单分析。

任务实施

步骤一：

步骤二：

步骤三：

步骤四：

任务检测

使用微信扫码进入在线测试，可反复多次答题，直到获得满意的结果。

任务检测

任务评价

任务评价表

班级：＿＿＿＿＿＿＿＿　　组别：＿＿＿＿＿＿＿＿　　姓名：＿＿＿＿＿＿＿＿

小组成员				
姓名	学号	组内分工		
项目	评分标准	自我评价	小组评价	教师评价
基本素质（30 分）	学习态度（10 分）			
	团队协作（20 分）			
知识技能（40 分）	熟悉《征信业务管理办法》及《征信业管理条例》相关的几个主要政策法规文件（10 分）			
	掌握几个主要政策法规文件的主要内容（10 分）			
	能够完成查询本人或家长的征信报告（20 分）			

（续表）

项目	评分标准	自我评价	小组评价	教师评价
任务完成质量（20分）	出色完成任务（20分），较好完成任务（12~19分），基本完成任务（6~11分），较差完成任务（0~5分）			
思政表现（10分）	对法律法规是否重视（10分）			
合计				
自我评价与总结				
教师点评				

课程思政专栏

警惕征信修复背后的陷阱

【课程思政关键词】积极进取的人生态度；务实；脚踏实地

近年来，一些不法企业和个人利用信息主体不了解征信法律法规和想要改变不良信用记录的心理，打着“征信修复”的幌子，骗取他人敏感信息、实施诈骗、非法牟利，严重侵害了人民群众的信息与财产安全，也损害了征信系统客观公正的形象。目前社会上该类“征信修复”骗局主要表现为以下三种形式：一是收取服务费承诺能“修复”征信后直接失联跑路；二是以“征信修复”培训或加盟代理为名骗取培训、加盟费；三是以“征信修复”为幌子骗取个人敏感信息，非法侵占他人财产。

征信系统（金融信用信息基础数据库）是我国经济金融领域的重要基础设施，接收从事信贷业务的机构按照规定提供的信贷信息，并经过汇总、整合形成信用报告。个人和企业信用报告是对信息主体信贷信息的客观、真实记录，只要报告展示的信息真实无误，按照相关法规规定，任何单位和个人都无权随意修改，因此不存在对信用报告、征信记录“洗白”“修复”的概念，目前在所有征信业管理相关的法规、文件、制度中，也没有上述概念。信息主体若对报告信息存在争议，可以通过征信异议、征信投诉、司法诉讼三种正规渠道维权。中国人民银行兰州中心支行在此郑重提醒广大金融消费者擦亮眼睛，凡是声称合法的、商业的、收费的“征信修复”都是骗局！任何打着征信“修复”“洗白”“铲单”“申诉”的幌子收取费用的行为都是诈骗！

（资料来源：中国人民银行兰州中心支行）

【启示】个人征信情况反映的是个人信用情况。我们要维护好个人良好的征信，但需要警惕“征信修复”背后的陷阱。

任务三　了解农业保险政策法规

任务导入

青海果洛州是我国“三区三州”深度贫困地区之一，平均海拔 4 200 米，大气含氧量仅为海平面地区的 50%~60%，年均气温为 –4 ℃，被称为“生命禁区”。当地以农牧业为主要产业，然而冬、春季频发的雪灾却是牧民们最大的灾难，往往一场暴雪袭来，牧民就白辛苦一年，而对于保险工作人员来说，气候恶劣，难以在出险后及时奔赴现场，查勘定损也有不少难题。在过去相当长的一段时间里，果洛州都是农业保险的真空地带。面对上述情况，中国人寿财产保险股份有限公司不懈努力，在当地推动牲畜保险产品。自此，当地牧民群众不再为雪灾发愁，不但化解了牧民养牛、养羊的后顾之忧，而且解决了贫困群众因灾致贫返贫问题，实现了扶贫从“输血”到“造血”的转变，牧民群众吃上了“定心丸”。

中国人寿财产保险股份有限公司青海分公司立足青海各地农牧业资源和产业特色，开发“商业性羊养殖保险”“特种养殖保险”“牧草产量损失保险”“枸杞收获期降雨指数保险”“天气指数保险”“草原碳汇遥感指数保险”等创新性农险产品，积极探索开展“牛羊价格指数保险”，提高特色农牧产品的保障程度，为新型农牧业组织提供多档次、高保障农险产品和组合农险产品，进一步扩大农业保险覆盖面，提高保障水平①。

请你对农牧业经营企业提出购买农业保险建议，并进行农业保险供需匹配度分析。

任务准备

◎知识准备

一、保险

保险是为了分散风险造成的损失，为投保人的预期收入平滑化提供资金的经济活动。保

① 根据相关资料整理。

险是单向的经济行为，理赔与否取决于是否在投保期内发生了风险，与是否投保并不对等。

二、农业保险

（一）概念

农业保险是专为农业生产者在从事种植业、林业、畜牧业和渔业生产过程中，对遭受自然灾害、意外事故疫病、疾病等保险事故所造成的经济损失提供保障的一种赔偿保险。我国农业保险政策的重要特征是公共财政补贴。目前，我国已经成为全球最重要、最活跃、市场规模最大的农业保险市场之一。

（二）分类

农业保险按农业产业种类不同分为种植业保险（图 6–2）、养殖业保险（图 6–3）；按危险性质分为自然灾害损失保险、病虫害损失保险、疾病死亡保险、意外事故损失保险；按保险责任范围不同，可分为基本责任险、综合责任险和一切险；按赔付办法可分为种植业损失险和收获险。

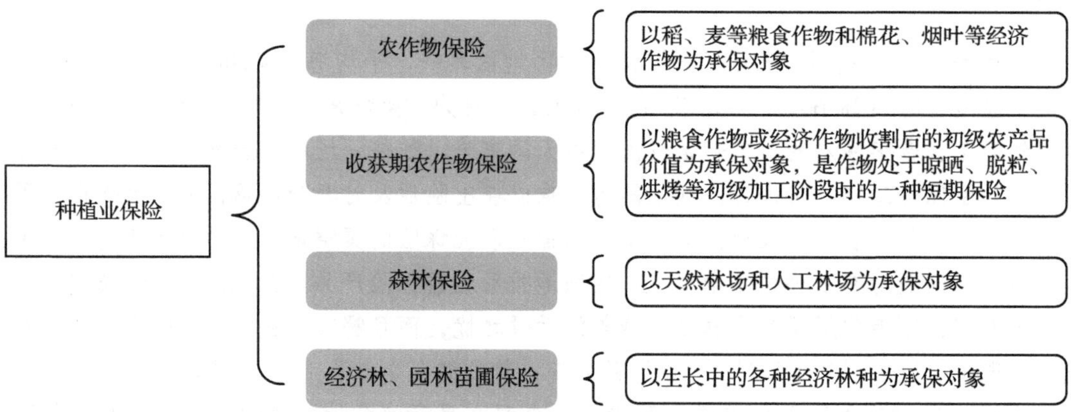

图 6–2　种植业保险

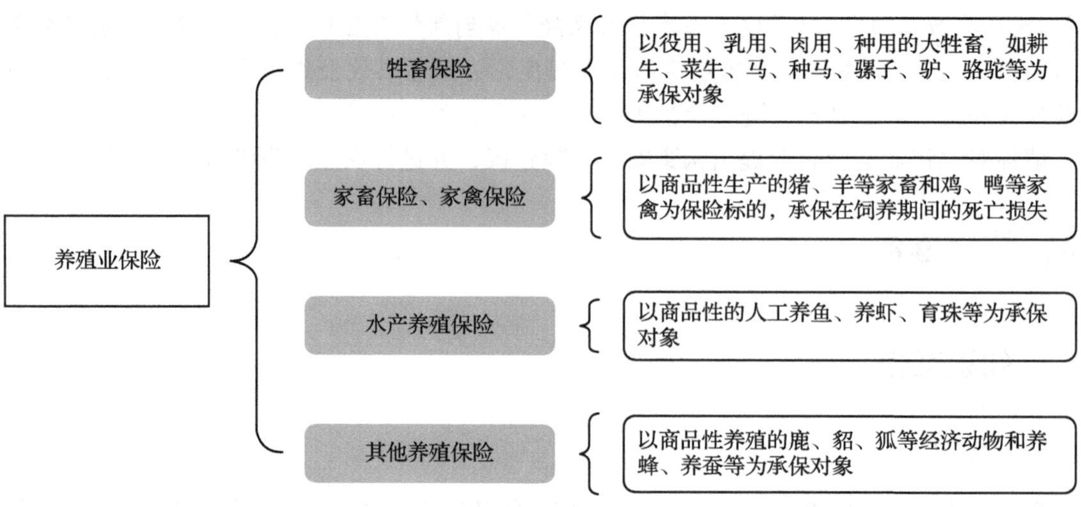

图 6–3　养殖业保险

（三）特殊性

由于农业风险的多元化特征、道德观念风险和逆向选择的严重性、保险需求的特殊性，以及保险供给的有限性，需要政府承担部分农业保费补贴，维持保险机构的经营能力。同时，降低生产者的实际保费负担也与支持保护农业的总体方向相一致。农业保险服务的准公共产品属性，是建立政策性农业保险的基本理论依据。

三、农业金融保险政策目标

（1）增强农村金融机构可持续经营能力。

（2）化解和控制农业金融体系的风险。

（3）满足“三农”领域的金融需求并降低“三农”领域获取金融服务的成本。

（4）消除农村贫困和提高农民收入。

四、我国农业保险发展现状

我国农业保险覆盖面不断扩大，2007—2012 年，农业保险保费收入由 51 亿元增长到 240 亿元，平均增速 36%；承保主要农作物播种面积从 2.3 亿亩扩大到 9.7 亿亩，占我国主要农作物播种面积的 40%；目前我国开办农险区域覆盖全国所有省（自治区、直辖市），覆盖面从零发展到 40%。农业保险对稳定农业生产、促进农民增收起到积极促进作用。2007—2012 年，累计农业保险赔款支付 550 亿元。同时，农业保险财政支持力度不断增强，2007 年中央财政对农业保险实行补贴之后，从 6 个省（自治区、直辖市）扩展到全国，品种由 6 种变成 15 种。

截至 2022 年底，中国人民财产保险股份有限公司累计承保三大主粮作物 4.2 亿亩、蔬菜 3 408 万亩、水果和果树 2 523 万亩、生猪 2.47 亿头，共计为 6 965 万户（次）农户提供农业风险保障 2 万亿元。现有各类农险产品数量 5 800 个，承保品种超过 300 种。2022 年玉米大豆带状复合种植保险实现零的突破，为 9 762 户次农户提供 1.53 亿元风险保障。制种保险为 2.6 万户次农户提供 32 亿元风险保障①。

五、存在的问题

基层政府的财政补贴资金往往不能及时、足额拨付到位，影响保险公司的经营核算和偿付能力，也影响了基层保险机构的积极性。以上问题产生的原因主要是农民收入水平太低，传统农业比重太大，农业经济组织化程度低，国家支持力度小，一系列政策的出台滞后于现实发展，农业保险法律缺位，农业保险宣传不到位，农民没有居安思危的意识，也不愿意付出一定成本去对冲将来可能存在的风险，保险覆盖面小，保险水平低，农业保险的人才太少，很大程度上制约了农业保险的发展。

① 资料来源：中国人民财产保险股份有限公司官网。

知识链接

《农业保险条例》

知识链接

《中央财政农业保险保费补贴管理办法》

知识链接

《关于调整全省农业保险牦牛、藏系羊险种有关政策的通知》

◎材料准备

（1）通过查阅《农业保险条例》《中央财政农业保险保费补贴管理办法》的相关内容，了解我国农业保险推出的重要意义及存在的现实问题。

（2）查阅各大保险机构推出的农业保险品种，梳理青海省特色产业保险险种，主要包括：能繁母猪保险、奶牛保险、家禽保险、牦牛养殖保险、藏系羊养殖保险、森林综合保险。

任务筹划

1. 内容筹划

在收集的《农业保险条例》《中央财政农业保险保费补贴管理办法》中，提炼主要内容：作为以农牧业为主营业务的企业，有哪些农业保险品种可供选择；在理赔过程中，要留意哪些注意事项，以避免理赔过程中产生不必要的纠纷。

2. 方法筹划

（1）研读法。研读《农业保险条例》《中央财政农业保险保费补贴管理办法》等法规、政策的具体内容，了解农业保险主要品种，重点了解投保及理赔过程相关内容。

（2）小组讨论法。为农牧业经营企业提出购买农业保险建议。

3. 流程筹划

第一步：深入了解《农业保险条例》《中央财政农业保险保费补贴管理办法》的背景资料。

第二步：根据背景资料，查找相关的政策法规。

第三步：从相关政策法规中找出关键的条款。

第四步：对农牧业经营企业提出购买农业保险建议。

任务实施

步骤一：

步骤二：

步骤三：

步骤四：

任务检测

使用微信扫码进入在线测试，可反复多次答题，直到获得满意的结果。

任务检测

任务评价

任务评价表

班级：________________　组别：________________　姓名：________________

<table>
<tr><th colspan="5">小组成员</th></tr>
<tr><th>姓名</th><th>学号</th><th colspan="3">组内分工</th></tr>
<tr><td></td><td></td><td colspan="3"></td></tr>
<tr><td></td><td></td><td colspan="3"></td></tr>
<tr><td></td><td></td><td colspan="3"></td></tr>
<tr><td></td><td></td><td colspan="3"></td></tr>
<tr><td></td><td></td><td colspan="3"></td></tr>
<tr><td></td><td></td><td colspan="3"></td></tr>
<tr><th>项目</th><th>评分标准</th><th>自我评价</th><th>小组评价</th><th>教师评价</th></tr>
<tr><td rowspan="2">基本素质
（30 分）</td><td>学习态度（10 分）</td><td></td><td></td><td></td></tr>
<tr><td>团队协作（20 分）</td><td></td><td></td><td></td></tr>
<tr><td rowspan="3">知识技能
（40 分）</td><td>熟悉《农业保险条例》《中央财政农业保险保费补贴管理办法》等主要政策法规文件（10 分）</td><td></td><td></td><td></td></tr>
<tr><td>掌握这几个主要政策法规文件的主要内容（10 分）</td><td></td><td></td><td></td></tr>
<tr><td>能够提出相应的法律法规咨询意见（20 分）</td><td></td><td></td><td></td></tr>
<tr><td rowspan="4">任务完成质量
（20 分）</td><td rowspan="4">出色完成任务（20 分），较好完成任务（12~ 19 分），基本完成任务（6~11 分），较差完成任务（0~5 分）</td><td></td><td></td><td></td></tr>
<tr><td></td><td></td><td></td></tr>
<tr><td></td><td></td><td></td></tr>
<tr><td></td><td></td><td></td></tr>
</table>

（续表）

项目	评分标准	自我评价	小组评价	教师评价
思政表现（10分）	对法律法规是否重视（10分）			
合计				
自我评价与总结				
教师点评				

课程思政专栏

让保险更好地服务乡村振兴

【课程思政关键词】科学高尚的人生追求；服务人民；奉献社会

全国政协委员白涛提出：近年来，保险业持续加大产品服务创新，全面强化“三农”风险保障和资金支持，在服务农业强国建设、促进农业农村现代化中发挥了重要作用。与此同时，保险业在巩固脱贫攻坚成果、推进乡村振兴实践中还面临困难和不足，特别是保险在防返贫中的作用有待强化，涉农保险覆盖面不足，乡村产业发展保障水平不高。

各级政府应明确将保险作为守住不发生规模性返贫的重要政策工具，把保险纳入乡村振兴规划，在政策指导、资金安排、工作协调、数据共享等方面给予支持。对脱贫不稳定户、边缘易致贫户等参加商业保险进行适度补贴。政府应加大财政补贴力度，优化补贴机制，推进扩大三大主粮完全成本和种植收入保险覆盖面。加强农业保险政策支持的精准度，动态调整省级财政奖补险种目录，完善地方优势特色农产品奖补分配方式。不断完善对高标准农田、种业发展等保险支持机制，明确资金来源和各方责任，提高市场主体参保的积极性。

（资料来源：中证网）

【启示】农业保险是农业风险管理的市场化手段，也是符合WTO（世界贸易组织）规则的强农惠农政策，财政补贴农业保险提高了财政资金利用效率，在今后减贫防贫体系中也将发挥重要作用。

项目七 农村土地政策法规

项目导读

土地是财富之母。土地是重要的自然资源，在国民经济和社会发展中起着非常重要的作用。在农业农村工作中，土地发挥的作用也相当突出。土地是农牧民承包地、宅基地的来源，是重要的农业生产资料，无论是种植业，还是畜牧业的发展，都需要大面积的土地。土地也是农牧民拥有的财产，是重要的生活资料。党和政府历来都非常重视农牧民土地合法权益的保护。

学习目标

知识目标：熟悉《农村土地承包法》的主要内容。掌握“三权分置”政策。了解土地承包经营权流转的新趋势。理解农业土地利用存在的问题及解决方案。掌握土地用途管制的含义，理解宅基地管理的规定。

技能目标：初步学会编写执法检查计划。能拟写土地流转合同，并熟悉合同各条款的含义。能为解决土地纠纷提供咨询建议，能够理解我国土地管理法规和承包经营制度，初步形成依法解决土地纠纷的能力。

素质目标：培养学生创新意识。培养学生珍惜土地、热爱“三农”的情怀和致力于乡村振兴的情感。培养学生法律意识，形成依土地法律法规办事的能力和爱农为民情怀。

思政目标：引导学生树立正确的乡村发展、乡村建设观念，增强学生的乡村振兴意识和责任。引导树立为民服务意识，增强为人民群众解决土地纠纷的本领。

思政导图

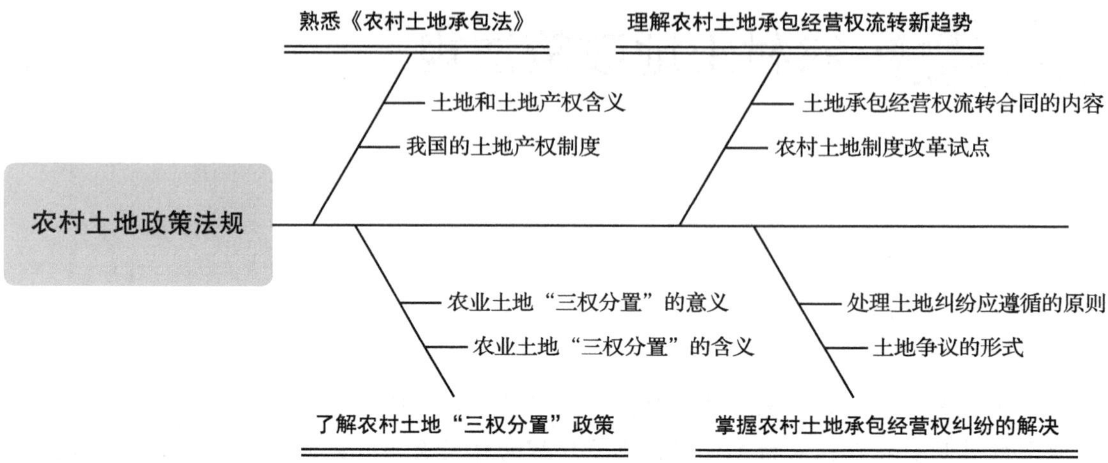

任务一　熟悉《农村土地承包法》

任务导入

土地在保障农业生产经营、增加农牧民收入、提高农牧民生活水平、保障国家粮食安全、维护社会主义制度方面起着非常重要的作用。近年来，一些单位和个人违反国家土地管理法律法规，改变农业用地的农业生产用途，违规审批宅基地，违反了国家对土地这一自然资源的管理秩序，违反社会公共利益。

“大棚房”问题专项清理整治行动开展以来，西宁市纪委监委同步跟进监督执纪问责工作，确保西宁市“大棚房”迅速彻底整改到位。什么是大棚房呢？就是设施农业中用于农业生产的附属设施、构筑物，大棚房建设中容易产生违法违规占地、改变耕地性质和用途的行为，超出标准建设。到 2019 年 4 月 8 日，西宁市纪委发布的消息显示：西宁市先后开展三轮清理排查，共排查 50 个乡镇（涉农办事处）917 个村，排查设施温棚总数达到 16 530 栋、净面积 1 245.92 公顷，共排查出涉及 55 个设施农业园区的“大棚房”问题 141 个，面积 68.66 公顷。《西宁市开展“大棚房”问题专项清理整治坚决遏制农地非农化的实施方案》印发后，西宁市纪委严格按照实施方案认真履行监督执纪责任，安排专人全程对各县区和相关单位“大棚房”问题摸底排查，全程跟踪清理整治责任落实情况。同时，西宁市纪委还联合市农业农村局、自然资源和规划局抽调人员组成督导组，采取明查暗访、受理举报、现场开清单等方式，多次前往三县四区实地督导检查，并对督查情况签字背书，压实督查组工作责任。目前已下发“大棚房”问题督办通知 9 期、整改督办通知 7 期、挂牌督办通知 4 期。为有效推进专项整治工作，西宁市纪委监委主要领导约谈了问题多、进度慢的湟中县、城中区、城北区政府主要负责同志，有力促进了县区整改工作进度。截至目前，西宁市 141 个“大棚房”问题中 140 个全部完成整改，另外 1 个正在走司法程序[①]。

假设你是相关部门行政执法人员，请就发现的“大棚房”问题，拟写一份执法检查计划。

任务准备

◎知识准备

一、土地和土地产权含义

土地是由地球陆地部分一定高度和深度范围内的岩石、矿藏、土壤、水文、大气和植被等要素构成的自然综合体。在我国法律范畴里的土地，一般指的是地表含有机质的那一部分。例如，《中华人民共和国宪法》规定，矿藏、水流、森林、山岭、草原、荒地、滩涂等自然资源，都属于国家所有，即全民所有；由法律规定属于集体所有的森林和山岭、草原、荒地、滩涂除外。因此，土地下面的矿产资源、出土的文物都是国家所有。

土地是自然资源，作为一种生产要素、生产资料，是重要的财产权利。在我国广大的农牧区，土地是农牧民赖以生存的物质基础。土地产权是指有关土地财产的一切权利的总和。它包括土地所有权、土地使用权、土地租赁权、土地抵押权、土地继承权、地役权等多项权利。根据《中华人民共和国物权法》等相关法律规定，土地上面附着若干项用益物权，例如，国有土地使用权、土地承包经营权、地役权等。拥有了土地所有权，等于拥有了一项财产权利，就拥有对土地的占有、使用、收益、处分四种权能，其中处分是根本性的权能。

二、我国的土地产权制度

我国是社会主义国家，实行社会主义公有制，即国家所有和劳动群众集体所有制。最重要的体现在于生产资料公有制。法律规定，城市的土地属于国家所有，农村和城市郊区的土地，除法律规定属于国家所有的以外，属于集体所有；宅基地和自留地、自留山，也属于集体所有，任何组织或者个人不得侵占、买卖或者以其他形式非法转让土地。

可以看出，我国土地的所有权分为国家所有和集体所有，国家所有权由国务院行使，集体所有权由乡集体经济组织、村集体经济组织或村民委员会、村民小组（社）行使，不承认任何其他单位或个人、家庭的土地所有权。现实中某个家庭有多少亩的耕地、草原，指的是承包经营权，本质上是使用权。《农村土地承包法》规定，要保持农村土地承包关系稳定并长久不变，农村土地承包后，土地的所有权性质不变，承包地不得买卖。

---

① 资料来源：青海新闻网。

三、农业土地保护制度

（一）土地利用规划和用途管制制度

国家实行土地用途管制制度。土地用途管制指为实现土地资源的最优配置和合理利用，根据法律法规，在对土地利用进行总体规划的基础上，制定和公示土地利用规划，并据此对土地利用做出许可、限制许可或不许可的规定。规划包括城镇体系规划、城市规划、镇规划、乡规划和村庄规划。城市规划、镇规划分为总体规划和详细规划。详细规划分为控制性详细规划和修建性详细规划。

国家编制土地利用总体规划，规定土地用途，将土地分为农用地、建设用地和未利用地。严格限制农用地转为建设用地，控制建设用地总量，对耕地实行特殊保护。前款所称农用地是指直接用于农业生产的土地，包括耕地、林地、草地、农田水利用地、养殖水面等；建设用地是指建造建筑物、构筑物的土地，包括城乡住宅和公共设施用地、工矿用地、交通水利设施用地、旅游用地、军事设施用地等；未利用地是指农用地和建设用地以外的土地。使用土地的单位和个人必须严格按照土地利用总体规划确定的用途使用土地。

土地利用总体规划，是指在一定时期，根据国民经济和社会发展的需要，在对本区域土地利用现状分析和评价的基础上，考虑全局和长远利益，统筹兼顾，对本地区土地的开发利用和保护整治进行时间和空间上的安排。

（二）基本农田、耕地保护制度

我国人口多、耕地少，耕地后备资源不足，维护国家粮食安全，保持社会稳定，始终是我国的一个重大问题。解决 14 亿多人口的吃饭问题，要提高粮食自给率，就要守住 18 亿亩耕地的红线。为了解决这一问题，就要对基本农田实行特殊保护。所谓基本农田，是指按照一定时期人口和社会经济发展对农产品的需求，依据土地利用总体规划确定的不得占用的耕地。基本农田保护区，是指为对基本农田实行特殊保护而依据土地利用总体规划和依照法定程序确定的特定保护区域。

县级和乡（镇）土地利用总体规划应当确定基本农田保护区。省、自治区、直辖市划定的基本农田应当占本行政区域内耕地总面积的 80% 以上，具体数量指标根据全国土地利用总体规划逐级分解下达。基本农田应当包括：经国务院有关主管部门或者县级以上地方人民政府批准确定的粮、棉、油生产基地内的耕地；有良好的水利与水土保持设施的耕地；正在实施改造计划以及可以改造的中、低产田；蔬菜生产基地；农业科研、教学试验田。

根据土地利用总体规划，铁路、公路等交通沿线，城市和村庄、集镇建设用地区周边的耕地，应当优先划入基本农田保护区，需要退耕还林、还牧、还湖的耕地，不应当划入基本农田保护区。

基本农田保护区经依法划定后，任何单位和个人不得改变或者占用。国家能源、交通、水利、军事设施等重点建设项目选址确实无法避开基本农田保护区，需要占用基本农田，涉及农用地转用或者征收土地的，必须经国务院批准。

经国务院批准占用基本农田的，当地人民政府应当按照国务院的批准文件修改土地利用总体规划，并补充划入数量和质量相当的基本农田。耕地占补平衡制度是指占用单位应当按照占多少基本农田、垦多少的原则，负责开垦与所占基本农田的数量与质量相当的耕地；没有条件开垦或者开垦的耕地不符合要求的，应当按照省、自治区、直辖市的规定缴纳耕地开垦费，专款用于开垦新的耕地。占用基本农田的单位应当按照县级以上地方人民政府的要求，将所占用基本农田耕作层的土壤用于新开垦耕地、劣质地或者其他耕地的土壤改良。

四、土地整理和复垦制度

土地整理是指县、乡（镇）人民政府组织农村集体经济组织，按照土地利用总体规划，对田、水、路、林、村综合整治，提高耕地质量，增加有效耕地面积，改善农业生产条件和生态环境。地方各级人民政府应当采取措施，改造中、低产田，整治闲散地和废弃地。各地实施的土地综合整治项目、高标准农田（示范区）建设、保护性耕作有利于增加耕地数量或提高土地质量。

土地复垦是指用地单位和个人因挖损、塌陷、压占等造成土地破坏，应当按照国家有关规定负责复垦；没有条件复垦或者复垦不符合要求的，应当缴纳土地复垦费，专项用于土地复垦。复垦的土地应当优先用于农业。

知识链接

《基本农田保护条例》

（一）土地征收、征用制度

国家为了公共利益的需要，可以依照法律规定对土地、公民的私有财产实行征收或者征用并给予补偿。土地征收和征用有区别也有联系，区别是征收改变土地所有权，一般是集体所有转变为国家所有，征用不改变原有的土地所有权性质，联系是二者都要求有一定的审批程序，都需要给予土地所有权人或使用权人一定的利益补偿。土地征收的补偿费一般包括土地补偿费、安置补助费、地上附着物和青苗的补偿费。

（二）土地承包经营制度

我国实行农村土地承包制度，稳定和完善以家庭承包经营为基础、统分结合的双层经营体制，赋予农民长期而有保障的土地使用权，维护农村土地承包当事人的合法权益，促进农业、农村经济发展和农村社会稳定。这种制度是一种责任制，能充分调动农民从事农业生产的积极性。农村土地承包坚持公开、公平、公正的原则，正确处理国家、集体、个人三者的利益关系。

知识链接

《农村土地承包法》

◎材料准备

（1）收集执法检查计划的相关报道，编写《农村土地承包法》执法检查计划，检查内容一般为《农村土地承包法》宣传贯彻情况、延长土地承包期后续完善工作情况、妥善解决农村土地承包纠纷情况、土地承包经营权流转情况、机动地预留和管理情况等方面。

（2）收集土地承包方面的法律文件，主要包括：《农村土地承包法》《土地管理法》。

（3）收集土地承包方面的政策文件，主要包括：2016 年中央一号文件。

任务筹划

1. 内容筹划

从收集的我国农村土地政策法规中，分析提炼两方面的内容：一是我国土地承包法律的主要内容及政策调整，二是土地管理法律中对土地用途的严格管制。

2. 方法筹划

（1）研读法。认真研读《农村土地承包法》的具体内容。

（2）案例分析法。从某地执法检查结果看法律的实施效果，例如，本任务后面的课程思政专栏的内容。

（3）小组讨论法。从检查农村土地法规实施情况角度，编写《农村土地承包法》执法计划。

3. 流程筹划

第一步：深入了解《农村土地承包法》执法计划应包含的内容。

第二步：根据背景资料，查找《农村土地承包法》《土地管理法》《基本农田保护条例》。

第三步：从相关法律法规中找出关键的条款。

第四步：编写《农村土地承包法》执法计划。

任务实施

步骤一：

步骤二：

步骤三：

步骤四：

任务检测

使用微信扫码进入在线测试，可反复多次答题，直到获得满意的结果。

任务检测

任务评价

任务评价表

班级：________________　组别：________________　姓名：________________

小组成员				
姓名	学号	组内分工		
项目	评分标准	自我评价	小组评价	教师评价
基本素质（30分）	学习态度（10分）			
	团队协作（20分）			
知识技能（40分）	熟悉执法计划的内容（10分）			
	掌握《农村土地承包法》《土地管理法》等法律法规的主要内容（10分）			
	能够编写《农村土地承包法》执法计划（20分）			
任务完成质量（20分）	出色完成任务（20分），较好完成任务（12~19分），基本完成任务（6~11分），较差完成任务（0~5分）			
思政表现（10分）	对农村法规是否重视（10分）			
合计				
自我评价与总结				
教师点评				

课程思政专栏

开展执法检查 推动法律实施

【课程思政关键词】法律意识；公民权利

为进一步促进《农村土地承包法》在陕西省富县的贯彻实施，切实保障农民土地承包经营权，加强农村土地承包经营权流转管理和服务，及时有效解决农村土地承包经营纠纷，推动农村经济社会全面发展，2022 年 11 月 14 日，富县人大常委会对县贯彻实施《农村土地承包法》开展执法检查。执法检查组一行先后走进茶坊街道黄埔店村、榆林桥村、马坊村，采取听汇报、查阅资料、实地查看和走访座谈等方式，围绕《农村土地承包法》宣传贯彻情况、延长土地承包期后续完善工作情况、妥善解决农村土地承包纠纷情况、土地承包经营权流转情况、机动地预留和管理情况等方面进行检查。

检查组指出，《农村土地承包法》颁布实施以来，全县农村土地承包关系稳定，农民土地承包经营权得到了有效保护，促进了农业和农村经济发展，维护了农村社会稳定。

检查组要求，要加大对《农村土地承包法》的宣传工作力度，增强贯彻执行法律的自觉性。要针对这次执法检查中发现的问题，对照法律条款进行重点宣传讲解，使广大农民群众真正知法、懂法，学会正确维护和行使自己的权利。要引导农村土地规范化流转，有力推进农业专业化生产、规模化经营，提高土地利用率。

（资料来源：陕西省延安市人大常委会）

【启示】通过执法检查，了解法律在实施中的成效和存在的问题，为进一步做好法律实施提供了决策依据，进一步推动行政部门主动履职尽责，维护农民土地权益。

任务二 了解农村土地“三权分置”政策

任务导入

我国从农村土地制度改革入手，拉开了改革开放的序幕。农村家庭联产承包责任制取得了巨大成功。随着经济社会的发展，“一家一户、单打独斗”的经营方式面临着效益低、市场竞争力不强等缺点和不足。近年来，我国推出了土地“三权分置”政策。

请你进行一次土地“三权分置”政策实施情况的调研，并撰写调研报告。

任务准备

◎知识准备

一、农业土地“三权分置”的含义

农村土地“三权分置”是指土地的劳动群众集体所有权、土地的农户家庭承包经营权、土地经营权三者的权能进行区分，协调三种权能的关系，维护集体、农户、土地直接经营者的合法权益。

现阶段深化农村土地制度改革，顺应农民保留土地承包权、流转土地经营权的意愿，将土地承包经营权分为承包权和经营权，实行所有权、承包权、经营权分置并行，着力推进农业现代化，是继家庭联产承包责任制后农村改革又一重大制度创新。从我国建设农业强国、实现农业农村现代化和全面推进乡村振兴的角度上说，政策的侧重点在于规范农村土地流转，促进适度规模经营。

二、农村土地“三权分置”的意义

“三权分置”是农村基本经营制度的自我完善，符合生产关系适应生产力发展的客观规律，展现了农村基本经营制度的持久活力，有利于明晰土地产权关系，更好地维护农民集体、承包农户、经营主体的权益；有利于促进土地资源合理利用，构建新型农业经营体系，发展多种形式适度规模经营，提高土地产出率、劳动生产率和资源利用率，推动现代农业发展。

三、集体土地所有权

我国实行以家庭承包经营为基础、统分结合的双层经营体制。乡集体经济组织、村集体经济组织或村委会、村民小组拥有集体土地所有权，它们通常是土地的发包方。农村土地承包后，土地的所有权性质不变。

四、家庭承包经营权

家庭承包经营权是集体经济组织成员、农牧民享有的权利，任何组织和个人都不能剥夺。我国的农村改革最初的目标是农户拥有土地承包经营权，这是一种追求公平的制度设计。承包中应当保护妇女的合法权益，任何组织和个人不得剥夺、侵害妇女应当享有的土地承包经营权。

（一）承包方的权利

依法享有承包地使用、收益的权利，有权自主组织生产经营和处置产品；依法互换、转让土地承包经营权；依法流转土地经营权；承包地被依法征收、征用、占用的，有权依法获得相应的补偿。

（二）承包方的义务

维持土地的农业用途，未经依法批准不得用于非农建设；依法保护和合理利用土地，不得给土地造成永久性损害。

五、土地承包经营权转让、互换和土地流转

（一）区别

土地承包经营权转让、互换是针对村集体经济组织成员内部进行的活动，其中转让是指经发包方同意，承包方可以将全部或者部分的土地承包经营权转让给本集体经济组织的其他农户，由该农户同发包方确立新的承包关系，互换是指承包方之间为方便耕种或者各自需要，对属于同一集体经济组织的承包地块进行交换，同时交换相应的土地承包经营权，并向发包方备案。土地流转是指承包方自主决定依法采取出租、转包、转让入股或者其他方式向他人流转土地经营权，并向发包方备案，由此产生土地经营权，这里的他人既可以是村集体经济组织内的成员，也可以是村集体经济组织外部的成员。

（二）联系

经过转让、互换形成的土地承包经营权和土地流转形成的土地经营权都可以进行抵押。

六、完善土地“三权分置”的措施

（一）依法进行土地流转

土地是农牧民的重要财产。土地“三权分置”能让土地发挥更大的经济效益和社会效益。实际生产中，为了追求效率，农牧户把承包地流转给其他企业和个人经营，这是国家所提倡和鼓励的，有助于采用更先进的机械和技术。但是，土地流转必须依法进行，需要保障土地所有者、土地承包经营者、土地经营者的合法权益。一般来说，进行土地经营权流转，当事人双方应当签订书面流转合同。

（二）妥善解决农村土地的纠纷

土地所有权和使用权争议，由当事人协商解决；协商不成的，由人民政府处理。单位之间的争议，由县级以上人民政府处理；个人之间、个人与单位之间的争议，由乡级人民政府或者县级以上人民政府处理。

因土地承包经营发生纠纷的，双方当事人可以通过协商解决，也可以请求村民委员会、乡（镇）人民政府等调解解决。当事人不愿协商、调解或者协商、调解不成的，可以向农村土地承包仲裁机构申请仲裁，也可以直接向人民法院起诉。

（三）加大宣传力度、鼓励土地流转

土地“三权分置”是深化农村改革的重要内容。为了实现农业农村现代化，给农业规模经营创造条件，就要加大宣传力度，鼓励土地流转。宣传国家的土地政策法规，使土地成为农业农村经济进一步发展的助推器。

◎材料准备

（1）收集调研报告的格式、内容、范文，调研报告一般包括调查背景、调查目的、调查对象、调查项目、调查地点、调查方法等。

（2）收集土地“三权分置”的政策文件，主要包括：2016年中央一号文件、党的十八届三中全会报告。

任务筹划

1. 内容筹划

从收集的农村土地政策法规中，分析提炼两方面的内容：一是我国土地“三权分置”的主要内容及重大意义；二是推进土地“三权分置”中面临的问题及措施。

2. 方法筹划

（1）检索农村土地“三权分置”的具体内容，并加以学习。

（2）以问卷调查或走访方式，设计问卷，对某地“三权分置”情况进行调研。

（3）对通过问卷或走访获得的资料进行整理。

3. 流程筹划

第一步：深入了解调研报告应包含的内容。

第二步：根据背景资料，查阅相关土地政策中关于“三权分置”的表述。

第三步：找出相关报道中推进落实“三权分置”政策采取的措施。

第四步：通过网上或实地走访调研当地落实“三权分置”政策的情况。

第五步：撰写调研报告。

任务实施

步骤一：

步骤二：

步骤三：

步骤四：

步骤五：

任务检测

使用微信扫码进入在线测试，可反复多次答题，直到获得满意的结果。

任务检测

任务评价

任务评价表

班级：________ 组别：________ 姓名：________

小组成员				
姓名	**学号**	**组内分工**		
项目	**评分标准**	**自我评价**	**小组评价**	**教师评价**
基本素质（30 分）	学习态度（10 分）			
	团队协作（20 分）			
知识技能（40 分）	熟悉调研报告的内容（10 分）			
	掌握政策文件中关于“三权分置”政策的主要内容（10 分）			
	能够根据实际撰写“三权分置”政策实施调研报告（20 分）			
任务完成质量（20 分）	出色完成任务（20 分），较好完成任务（12~19 分），基本完成任务（6~11 分），较差完成任务（0~5 分）			
思政表现（10 分）	对法律法规是否重视（10 分）			
合计				
自我评价与总结				
教师点评				

课程思政专栏

发挥企业在农村土地经营中的主导作用

【课程思政关键词】系统观点；创新意识

浙江省浦江县通过六年试验，探索出了一套办法。这套办法的基本框架是：由企业牵头，建立一个联合体平台；把与农产品生产经营相关的企业、农户、土地、技术、规则五个要素放到这个平台上，五要素相辅相成，通过联合体平台进行农业生产经营活动。这里的企业是联合体中的牵头者和经营主体。作为联合体的组织者和主导性力量，具有市场能力、资金实力、品质控制和持续管理的能力。企业在联合体中主要从事投资并担负管理职能。对外对接土地资源、销售市场、科技支持，对内统管产品品质、生产流程、销售渠道、成本收益等。农户是联合体的参与主体。农户在联合体中主要从事特定农产品的田间生产与管理，进行田间耕作，进行种、管、收活动。农户与企业签约，在规划的分块土地上进行耕作，按上交产品的品质和数量获取收益。农户要严格执行农产品种植规则、农药使用规则等，确保采收的产品符合国家质量安全规定。

农户流转出来的土地或村集体流转出来的土地，通过签约，供企业经营。土地是联合体进行农事活动所依赖的土地资源，包括拥有土地的数量、来源、等级、使用年限、位置分布等。没有土地，联合体就无法从事农事活动。而企业的重要职责之一就是聚集土地资源、保护土地品质，并给予高效利用。

为保证联合体的有效运行，就要确定以企业为主导的运行规则，明确企业责任和农户责任。在联合体中，企业要将该管的统管起来，承担起统一品种、统一育苗、统一移栽、统一化肥农药、统一品牌、统一销售等责任，以保证产品的品质基础和品质的一致性。而农户在联合体中要承担起分户经营的责任。对农户要明确其操作职能，要按规则进行田间操作，以保证农产品数量、质量和交货期。上述的“三分六统”规则，构成浦江模式的运行机制。实践证明，浦江模式的实施，在促进村民增收、集体增益方面卓有成效。

（资料来源：中国经济时报）

【启示】浙江省浦江县通过探索适合本地农业发展的模式落实土地“三权分置”政策，既增加了农村居民人均可支配收入，又带动了村集体增收。我国各县有自己的特色，可参照浙江省浦江县模式，探索适合本县农业发展模式，既带动村民增收，又能促进当地经济发展。

任务三　理解农村土地承包经营权流转新趋势

任务导入

改革开放以来，我国农村实行土地农民集体所有、农户家庭承包经营的基本经营制度，与此相适应，农村土地承包法律政策体系也主要着眼于维护农村土地集体所有权和农户承包经营权。当前，土地经营权流转越来越普遍，家家包地、户户务农的局面发生变化，催生了大量新型经营主体，形成了集体拥有所有权、农户享有承包权、经营主体行使经营权的新格局。

请你针对承包经营权流转，拟写一份土地承包经营权流转合同。

任务准备

◎知识准备

一、土地承包经营权流转合同的内容

（1）合同双方与鉴证方。甲方一般为出让使用权一方，乙方为受让土地使用权的一方，鉴证方一般为第三方。

（2）流转标的，一般为土地承包经营权衍生出来的土地使用权。

（3）流转土地方式、用途。甲方采用出租的方式将其承包经营的土地流转给乙方经营。乙方不得改变流转土地用途，用于非农生产。

（4）土地承包经营权流转的期限和起止日期，期限一般小于土地承包合同的期限。

（5）流转土地的种类、面积、等级、位置。

（6）流转价款、补偿费用及支付方式、时间。

（7）土地交付、收回的时间与方式。

（8）双方的权利和义务，一般会约定甲方的收款权利、不干涉乙方经营自主权的义务，乙方付款和不改变土地农业用途的义务。

合同的变更和解除与违约责任。土地在经营中随不同土地、经营策略等情况收益差别会很大，双方应遵循诚信原则解决流转中的问题。

（9）争议的解决方式。

（10）附件和落款。附件一般会附有流转土地座落方位简易图、甲方乙方身份证复印件和农村土地承包经营权证复印件。合同一般在当事人签字、盖章后生效。

二、农村土地制度改革试点

农村土地制度改革的目标是建立城乡统一的建设用地市场。在符合规划和用途管制前提下，允许农村集体经营性建设用地出让、租赁、入股，实行与国有土地同等入市、同权同价；缩小征地范围，规范征地程序，完善对被征地农民合理、规范、多元保障机制；扩大国有土地有偿使用范围，减少非公益性用地划拨；建立兼顾国家、集体、个人的土地增值收益分配机制，合理提高个人收益。完善土地租赁、转让、抵押二级市场。我国在2015—2018年开展了关于农村土地征收、集体经营性建设用地入市、宅基地制度改革等三项改革的政策试点，探索健全程序规范、补偿合理、保障多元的土地征收制度，同权同价、流转顺畅、收益共享的农村集体经营性建设用地入市制度，依法公平取得、节约集约使用、自愿有偿退出的宅基地制度。通过改革，推动了城乡统一的建设用地市场建设，增强了农村产业发展用地保障能力，增加了农民土地财产收入，提升了农村土地利用和治理水平。

农村土地制度改革试点建立兼顾国家、集体、个人的土地增值收益分配机制，合理提高个人收益。针对土地增值收益分配机制不健全，兼顾国家、集体、个人之间利益不够等问题，探索建立健全土地增值收益在国家与集体之间、集体经济组织内部的分配办法和相关制度安排。

（一）完善土地征收制度改革

在土地征收制度改革试点中，缩小了土地征收范围，规范了土地征收程序，完善对被征地农民的合理、规范、多元保障机制。

（二）建立农村集体经营性建设用地入市制度改革

明确了入市的条件和范围，存量农村集体建设用地中，土地利用总体规划和城乡规划确定为工矿仓储、商服等经营性用途的土地，在符合规划、用途管制和依法取得的前提下，可以出让、租赁、入股。试点实践中，试点地区形成了比较完整的工作制度和政策体系，建立了集体经营性建设用地入市管理办法和交易规则，交易较为活跃。明确集体经营性建设用地入市规则和监管措施，试点地区普遍参照国有建设用地交易制度，建立了集体经营性建设用地入市后的管理措施。

（三）宅基地制度改革试点

我国实行“一户一宅”的原则，以省级行政单位为主体确定宅基地面积标准。从土地性质和用途上来说，农村宅基地属于集体建设用地，按照2017年发布的GB/T 21010—2017《土地利用现状分类》，土地进一步分为耕地、工矿仓储用地、住宅用地、公共管理与公共服务用地、交通运输用地、其他土地等12个类别。其中，农村宅基地属于住宅用地，农村道路占地属于交通运输用地。宅基地确保了农村居民住有所居，对保障农民生产生活条件，维护社会稳定具有重要意义。

宅基地改革试点针对农户宅基地取得困难、利用粗放、退出不畅等问题，要完善宅基地权益保障和取得方式，探索农民住房保障在不同区域户有所居的多种实现形式；对因历史原因形成超标准占用宅基地和一户多宅等情况，探索实行有偿使用，探索进城落户农民在本集体经济组织内部自愿有偿退出或转让宅基地，改革宅基地审批制度，发挥村民自治组织的民主管理作用。

目前，各地仍在探索宅基地所有权、资格权、使用权“三权分置”的实施途径。

◎材料准备

（1）收集农村土地流转合同的格式、内容、范文。

（2）收集土地“三权分置”的政策文件，主要包括：2016年中央一号文件、党的十八届三中全会报告。

任务筹划

1. 内容筹划

从收集的政策中，分析提炼两方面的内容：一是我国土地流转政策的主要内容；二是签订土地流转协议应注意的问题。

2. 方法筹划

（1）检索并认真研究农村土地承包经营权流转合同的参考格式和具体内容。

（2）角色扮演。从落实农村土地“三权分置”、避免风险角度，分别以发包方、承包方、经营方角色模拟签订土地承包经营权流转合同。

3. 流程筹划

第一步：深入了解农村土地流转合同应包含的内容。

第二步：根据背景资料，查阅相关土地政策中关于“三权分置”的表述。

第三步：找出相关报道中土地承包经营权流转采取的形式。

第四步：讨论土地承包经营权流转合同签订应注意的事项。

第五步：模拟签订土地承包经营权流转合同。

任务实施

步骤一：

步骤二：

步骤三：

步骤四：

步骤五：

任务检测

使用微信扫码进入在线测试，可反复多次答题，直到获得满意的结果。

任务检测

任务评价

任务评价表

班级：________________　组别：________________　姓名：________________

小组成员		
姓名	学号	组内分工

项目	评分标准	自我评价	小组评价	教师评价
基本素质（30 分）	学习态度（10 分）			
	团队协作（20 分）			
知识技能（40 分）	熟悉流转合同的格式、内容（10 分）			
	掌握签订合同的注意事项（10 分）			
	完成撰写和模拟签订土地流转合同（20 分）			
任务完成质量（20 分）	出色完成任务（20 分），较好完成任务（12~19 分），基本完成任务（6~11 分），较差完成任务（0~5 分）			
思政表现（10 分）	对法律法规是否重视（10 分）			
合计				
自我评价与总结				
教师点评				

课程思政专栏

土地流转“转”出乡村振兴新活力

【课程思政关键词】土地流转；规模效应

农业产业发展，土地是关键，加快农村土地流转，是整合农村资源、发展特色农业、促进农户增收的有力举措。安徽省六安市叶集区三元镇通过整村土地流转，把闲置的土地变成产业发展、乡村振兴的优势资源，创造了农业提产扩能、集体经济发展、农民增收致富的多赢局面。

土地提产扩能。三元镇四林村、王店村逐个村民组召开党小组板凳会，依托新时代文明实践站，通过宣传发动、反复协商、党员带头、大户带动，分别流转土地 5 768 亩、6 074 亩，将碎片化、分散化的土地资源统一交村集体经济组织集中对外发包。村集体经济组织再分别与六安市叶集区云农服农业服务有限公司、中化集团有限公司签订合同，实现土地“化零为整”改变了传统农业种植结构和模式，结合现代机械化运作模式、高效管理方式，农业生产效率大幅提高，实现了土地、劳动等生产要素的合理配置，规模效应、集聚效应不断显现。

产业提标增值。土地流转为高标准农田整治赢得了机遇，通过整村土地流转，四林村、王店村争取到了近 12 000 亩的高标准农田整村推进项目，土地利用率不断提高，在减轻劳动强度的同时，保证了产量和质量的提升，为打造优质农产品品牌、切实发挥土地经济效益、扩大农民收入规模创造了有利条件。围绕稻虾、经果林两大主导产业，土地流转实现大规模种植，促进农业产业结构进一步优化升级。同时土地流转推动了三元镇农业观光旅游业的发展，在增加生产经营收益的同时，形成了健康、高效的农业产业格局。

农民增收致富。整村土地流转为四林村、王店村集体经济带来了近 90 万元纯收入，真正蹚出了一条产业可持续发展新路子。2021 年底，四林村、王店村分别拿出 10 万元、20 万元召开分红大会，其中土地分红资金近 17 万元，实现了“分田到户”到“分红到人”的转变，土地流转让老百姓尝到了规模化经营的甜头，带来的收益分红让黄土变成黄金。流转后的土地在很大程度上解决了农村剩余劳动力的就业问题，部分农户通过将土地进行流转，然后外出务工或就近到村办企业就职，实现了农业收入与非农业收入的双重增加，促进了乡村产业振兴。

（资料来源：安徽省六安市叶集区人民政府网）

【启示】土地流转为农村经济发展提供了丰富的土地资源，改变了“一家一户”经营碎片化、小面积土地的模式，为农业规模经营、提质增效、农民增收致富打下良好的基础。

任务四　掌握农村土地承包经营权纠纷的解决

任务导入

2021 年 10 月 10 日 13 时许，莆田市秀屿区平海镇发生一起重大刑事案件，被害人为一家祖孙四代，致 2 人死亡 3 人受伤。莆田市公安局秀屿分局发布协查通报称，经侦查，55 岁男子欧某有重大作案嫌疑。欧某同村的知情人士称，嫌疑人作案动机或为房屋建盖纠纷。该知情人告诉中国新闻周刊，2017 年，欧某向当地政府申请了危房翻盖，房屋新建手续批出后，欧某便将原有 400 平方米的房屋拆除，欲在原有土地上建盖新房。死者为欧某邻居，曾多次联合附近居民以相邻权为由阻挠欧某建盖新房，导致欧某一家无处可归，在临时搭建的雨棚居住六年。案发前，欧某居住的雨棚因台风倒塌，雨棚残片掉入死者家中，双方因此发生争执。此类宅基地纠纷在农牧区较为常见①。

请根据给定案例，从政策和法规角度就解决土地纠纷写一份咨询意见。

任务准备

◎知识准备

一、常见的土地纠纷种类

（一）所有权纠纷

不同的集体，例如村与村之间因土地所有权产生争议，需要根据政策及法律法规进行解决。

（二）土地承包经营权纠纷

村集体违反公开、公平、公正原则，不给嫁到本村的妇女土地承包权，会产生纠纷。

（三）土地经营权（使用权）纠纷

土地流转合同签订后，一方毁约导致土地使用权产生纠纷。

（四）土地相邻权纠纷

土地属于不动产，相邻的土地会有相互借道、采光、噪声等问题，如果双方互不相让，会产生相邻权纠纷。

（五）宅基地使用权纠纷问题

农牧民申请宅基地得不到审批、邻居不同意建房等问题也容易产生纠纷，甚至导致恶性事件的发生。“任务导入”的案例就体现了这一点。

---

① 资料来源：中国新闻周刊。

二、处理土地纠纷应遵循的原则

土地是农牧民的“命根子”，在某种程度上说，它是我国农村社会保障的重要组成部分。因此，处理土地纠纷时应慎之又慎。应该坚持公开、公平、公正、合理的原则。

（1）依照法律、法令、政策，以事实为根据耐心细致地进行说服工作。

（2）在分清是非、坚持法律、政策规定原则基础上考虑双方实际情况，实事求是地解决。

（3）努力争取乡镇人民政府支持。

三、土地承包调解仲裁法律制度

农村土地承包经营纠纷调解和仲裁，适用农村土地承包经营纠纷调解仲裁法。农村土地承包经营纠纷包括：因订立、履行、变更、解除和终止农村土地承包合同发生的纠纷；因农村土地承包经营权转包、出租、互换、转让、入股等流转发生的纠纷；因收回、调整承包地发生的纠纷；因确认农村土地承包经营权发生的纠纷；因侵害农村土地承包经营权发生的纠纷。因征收集体所有的土地及其补偿发生的纠纷，不属于农村土地承包仲裁委员会的受理范围，可以通过行政复议或者诉讼等方式解决。

发生农村土地承包经营纠纷的，当事人可以自行和解，也可以请求村民委员会、乡（镇）人民政府等调解。当事人和解、调解不成或者不愿和解、调解的，可以向农村土地承包仲裁委员会申请仲裁，也可以直接向人民法院起诉。

四、依法依政策解决土地纠纷

土地所有权和使用权争议，由当事人协商解决；协商不成的，由人民政府处理。单位之间的争议，由县级以上人民政府处理；个人之间、个人与单位之间的争议，由乡级人民政府或者县级以上人民政府处理。

当事人对有关人民政府的处理决定不服的，可以自接到处理决定通知之日起三十日内，向人民法院起诉。在土地所有权和使用权争议解决前，任何一方不得改变土地利用现状。

对现实中比较常见的土地承包经营权转让纠纷和宅基地申请、使用、转让、继承等纠纷，在无法律明确规定的情况下，要依政策、风俗习惯解决纠纷，借鉴“枫桥经验”，解决农牧民群众的操心事、烦心事，增强农牧民群众的获得感、幸福感和安全感。

农村土地制度改革探索牵一发而动全身，总体来说，要遵守《土地管理法》《农村土地承包法》《中华人民共和国城乡规划法》《基本农田保护条例》等法律法规和规章的规定，依法办事，依法调处各类土地纠纷。

◎材料准备

（1）收集不同纠纷解决方式的优点、缺点和在现实中的表现。

（2）收集土地承包、土地管理的法律法规文件，主要包括：《农村土地承包法》《土地管理法》。

（3）收集农村土地的政策文件，主要包括：党的十八大以来中央一号文件。

任务筹划

1. 内容筹划

从收集的土地承包经营权政策中，分析提炼两方面的内容：一是我国土地流转解决方式的主要内容，二是进行纠纷解决应注意的事项和原则。

2. 方法筹划

（1）查阅资料法。浏览农村土地纠纷的具体内容、解决方式等资料。例如，查阅“枫桥经验”的相关资料。

（2）案例分析法。检索有关土地纠纷的现实案例或报道，对土地纠纷提出咨询意见。例如对“任务导入”中的案例进行分析，提出解决土地纠纷、避免发生恶性事故的意见建议。

3. 流程筹划

第一步：深入了解土地纠纷包含的内容、解决方式。

第二步：根据背景资料，查阅相关土地法律法规，如农村土地承包经营纠纷调解仲裁法。

第三步：找出相关报道中土地纠纷解决采取的形式和经验。

第四步：根据给定案例，找出解决土地纠纷应注意的事项。

第五步：对土地纠纷的解决提出咨询意见。

任务实施

步骤一：

步骤二：

步骤三：

步骤四：

步骤五：

任务检测

使用微信扫码进入在线测试，可反复多次答题，直到获得满意的结果。

任务检测

任务评价

任务评价表

班级：________ 组别：________ 姓名：________

<table>
<tr><th colspan="5">小组成员</th></tr>
<tr><th>姓名</th><th>学号</th><th colspan="3">组内分工</th></tr>
<tr><td></td><td></td><td colspan="3"></td></tr>
<tr><td></td><td></td><td colspan="3"></td></tr>
<tr><td></td><td></td><td colspan="3"></td></tr>
<tr><td></td><td></td><td colspan="3"></td></tr>
<tr><th>项目</th><th>评分标准</th><th>自我评价</th><th>小组评价</th><th>教师评价</th></tr>
<tr><td rowspan="2">基本素质
（30分）</td><td>学习态度（10分）</td><td></td><td></td><td></td></tr>
<tr><td>团队协作（20分）</td><td></td><td></td><td></td></tr>
<tr><td rowspan="3">知识技能
（40分）</td><td>熟悉土地纠纷的解决方式（10分）</td><td></td><td></td><td></td></tr>
<tr><td>理解土地纠纷解决的重要性和注意事项（10分）</td><td></td><td></td><td></td></tr>
<tr><td>从政策和法规角度就土地纠纷写一份咨询意见（20分）</td><td></td><td></td><td></td></tr>
<tr><td rowspan="4">任务完成质量
（20分）</td><td rowspan="4">出色完成任务（20分），较好完成任务（12~19分），基本完成任务（6~11分），较差完成任务（0~5分）</td><td></td><td></td><td></td></tr>
<tr><td></td><td></td><td></td></tr>
<tr><td></td><td></td><td></td></tr>
<tr><td></td><td></td><td></td></tr>
<tr><td>思政表现
（10分）</td><td>对法律法规是否重视（10分）</td><td></td><td></td><td></td></tr>
<tr><td colspan="2">合计</td><td></td><td></td><td></td></tr>
<tr><td>自我评价与总结</td><td colspan="4"></td></tr>
<tr><td>教师点评</td><td colspan="4"></td></tr>
</table>

课程思政专栏

农民实现流转土地有租金　入企务工有薪金

【课程思政关键词】群众观点；“三农”情怀

吉林省长春市双阳区山河街道卢家村实施“点线面”结合构建土地纠纷调解三维立体框架工作模式，从土地矛盾纠纷高发的集中地转变为乡村治理示范村。

一是织密解纷网格点。把加强基层网格能力建设作为解决土地纠纷诉求的前置工作，不断强化网格员队伍建设。将全村划分为10个网格，组建各屯网格员队伍，将“一格多警”工作机制和“1+3+X”解纷机制有机融合，形成“网格员＋政法干警”双向互补、同向发力的解纷模式，做到“网格吹哨、干警报到”，网格干警助力调解土地纠纷。充分发挥网格员队伍人熟、地熟的先天优势，在调解矛盾时以邻里关系感化群众，群众易于接受。各网格员以“化多为少、变少为无”为己任，努力做好前置预防、事中调解、事后回访，最大程度减少矛盾发生。

二是“网格员＋政法干警”双向互补调解矛盾纠纷，搭建解纷法治线。坚持以“法”为先。充分发挥与山河法庭合署办公的优势，建立调解员初调、法官助理同步跟进、法官指导把关的解纷工作机制，保证疑难复杂纠纷调解后及时进行司法确认，有效增强了调解的权威性。坚持以“证”为依。村矛调中心制定土地边界、面积取证固证办法，引入无人机、GPS测量仪等设备，组建“当事人＋屯干部＋村干部＋街道干部”取证队伍全程录音录像，确保土地边界的客观性。坚持以“训”为要。建立“1+1+N”调解指导机制，即一名法官、一名司法干警，指导多名调解员。先后组织业务培训、座谈会，培养出一批新时代乡村“法律明白人”。

三是发现矛盾纠纷及时调解，拓宽解纷合力面。借助全区力量“一起做”。全面落实“十无”村创建活动，坚持每半月召开针对疑难复杂土地纠纷研判会商会议，加强与街道矛调中心、区矛调中心的联系，有效利用社会治理信息化平台，形成“线上＋线下、村内＋村外”全面参与土地纠纷调解的生动局面。整合各类资源一起讲。依托“法律七进”和“一庭两所”共建，举办法治文艺演出、宣传宣讲等活动，举办普法“炕头讲堂”，“一庭两所”开展法律解答现场会。调动全村干部一起干、村干部把百姓的事儿放在心上，全村矛调队伍心往一处想、劲往一处使，土地纠纷调解率达到100%。

（资料来源：中共长春市双阳区委宣传部）

【启示】做好土地纠纷调解工作，能够维护农牧民土地的合法权益，增强农牧民群众的获得感、幸福感、安全感，维护社会的和谐稳定。

项目八 农村资源环境政策法规

项目导读

党的十八大以来，习近平总书记高度重视环境保护工作，多次发表重要讲话。2021年，习近平总书记在青海考察时强调，生态是我们的宝贵资源和财富。为贯彻生态建设策略，我们必须在三江源等国家公园体制试点中借鉴成功经验，加速形成以国家公园体系为核心、保护区为基础、地方各级自然园区为补充的比较完善的国家自然环境保护体制，为维护自然环境，保持生态多样性提供强力保障。习近平总书记在海南考察期间强调，海南要以生态保护为基础，加快建设海南热带雨林国家公园，这是当前海南发展的重中之重。

保护生态环境，维护生态健康，健全生态环境保护体系是事关中华民族伟大复兴、事关人民幸福安康、事关社会长治久安的大事。习近平总书记在全国生态环境保护大会上指出："用最严格制度最严密法治保护生态环境，加快制度创新，强化制度执行，让制度成为刚性的约束和不可触碰的高压线。"

只有在落实环境保护、资源保护的基础上，农业农村经济社会发展才能做到全面、协调、可持续的高质量发展，才能实现农村美、农村富的目标。

学习目标

知识目标：掌握《中华人民共和国环境保护法》（以下简称《环境保护法》）的内涵；理解我国《环境保护法》的立法目的和作用。掌握草原生态保护补助奖励政策的主要内容；了解草原生态保护补助奖励政策制定的背景和实施范围。

技能目标：能从我国《环境保护法》的角度对环境问题进行分析。能对草原生态保护补助奖励政策进行调研；根据实际制订打造绿色有机农畜产品输出地政策的实施方案；能举例说明草原生态保护补奖政策在生态保护和经济社会发展中的重要性。

素养目标：培养学生环境保护意识，树立可持续发展理念。树立正确的人生观和价值观，有服务"三农"情怀，遵守国家相关法律法规和政策。

思政目标：培养学生的公民意识和法律意识，增强他们的社会责任感和参与能力，使他们成为遵纪守法、公正廉洁、关心公共事务、具有环保意识的良好公民。

思维导图

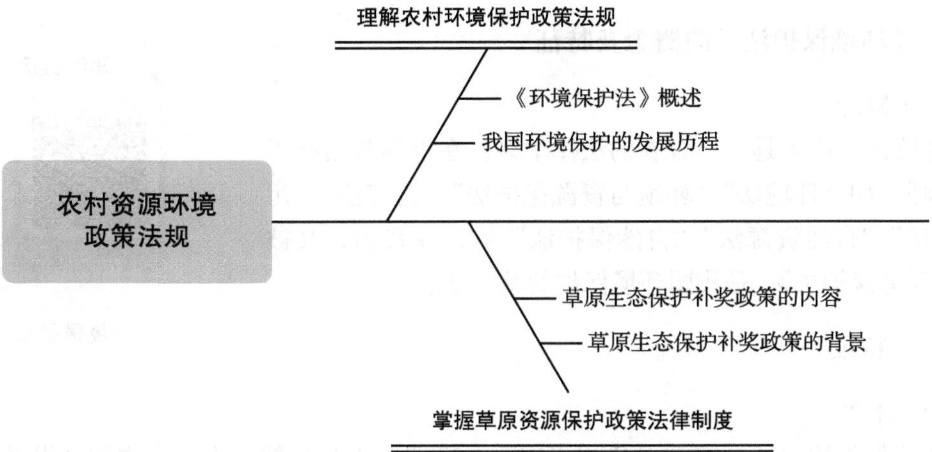

任务一　理解农村环境保护政策法规

任务导入

小康不小康，关键看老乡。老乡要小康，厕所是一桩。现阶段，城乡居民生活水平差距大，不仅体现在收入上，还体现在生活环境上，农村厕所是一大短板。厕所不卫生、不方便，成为当前农民生活质量不高的突出表现，也是不少长期生活在城市的“农二代”不愿回农村、城里人不愿去农村的重要影响因素。

同时，厕所脏、乱、差也是农村地区蚊蝇滋生、传染病传播的重要原因。补上这块短板，解决好这件农民的“烦心事”，把乡村建设成为令人向往的美好家园，对于满足广大农民群众对美好生活的向往、提升农民群众的获得感和幸福感，具有重要的现实意义。

假设你是某县落实“厕所革命”的一名工作人员，请你为该县拟订一份落实“厕所革命”的实施方案。

任务准备

◎知识准备

一、《环境保护法》的概念及特征

（一）概念

《环境保护法》是一门较新的法律学科，在世界各国有不同的称呼，如“环境法”“环境与资源保护法”“公害法”“污染防治法”“自然资源法”“自然保护法”等，在我国，其被称为《环境保护法》，是我国环境保护的基本法。

知识链接

《环境保护法》

（二）特征

1. 综合性

《环境保护法》所调整的对象相当广泛，其涉及人与自然、人与人之间和谐共处的关系和秩序；法律关系主体不仅包括一般法律主体的公民、法人及其组织，也包括国家乃至全人类，这就需要以多种法律规范从各个方面对环境保护问题进行全面性综合分析。调整对象的广泛性、法律关系主体的多样性和环境问题的复杂性，决定了《环境保护法》是一部综合化程度高、涉及面广的法律。

2. 科技性

《环境保护法》不仅要遵循社会经济发展规律和自然环境发展规律，还要思考如何通过各种社会关系来使人与自然和谐共处。所以，环境保护必须同现代环境科学研究技术相结合，在体现生态科学规律的客观要求前提下，通过法规准则、规范制度等多种形式表现出来，有较强的科学性。

3. 社会性

也称公益性，是环境保护法律部门区别于其他法律部门的最主要特征。各类环境问题的出现，直接危及全人类社会的生存和发展，保护好环境资源，已成为全人类发展的首要任务。

二、我国《环境保护法》的发展历程

20 世纪 70 年代以来，我国的环保事业随着国际环保形态的变化发生了翻天覆地的变化。各项环保方针政策、法律法规、行政体制等方面都不断进步和完善，并取得了显著的成果。

1973 年 8 月我国召开了第一次全国环境保护会议，会议通过了“全面规划、合理布局、综合利用、化害为利、依靠群众、大家动手、保护环境、造福人民”的环境保护工作方针。提出“三同时”原则，要求防治环境污染的设施与主体工程同时设计、同时施

工、同时投产。1974 年我国颁布了第一部防治沿海水域的法规《中华人民共和国防止沿海水域污染暂行规定》。为进一步推动环境保护事业的发展，提升环境保护工作的重要性，1978 年,《中华人民共和国宪法》第十一条中提出："国家保护环境和自然资源，防治污染和其他公害"，将保护环境定为基本国策。

1989 年 12 月第七届全国人民代表大会常务委员会第十一次会议通过了《中华人民共和国环境保护法》，2014 年 4 月 24 日，十二届全国人大常委会第八次会议表决通过了修订后的《环境保护法》，自此经过四次审议的《环境保护法》正式出台，于 2015 年 1 月 1 日起施行，这部法律也被称为"史上最严"《环境保护法》。

三、《环境保护法》的基本总则

（一）立法目的

1. 保护和改善生活环境与生态环境

良好的生活环境、生态环境是人类生存发展乃至地球生物链体系正常运转的首要条件。

2. 防治污染和其他公害

防治污染和其他公害是保护和改善生态环境的主要手段和途径。

3. 保障人体健康

这是生态环境保护的基本出发点，以保护人类健康为目的，防治废水、废气、固体废物、有害化学物质、电磁辐射、核辐射等对环境的污染与破坏，为全人类持续健康发展，提供法律保障。

4. 促进社会健康、可持续发展

环境资源是经济社会发展的物质基础，保护环境资源有利于人与自然和谐相处，促进社会健康、可持续发展。

（二）立法原则

《环境保护法》第五条规定："环境保护坚持保护优先、预防为主、综合治理、公众参与、损害担责的原则。"

1. 保护优先原则

保护优先原则是指在处理经济发展与环境保护的关系时，应当将环境保护放在首位，在生态环境利益和其他利益发生冲突的情况下，应当优先考虑生态环境利益，满足生态环境安全的需要，作出有利于环境保护的决定，是我国《环境保护法》的基本原则。

2. 预防为主、综合治理原则

这一原则是国内外防止环境污染和生态破坏经验教训的科学总结，具体有两方面的要求：一是积极预防，在使用、开发环境资源之前，采取审批、调研、评估及法律规范等方式，防止过度、不当开发等行为导致环境被污染或破坏，做到"未雨绸缪"；二是积极治理，对已出现的环境问题，及时制止，减少损失，同时运用技术手段修复已受损的生态环境，将影响降到最低限度。

3. 公众参与原则

公众参与原则是指公众参与环境保护管理的权利并保障公众行使这种权利的基本原则，环境保护与每个公民息息相关，生态环境的好坏，影响了自身的身体健康和生活质量，公众享有对污染和破坏环境的行为进行监督的权利，同时也有保护和改善环境的义务。

4. 损害担责原则

损害担责原则是指对生态环境造成污染和破坏的行为人，需承担相应的法律责任。

（三）我国《环境保护法》的作用

《环境保护法》最基本的作用是在运用科学的理论知识保护生态环境的基础上合理开发利用生态资源，在开发过程中秉持维护生态平衡的原则，促进人与自然的和谐发展，预防环境恶化，减少环境破坏，严格管控违规开发，破坏生态环境的现象。《环境保护法》的作用具体表现在以下两个方面。

1. 是国家环境保护部门依法进行环境保护工作的重要依据

《环境保护法》是国家环境保护部门进行执法的依据和保障，它对环境保护部门的职责、制度、管理措施、管理范围、处罚依据等工作作出了全面的规定，也是我国环境保护的基本法律，是相关环境保护单行法的指导思想和基础框架，有力推动了我国环境保护事业的发展。

2. 是促进环保事业发展，提升全民环保意识和能力的指导思想

《环境保护法》提出了大众参与环境保护工作的政策措施，以法律的形式倡导提升全民环保意识及能力，推进环保事业发展，强化公众的环境保护意识。

四、我国《环境保护法》所规定的义务

（1）一切单位和个人都有保护环境的义务。

（2）地方各级人民政府应当对本行政区域的环境质量负责。

（3）企业事业单位和其他生产经营者应当防治、减少环境污染和生态破坏，对所造成的伤害依法承担责任。

（4）公民应当增强环境保护意识，采用低碳节俭的生活方式，自觉履行环境保护义务。

五、环境保护日

自 1974 年以来，世界各地在每年的 6 月 5 日庆祝世界环境日，政府、企业和公民参与其中，解决紧迫的环境问题。6 月 5 日的“世界环境日”是全球最大的环境保护日。我国《环境保护法》规定，每年 6 月 5 日为环境日。

◎材料准备

（1）收集我国厕所革命的相关资料，包括背景、目的意义、措施、效果等。

（2）收集实施方案的格式、范文，主要包括：查阅政府网站，了解实施方案的写作要求。

任务筹划

1. 内容筹划

从收集的农村环境保护政策、法规中，分析提炼两方面的内容：一是厕所革命政策的主要内容；二是《环境保护法》的主要内容。

2. 方法筹划

（1）检索有关实施方案的格式和内容，并加以学习。

（2）研读《环境保护法》具体内容，学习习近平总书记关于“厕所革命”的重要指示。

（3）以小组为单位，从农村环境、生态文明全局的角度，为某县执行“厕所革命”政策写一个实施方案。

3. 流程筹划

第一步：深入了解实施方案的格式、写作要求。

第二步：查找相关的厕所革命政策。

第三步：分析厕所革命与环境保护的关系。

第四步：拟订某县的厕所革命实施方案。

任务实施

步骤一：

步骤二：

步骤三：

步骤四：

任务检测

使用微信扫码进入在线测试，可反复多次答题，直到获得满意的结果。

任务检测

任务评价

任务评价表

班级：______________ 组别：______________ 姓名：______________

<table>
<tr><th colspan="5">小组成员</th></tr>
<tr><th>姓名</th><th>学号</th><th colspan="3">组内分工</th></tr>
<tr><td></td><td></td><td></td><td></td><td></td></tr>
<tr><td></td><td></td><td></td><td></td><td></td></tr>
<tr><td></td><td></td><td></td><td></td><td></td></tr>
<tr><td></td><td></td><td></td><td></td><td></td></tr>
<tr><td></td><td></td><td></td><td></td><td></td></tr>
<tr><th>项目</th><th>评分标准</th><th>自我评价</th><th>小组评价</th><th>教师评价</th></tr>
<tr><td rowspan="2">基本素质
（30 分）</td><td>学习态度（10 分）</td><td></td><td></td><td></td></tr>
<tr><td>团队协作（20 分）</td><td></td><td></td><td></td></tr>
<tr><td rowspan="3">知识技能
（40 分）</td><td>熟悉我国厕所革命政策的内容（10 分）</td><td></td><td></td><td></td></tr>
<tr><td>掌握实施方案的主要内容、格式（10 分）</td><td></td><td></td><td></td></tr>
<tr><td>能够写出某县厕所革命实施方案（20 分）</td><td></td><td></td><td></td></tr>
<tr><td rowspan="4">任务完成质量
（20 分）</td><td rowspan="4">出色完成任务（20 分），较好完成任务（12~19 分），基本完成任务（6~11 分），较差完成任务（0~5 分）</td><td></td><td></td><td></td></tr>
<tr><td></td><td></td><td></td></tr>
<tr><td></td><td></td><td></td></tr>
<tr><td></td><td></td><td></td></tr>
<tr><td>思政表现
（10 分）</td><td>是否有环境保护意识（10 分）</td><td></td><td></td><td></td></tr>
<tr><td colspan="2">合计</td><td></td><td></td><td></td></tr>
<tr><td>自我评价与总结</td><td colspan="4"></td></tr>
<tr><td>教师点评</td><td colspan="4"></td></tr>
</table>

课程 思政专栏

环境行政处罚案件助力环保法的实施

【课程思政关键词】环境行政处罚；环境保护

2021 年 1—12 月，全国下达环境行政处罚决定书共 13.28 万份，罚没款数额总计达 116.87 亿元，案件平均罚款金额为 8.8 万元。

2021 年 1—12 月，全国五类案件总数为 15 454 件。其中，按日连续处罚案件数量为 199 件，罚款金额为 18 580.62 万元；适用查封和扣押案件数量为 8 897 件；适用限产和停产案件数量为 1 093 件；移送拘留案件数量为 3 397 件；移送涉嫌环境污染犯罪案件数量为 1 868 件。

（资料来源：中国政府网）

【启示】生态环境是人类赖以生存的基本条件，保护环境是每一个人、每一个家庭、每一个企业、每一个国家，乃至全人类义不容辞的责任。落实《环境保护法》的法律责任，加大对环境造成污染、破坏行为人的惩处力度，是切实保障人民拥有健康生活环境、可持续发展的根本保障。

任务二　掌握草原资源保护法律制度

任务 导入

我国草原退化严重，草原生态脆弱的形势严峻，70% 的草原处于不同程度的退化状态，草原保护修复任务十分艰巨。从 2011 年开始，我国实施了草原生态保护补助奖励机制，草原生态退化情况得到缓解，草原环境得到改善。十多年来的政策实施给草原带来休养生息的机会，草原保护修复取得了很好的成效。

请对某地的草原奖补政策实施情况进行调研，并撰写调研报告。

任务准备

◎知识准备

一、草原生态保护补助奖励政策的背景

从 2006 年起，我国全面取消农业税。在中央一号文件的推动下，国家逐步在农区（种植业为主的区域）实施了农业生产四项补贴（即种粮直接补贴、农业生产资料补贴、良种补贴、农机具购置补贴），后又部分调整为耕地地力保护补贴，极大地调动了农民从事农业生产的积极性，增加了农民收入，稳定了粮食生产。但是在牧区没有相应的扶持政策。我国有 13 个省（自治区、直辖市）有草原、草场，畜牧业生产产值在农业产值中占较大比例。在发展畜牧业过程中，草场遭到了过度利用，超载超牧现象普遍存在，草原生态破坏较为严重，农牧民收入增长较慢。因此，国家从 2011 年开始，在西藏自治区试点的基础上，开始在内蒙古自治区、甘肃省、宁夏回族自治区、青海省、新疆维吾尔自治区、四川省、云南省、西藏自治区等 8 个主要草原牧区省（自治区）全面实施草原生态保护补助奖励的政策，2012 年又将政策实施范围扩大到黑龙江省、吉林省、辽宁省、河北省、山西省等 5 个非主要牧区省的 36 个牧区半牧区县，覆盖了全国 268 个牧区半牧区县。

截至 2021 年，国家累计投入资金超过 1 500 亿元，有 1 200 多万户农牧民受益，草原生态持续恢复，生物多样性明显增加，草原无序利用、过度开发、严重过牧的状况得到扭转。监测结果显示，全国草原综合植被盖度从 2011 年的 51% 提高到 2020 年的 56.1%，鲜草产量达到 11 亿吨。13 个实施补奖政策省（自治区）的农牧民人均每年得到补奖资金 700 元，户均增加转移性收入近 1 500 元。

目前，该政策已实施两轮，落实禁牧面积 12.1 亿亩，草畜平衡面积 26.1 亿亩，取得了很好的生态、经济和社会效益。内蒙古自治区草原禁牧区的草品种数量，由政策实施前的每平方米 8 种增加到 12 种，草畜平衡区从 12 种增加到 46 种。青海省三江源草地整体退化的趋势得到遏制，野生动物种群明显增多。青海省等省（自治区）的一些贫困县，补奖政策收入占比达到 65%。

知识链接

《我国草原的基本情况》

为进一步巩固提升草原生态保护成果，财政部、农业农村部、国家林草局联合印发了指导意见，在“十四五”期间继续实施第三轮草原生态保护补助奖励政策，投入资金有增无减，实施范围进一步扩大。

国家林草局、农业农村部还联合印发通知，要求各地严格落实第三轮草原生态保护补助奖励政策，切实做好草原禁牧和草畜平衡工作，优化调整草原禁牧和草畜平衡区，科学划定禁牧区，推动退化和沙化

草原列入禁牧范围。积极开展草原动态监测，科学评估草原生态和生产力状况。扎实推进草畜平衡制度落实，指导农牧民有效开展草畜平衡管理，做好草畜平衡监管。推动建立工作协同和信息共享机制，加强基础信息共享互通。

二、草原生态保护补助奖励政策的内容

（一）禁牧补助

对生存环境恶劣、退化严重、不宜放牧以及位于大江大河水源涵养区的草原实行禁牧封育，中央财政按照每年每亩 7.5 元的测算标准给予禁牧补助。禁牧期满后，根据草原生态功能恢复情况，继续实施禁牧或者转入草畜平衡管理。

（二）草畜平衡奖励

对禁牧区域以外的草原根据承载能力核定合理载畜量，实施草畜平衡管理，中央财政对履行草畜平衡义务的牧民按照每年每亩 2.5 元的测算标准给予草畜平衡奖励。

（三）其他

有条件的地方可以将补奖政策资金用于推动生产转型，提高草牧业现代化水平，减缓天然草原放牧压力。

◎材料准备

（1）收集我国草原生态补助奖励政策的相关资料，包括背景、目的意义、措施、效果等。

（2）收集调研报告的格式、范文，主要包括：查阅期刊网站，了解调研报告的写作要求。

（3）收集草原补奖政策的相关报道，主要包括青海省发放草原生态保护补助奖励政策资金增加牧民收入、内蒙古自治区呼伦贝尔市草原生态补奖采访实录等。

任务筹划

1. 内容筹划

从收集的草原资源保护政策中，分析提炼两方面的内容：一是草原生态保护补助奖励政策的主要内容；二是政策的实施情况、实施效果。

2. 方法筹划

（1）检索草原生态保护补助奖励政策的资料或相关报道，例如本任务的“课程思政”专栏部分。

（2）参观某一草原，或观看草原视频，体会草原生态保护的成就。

（3）对获得草原补奖资金的牧民进行访谈，了解政策实施情况。

（4）以小组为单位，从农村政策全局的角度，为草原生态补奖政策实施情况写一个调研报告。

3. 流程筹划

第一步：深入了解调研报告的格式、写作要求。

第二步：确定调研的主题。

第三步：选择合适的调研方法。

第四步：实施调研。

第五步：根据调研结果，对草原生态补奖政策的实施情况写一个调研报告。

任务实施

步骤一：

步骤二：

步骤三：

步骤四：

步骤五：

任务检测

使用微信扫码进入在线测试，可反复多次答题，直到获得满意的结果。

任务检测

任务评价

任务评价表

班级：________ 组别：________ 姓名：________

小组成员				
姓名	学号	组内分工		

（续表）

项目	评分标准	自我评价	小组评价	教师评价
基本素质（30分）	学习态度（10分）			
	团队协作（20分）			
知识技能（40分）	熟悉我国草原生态保护补奖的内容（10分）			
	掌握调研报告的主要内容、格式（10分）			
	能对草原生态保护补奖的实施情况写一个调研报告（20分）			
任务完成质量（20分）	出色完成任务（20分），较好完成任务（12~19分），基本完成任务（6~11分），较差完成任务（0~5分）			
思政表现（10分）	对农村政策是否重视（10分）			
合计				
自我评价与总结				
教师点评				

课程思政专栏

用心做好草原生态保护工作

【课程思政关键词】可持续发展；环境保护

海北藏族自治州海晏县全力做好县域内草原、森林、河湖及生态环境管护工作，先后设立了生态网格员、河湖管理员、林业管护员、草原管护员、村级保洁员（简称“五员”）等生态管护岗位。据2021年摸底，全县共有“五员”人员830人。多年来，在县职能部门和各乡镇的管理下，“五员”队伍较好地完成了全县林业、草原、河湖及生态环境的管护工作，在保护全县生态环境中起到了重要作用。但是，随着生态环境保护和治理工作的不断深入，“五员”队伍多头管理、各自为政，人员分散、无工作合力，工资待遇与工作任务不相符、作用发挥不明显、建档立卡户无法进行动态管理等诸多问题也逐渐显现。

针对存在的问题，为全面加强对全县生态资源的有效管理，在广泛调研、摸清底数的基础上，海晏县把“五员”有效整合作为新形势下加强全县生态文明建设的改革举措提上重要议事日程。海晏县委改革办于2021年11月制定出台《海晏县“五员合一”工作实施方案（试行）》，在全省范围内率先探索推行“五员合一”试点改革。将生态网格员、河湖管理员、林业管护员、草原管护员、村级保洁员统一整合为海晏县生态管护员。将“五员”薪酬资金进行统一整合，提高生态管护员薪酬标准，明确生态管护员工作职责和任务，构建全县林业、草原、河湖及生态环境的管护新模式。

科学划定岗位配比，做好人员选拔。将原有830名“五员”人员，在保留34名专职林管员的基础上，优化整合为203名生态管护员，确保人岗相适。各乡镇人民政府严格按照公告、申报、审核、公示、聘用的程序，重点选拔群众口碑好、工作认真负责、常住本乡镇能够长期稳定从事管护工作的人员担任生态管护员，并对选聘结果进行公示，增加选聘工作透明度，接受社会监督。

同时，整合村级保洁员工资150.00万元、林业管护劳务报酬442.46万元、草原管护员工资129.60万元、河湖管护员工资22.80万元、生态网格员工资20.00万元，环湖生态环境整治经费30.00万元，共计约795万元用于环境综合治理。其中：生态管护员薪酬按每人每月3 263元发放，月人均涨幅达3.55倍，年均收入达到3.9万元，超过全县农村居民收入平均水平。

（资料来源：央广网）

【启示】海晏县通过推行“五员合一”试点改革，设置生态管护员，开展草原管护工作，使草原资源得到保护，环境质量得到改善，让全社会都共享了天蓝、地绿、水清的优美环境。

项目九 农村治理政策法规

项目导读

农村治理政策法规是指国家针对农村、农民、乡村发展等方面制定的法律、法规、规划和政策文件，旨在引导和推动农村社会、经济、文化的健康发展，增强农民的获得感、幸福感和安全感。本项目旨在深入了解农村基层党组织法规、村民自治法律制度以及乡村治理与乡村建设政策，以推动乡村治理的现代化和乡村振兴战略的全面实施。

学习目标

知识目标：了解农村基层党组织的法规及其作用。掌握村民自治的法律制度，理解其重要性。理解乡村治理与乡村建设的政策，以促进乡村现代化发展。掌握民族政策和宗教政策的含义和主要内容，理解宗教政策实施的意义。

技能目标：能够查阅、理解农村基层党组织法规，并运用于实际工作中。具备分析、解读村民自治法律制度的能力。能够理解并运用乡村治理与乡村建设政策，提出切实可行的建议。能够根据民族政策和宗教政策正确处理民族关系，尊重少数民族习俗。

素质目标：培养学生具备较强的法律意识和社会责任感。增强学生的组织协调能力，培养其参与乡村建设的意识。培养学生分析农村社会问题并提出解决方案的能力。培养学生各民族平等、和平共处、团结一致的思想观念。

思政目标：通过学习法律法规，引导学生树立正确的法治思想和法治信仰。帮助学生理解政府政策的意图，树立正确的公民意识，明晰自身在社会发展中的定位。

思维导图

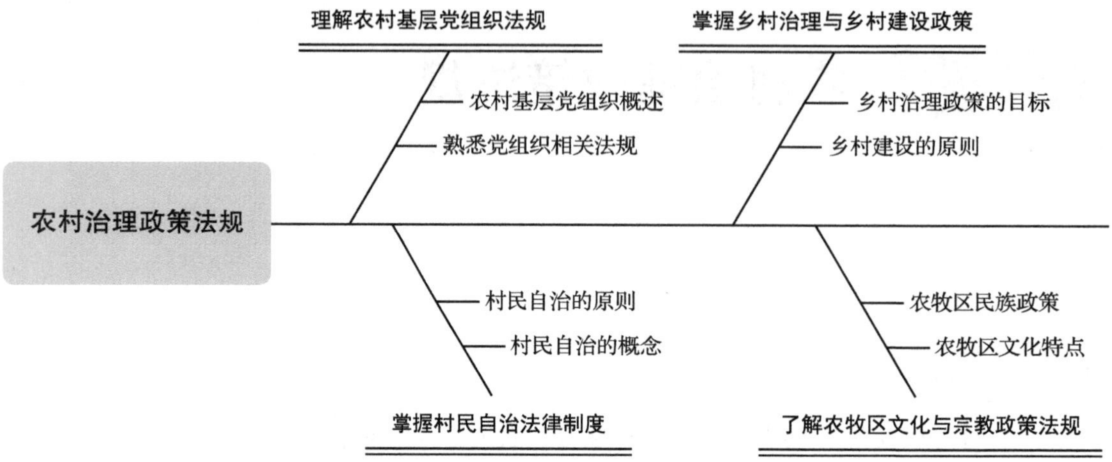

任务一　理解农村基层党组织法规

任务导入

青海省果洛藏族自治州达日县人民检察院坚持和发展新时代“枫桥经验”，探索出“检调对接＋公开听证”等多元治理模式，让多元化解矛盾纠纷成为检察办案的价值追求。达日县检察院入选全国“枫桥式工作法”单位。果洛藏族自治州位于青海省东南部，州辖玛沁、玛多、甘德、达日、班玛、久治六个县，是“中华水塔”的重要水源涵养地。据果洛州委常委、政法委书记王峰介绍，为坚持和发展新时代“枫桥经验”，果洛州围绕平安青海建设“十个一”重点任务，根据州情实际全面推行抓党建促落实“四联三卷”（州级干部联乡、县级干部联村、机关联基层、党员联群众，时代出卷、干部答卷、人民阅卷）工作机制和“党建＋社会治理”模式，以“一县一品”（各县探索创新社会治理经验，州级培育推广各县社会治理特色样本，辐射带动全州社会治理各项工作向纵深推进）为抓手，打造一批可复制、可推广的基层社会治理典型经验，提升了矛盾纠纷预防和化解水平，推动平安果洛建设不断迈上新台阶[①]。

请同学们学习《中国共产党农村基层组织工作条例》，分析果洛州的六个县是如何运用农村基层党组织创新“枫桥经验”的。

① 资料来源：法治日报。

任务准备

◎知识准备

一、农村基层党组织的组织设置

乡镇应当设立党的基层委员会。乡镇党委每届任期 5 年，由党员大会或者党员代表大会选举产生。以村为基本单元设置党组织。有正式党员 3 人以上的村，应当成立党支部；不足 3 人的，可以与邻近村联合成立党支部。党员人数超过 50 人的村，或者党员人数虽不足 50 人、确因工作需要的村，可以成立党的总支部。党员人数 100 人以上的村，根据工作需要，经县级地方党委批准，可以成立党的基层委员会，下设若干党支部；村党的委员会受乡镇党委领导。村党的委员会、总支部委员会、支部委员会每届任期 5 年，由党员大会选举产生。党员人数 500 人以上的村党的委员会，经乡镇党委批准，可以由党员代表大会选举产生。 乡镇党委一般设委员 7~9 名，其中书记 1 名、副书记 2~3 名，应当设组织委员、宣传委员，纪委书记由党委委员兼任。党委委员按照乡镇领导职务配备，应当进行合理分工，保证各项工作有人负责。村党的支部委员会一般设委员 3~5 名，其中书记 1 名，必要时可以设副书记 1 名；正式党员不足 7 人的支部，不设支部委员会。村党的总支部委员会一般设委员 5~7 名，其中书记 1 名、副书记 1 名、纪检委员 1 名。村党的委员会一般设委员 5~7 名，最多不超过 9 名，其中书记 1 名、副书记 1~2 名、纪委书记 1 名。

二、职责任务

（一）乡镇党委的主要职责

（1）宣传和贯彻执行党的路线方针政策和党中央、上级党组织及本乡镇党员代表大会（党员大会）的决议。

（2）讨论和决定本乡镇经济建设、政治建设、文化建设、社会建设、生态文明建设和党的建设以及乡村振兴中的重大问题。需由乡镇政权机关或者集体经济组织决定的重要事项，经乡镇党委研究讨论后，由乡镇政权机关或者集体经济组织依照法律和有关规定作出决定。

（3）领导乡镇政权机关、群团组织和其他各类组织，加强指导和规范，支持和保证这些机关和组织依照国家法律法规以及各自章程履行职责。

（4）加强乡镇党委自身建设和村党组织建设，以及其他隶属乡镇党委的党组织建设，抓好发展党员工作，加强党员队伍建设。维护和执行党的纪律，监督党员干部和其他任何工作人员严格遵守国家法律法规。

（5）按照干部管理权限，负责对干部的教育、培训、选拔、考核和监督工作。协助管理上级有关部门驻乡镇单位的干部。做好人才服务和引进工作。

（6）领导本乡镇的基层治理，加强社会主义民主法治建设和精神文明建设，加强社会治安综合治理，做好生态环保、美丽乡村建设、民生保障、脱贫致富、民族宗教等工作。

（二）村党组织的主要职责

（1）宣传和贯彻执行党的路线方针政策和党中央、上级党组织及本村党员大会（党员代表大会）的决议。

（2）讨论和决定本村经济建设、政治建设、文化建设、社会建设、生态文明建设和党的建设以及乡村振兴中的重要问题并及时向乡镇党委报告。需由村民委员会提请村民会议、村民代表会议决定的事情或者集体经济组织决定的重要事项，经村党组织研究讨论后，由村民会议、村民代表会议或者集体经济组织依照法律和有关规定作出决定。

（3）领导和推进村级民主选举、民主决策、民主管理、民主监督，推进农村基层协商，支持和保障村民依法开展自治活动。领导村民委员会以及村务监督委员会、村集体经济组织、群团组织和其他经济组织、社会组织，加强指导和规范，支持和保证这些组织依照国家法律法规以及各自章程履行职责。

（4）加强村党组织自身建设，严格组织生活，对党员进行教育、管理、监督和服务。负责对要求入党的积极分子进行教育和培养，做好发展党员工作。维护和执行党的纪律。加强对村、组干部和经济组织、社会组织负责人的教育、管理和监督，培养村级后备力量。做好本村招才引智等工作。

（5）组织群众、宣传群众、凝聚群众、服务群众，经常了解群众的批评和意见，维护群众正当权利和利益，加强对群众的教育引导，做好群众思想政治工作。

（6）领导本村的社会治理，做好本村的社会主义精神文明建设、法治宣传教育、社会治安综合治理、生态环保、美丽村庄建设、民生保障、脱贫致富、民族宗教等工作。

党员人数较多的村党支部，可以划分若干党小组。党小组在支部委员会领导下开展工作，组织党员学习和参加组织生活，检查党员履行义务、行使权利和执行支部委员会、党员大会决议的情况，反映党员、群众的意见。

三、农村基层党组织的经济建设

党的农村基层组织应当加强对经济工作的领导，坚持以经济建设为中心，贯彻创新、协调、绿色、开放、共享的发展理念，加快推进农业农村现代化，持续增加农民收入，不断满足群众对美好生活的需要。具体任务包括以下几个方面。

（1）坚持以公有制为主体、多种所有制经济共同发展的基本经济制度，巩固和完善农村基本经营制度，坚持农村土地集体所有，坚持家庭经营基础性地位，坚持稳定土地承包关系，走共同富裕之路。

（2）稳定发展粮食生产，发展多种经营应当同支持和促进粮食生产相结合。

（3）推动乡村产业振兴，推进农村一二三产业融合发展，让农民合理分享全产业链增值收益。

（4）坚持绿水青山就是金山银山理念，实现农业农村绿色发展、可持续发展。

（5）领导制定本地经济发展规划，组织、动员各方面力量保证规划实施。

（6）组织党员、群众学习农业科学技术知识，运用科技发展经济。吸引各类人才到农村创业创新。

四、精神文明建设

党的农村基层组织应当组织群众学习习近平新时代中国特色社会主义思想，培育和践行社会主义核心价值观，开展中国特色社会主义和实现中华民族伟大复兴的中国梦宣传教育，爱国主义、集体主义和社会主义教育，党的路线方针政策教育，思想道德和民主法治教育，引导农民正确处理国家、集体、个人三者之间的利益关系，培养有理想、有道德、有文化、有纪律的新型农民。党的农村基层组织应当加强群众培训，通过新时代文明实践中心（所、站）、农民夜校等渠道，深入宣传教育群众，用中国特色社会主义文化、社会主义思想道德牢牢占领农村思想文化阵地。党的农村基层组织应当改善农村人居环境，倡导文明健康生活方式。传承发展提升农村优秀传统文化，保护传统村落，加强农村文化设施建设，开展健康有益的文体活动。改善办学条件，普及义务教育。开展文明村镇、文明家庭创建活动，破除封建迷信和陈规陋习，推进移风易俗，弘扬时代新风。党的农村基层组织应当加强和改进思想政治工作。宣传党组织和党员先进事迹，宣传好人好事，弘扬真善美，传播正能量。了解群众思想状况，帮助解决实际困难，引导群众自觉听党话、感党恩、跟党走。党的农村基层组织应当加强对党员、群众的无神论宣传教育，引导党员、群众自觉抵制腐朽落后文化侵蚀，弘扬科学精神，普及科学知识。做好农村宗教工作，加强对信教群众的工作，管理好宗教活动场所，依法制止利用宗教干涉农村公共事务，坚决抵御非法宗教活动和境外渗透活动。必须在意识形态上站稳立场，旗帜鲜明反对各种错误观点，同一切歪风邪气、违法犯罪行为作斗争。

五、领导班子和干部队伍建设

农村基层干部应当认真学习和忠实践行习近平新时代中国特色社会主义思想，学习党的基本理论、基本路线、基本方略，学习必备知识技能。懂农业，掌握“三农”政策，熟悉农村情况，有能力、有措施、有办法解决实际问题；爱农村，扎根农村基层，安身安心安业，甘于奉献、苦干实干；爱农民，对农民群众充满感情、始终放在心上，把农民群众的利益摆在第一位，与农民群众想在一起、干在一起，不断创造美好生活。各级党组织应当注重加强农村基层干部教育培训，不断提高素质。县级党委每年至少对村党组织书记培训 1 次。加强农村基层干部队伍作风建设。坚持实事求是，不准虚假浮夸；坚持依法办事，不准违法乱纪；坚持艰苦奋斗，不准奢侈浪费；坚持说服教育，不准强迫命令；坚持廉洁奉公，不准以权谋私。坚决反对形式主义、官僚主义、享乐主义和奢靡之风。乡镇党委领导班子应当由信念坚定、为民服务、勤政务实、敢于担当、清正廉洁，善于结合实际开展工作的党员干部组成。乡镇党委书记还应当具备一定的理论和政策水平，坚持依法办事，具有较强的组织协调能力、群众工作能力、处理农村复杂问题的能力，熟悉党务工作和“三农”工作，带头实干、敢抓敢管。注重从优秀村党组织书记、选调生、大学生村官、乡镇事业编制人员中选拔乡镇领导干部，从优秀村党组织书记中考录乡镇公务员、招聘乡镇事业编制人员。重视发现培养选拔优秀年轻干部、女干部和少数民族干部。村党组织领导班子应当由思想政治素质好、道德品行好、带富能力强、协调能力强，公道正派、廉洁自律，热心为群众服务的党员组成。村党组织书记还应当具备一定的政策水平，坚持依法办事，善于做群众工作，甘于奉献、敢闯敢拼。村党组织书记应当注重从本村致富能手、外出务工经商返乡人员、本乡本土大学毕业生、退役军人中的党员培养选拔。每个村应当储备村级后备力量。党的农村基层组织领导班子应当坚定执行党的政治路线。始终在政治立场、政治方向、政治原则、政治道路上同以习近平同志为核心的党中央保持高度一致，组织推进农村深化改革，促进各项事业发展，维护社会和谐稳定，不断增强群众获得感、幸福感、安全感。党的农村基层组织领导班子应当贯彻党的思想路线。反映情况、安排工作、决定事项必须实事求是，一切从实际出发，说实话、办实事、求实效。党的农村基层组织领导班子应当贯彻新时代党的组织路线。全面加强农村基层组织体系建设，建强战斗堡垒，把党员组织起来，把人才凝聚起来，把群众动员起来，合力推动新时代乡村全面振兴。党的农村基层组织领导班子应当贯彻党的群众路线。决定重大事项要同群众商量，布置工作任务要向群众讲清道理；经常听取群众意见，不断改进工作；关心群众生产生活，维护群众的合法权益，切实减轻群众负担。党的农村基层组织领导班子应当贯彻党的民主集中制，认真执行集体领导和个人分工负责相结合的制度。凡属重要问题，必须经过集体讨论决定，不允许个人或者少数人说了算。书记应当有民主作风，善于发挥每个委员的作用，敢于负责。委员应当积极参与和维护集体领导，主动做好分工负责的工作。乡镇党委领导班子每年至少召开 1 次民主生活会，村党组织领导班子每年至少召开 1 次组织生活会，严肃认真地开展批评和自我批评，接受党员、群众的监督。

六、党员队伍的建设

党的农村基层组织应当组织党员认真学习和忠实践行习近平新时代中国特色社会主义思想，推进“两学一做”学习教育常态化制度化，认真开展党内主题教育活动，学习党的基本理论、基本路线、基本方略，学习形势政策、科学文化、市场经济、党内法规和国家法律法规等知识。县、乡两级党委应当加强农村党员教育培训，建好用好乡镇党校、党员活动室，注重运用现代信息技术开展党员教育。乡镇党委每年至少对全体党员分期分批集中培训 1 次。

党的农村基层组织应当严格党的组织生活。坚持“三会一课”制度，村党组织应当以党支部为单位，每月相对固定 1 天开展主题党日，组织党员学习党的文件、上党课，开展民主议事、志愿服务等，突出党性锻炼，防止表面化、形式化。党员领导干部应当定期为基层党员讲党课。党的农村基层组织应当坚持和完善民主评议党员制度。对优秀党员，进行表彰表扬；对不合格党员，加强教育帮助，依照有关规定，分别给予限期改正、劝其退党、党内除名等组织处置。党的农村基层组织应当教育和监督党员履行义务，尊重和保障党员的各项权利。推进党务公开，使党员对党内事务有更多的了解和参与。党的农村基层组织应当严格执行党的纪律。经常对党员进行遵纪守法教育。党员违犯党的纪律，应当及时教育或者处理，问题严重的应当向上级党组织报告。对于受到党的纪律处分的，应当加强教育，帮助其改正错误。

党的农村基层组织应当按照控制总量、优化结构、提高质量、发挥作用的总要求和有关规定，把政治标准放在首位，做好发展党员工作。注重从青年农民、农村外出务工人员中发展党员，注意吸收妇女入党。

◎材料准备

（1）收集青海省果洛州六个县有关“枫桥经验”的相关资料，包括班玛经验、甘德县基层社会治理“四级联户制”、玛沁县的“玛沁义警”、达日县的“牧长制”、久治县的“十户长”制等。为分析果洛州的六个县如何运用农村基层党组织创新“枫桥经验”奠定基础。

（2）收集农村基层党组织方面的法规文件，主要包括：《中国共产党农村基层组织工作条例》。

（3）收集农村基层党组织的政策文件，主要包括：2023 年中央一号文件。

任务筹划

1. 内容筹划

（1）了解农村基层党组织的法定职责：研读法规和章程，特别关注规定农村基层党组织职责的部分，如组织、领导、服务、宣传等方面的规定。了解党组织在农村中的具体职责和使命。

（2）了解农村基层党组织的组织方式：研究农村基层党组织的组织架构、党员构成，以及党委、党总支、党支部等的设置与职责。理解基层党组织内外部关系，加深对其组织方式的理解。

（3）了解农村基层党组织的活动范围：了解基层党组织活动的地域范围，如村、社区等，以及活动的内容、形式、频率等。理解党组织在农村中具体的活动范围和方式。

2. 方法筹划

（1）浏览法。通过认真阅读农村基层党组织相关的法规、章程，重点关注法定职责、组织方式和活动范围等内容，确保理解透彻。

（2）检索法。可以借助图书馆、网络等资源，查阅与农村基层党组织相关的书籍、文章、研究报告等，以加深对法定职责的理解。

3. 流程筹划

第一步：深入了解青海省果洛州有关“枫桥经验”的资料。

第二步：根据背景资料，查找相关的政策法规。

第三步：研读法规和章程并整理法规中相关的条款。

第四步：分析果洛州的六个县是如何运用农村基层党组织创新“枫桥经验”的。

任务实施

步骤一：

步骤二：

步骤三：

步骤四：

任务检测

使用微信扫码进入在线测试，可反复多次答题，直到获得满意的结果。

任务检测

任务评价

任务评价表

班级：__________ 组别：__________ 姓名：__________

小组成员				
姓名	**学号**	**组内分工**		
项目	**评分标准**	**自我评价**	**小组评价**	**教师评价**
基本素质（30分）	学习态度（10分）			
	团队协作（20分）			

（续表）

<table>
<tr><th>项目</th><th>评分标准</th><th>自我评价</th><th>小组评价</th><th>教师评价</th></tr>
<tr><td rowspan="3">知识技能
（40 分）</td><td>熟悉“枫桥经验”的主要内容（10 分）</td><td></td><td></td><td></td></tr>
<tr><td>掌握《中国共产党农村工作条例》的主要内容（10 分）</td><td></td><td></td><td></td></tr>
<tr><td>能够对创新推进“枫桥经验”提出相应的法规咨询意见（20 分）</td><td></td><td></td><td></td></tr>
<tr><td rowspan="4">任务完成质量
（20 分）</td><td rowspan="4">出色完成任务（20 分），较好完成任务（12~19 分），基本完成任务（6~11 分），较差完成任务（0~5 分）</td><td></td><td></td><td></td></tr>
<tr><td></td><td></td><td></td></tr>
<tr><td></td><td></td><td></td></tr>
<tr><td></td><td></td><td></td></tr>
<tr><td>思政表现
（10 分）</td><td>对法律法规是否重视（10 分）</td><td></td><td></td><td></td></tr>
<tr><td colspan="2">合计</td><td></td><td></td><td></td></tr>
<tr><td>自我评价与总结</td><td colspan="4"></td></tr>
<tr><td>教师点评</td><td colspan="4"></td></tr>
</table>

课程思政专栏

青海省循化撒拉族自治县搭建四个平台全力推进党建信息化建设

【课程思政关键词】创新精神；服务人民

1. 搭建“云”平台，发挥信息化党建辐射功能

针对青海省循化撒拉族自治县流动党员人数多、分布广、学习教育难的问题，循化县联手全国党建云平台建成了全省首个县级党建云平台，充分利用云平台辐射功能，为全县 400 多名流动党员创造了不受区域、时间限制的学习教育平台，真正为党员干部群众敞开了通过互联网随时随地了解和掌握我县基层党建工作动态的互联网之窗。

2. 搭建“微”平台，发挥信息化党建便捷功能

充分利用微信覆盖广，操作灵活、方便、智能的特点，通过开设“积石山下党旗红”“空中课堂”等微信公众平台，实现了党员干部掌上看党建、学党建、评党建的教学新模式。

3. 搭建“群”平台，发挥信息化党建高效功能

为创建便捷的信息联络和交流通道，提升我县基层党建工作效率，创新党建工作方式，建立了“机关党建工作群”“基层党委党建工作群”等QQ群，采取“单位+姓名”的实名制管理，全县13个基层党委的副书记及组织干事和80多个机关支部的党务干部全部加入，通过提供学习资料、解答业务咨询、共同探讨交流等方式，打造基层党务工作者相互学习交流、共享经验成果、提升党建工作水平的新平台。

4. 搭建“视”平台，发挥信息化党建教学功能

自党的群众路线教育实践活动启动以来，循化县依托远程教育资源丰富、传播快捷的优势，为农村、社区党员干部搭建起视频学习平台。针对我县农牧民党员干部现代远程教育“建、管、用”工作中存在的思想松懈、制度不全、管理粗放、点播率低等问题，采取加强思想教育、开展摸底调查、制定工作方案、认真整改落实等有力措施，确保了远程教育设备齐全、网络畅通，为农牧民党员群众能正常利用远程教育平台接受新知识、更新思想、强化党性意识提供坚强保障。

四个信息化平台搭建以来，党建工作得心应手，党员交流更加方便快捷，信息传达、意见征求、建言献策等明显便捷，渠道的畅通又促进了党建工作顺利开展。

（资料来源：中工网）

【启示】创新基层党建工作宣传方式，增强党建工作活力，推进基层党建工作信息化建设，为基层党组织和党员干部群众提供便捷、高效服务。充分发挥农村基层党组织的战斗堡垒作用。

任务二 掌握村民自治法律制度

任务导入

青海省海南藏族自治州贵南县塔秀村，曾经普遍有村内卫生差，赌博、酗酒、高价彩礼等现象。为改变这一局面，塔秀村实施了“7531”等村规民约，并按照“村民制定、村民签字、村民承诺、村民执行”原则，夯实、完善村民自治，把村级事务管理纳入村规，把村民承诺、规范村民行为纳入民约，通过签订责任书、村民承诺约定，实现了从单维度平安建设到全方位村民自我管理的转变。如今走进塔秀村，一排排整齐的大瓦房、水泥铺筑的小路、干净整洁的大院跃然眼前，淳厚平和、良善进取的好村风唤醒和重塑了乡村文明，也为全村生产生活发展按下了“快进键”。

2017年，塔秀乡结合农村牧区生产生活和农牧民群众思想实际，独辟蹊径，在全乡推行“7531”管理模式，不仅助推村规民约继续走深走实，还为巩固脱贫攻坚成效、助推

乡风文明建设奠定了坚实基础。“7531”工作法，即村两委（村党支部、村民委员会）牵头组织由中共党员、村两委班子成员、两代表一委员、非党员优秀村民、优秀学生等五类人员，按诚信、感恩、文明三标准，开展“好长辈、好婆婆、好干部、好青年、好媳妇、好邻居、好学生”等七好村民评选活动，同时，曝光一批制造稳定隐患、无理缠访闹访、阻碍项目实施、破坏生态环境、诚信意识缺失等方面影响恶劣的反面典型，从而促进乡风民风不断好转[①]。

通过学习《村民委员会组织法》理解其中对村民自治的规定和保障。分析该法律制度对塔秀村村民自治行为的影响和规范作用，以及其如何促进乡村社会的稳定和发展。

任务准备

◎知识准备

一、了解村民自治的概念

村民自治是一种基层自治形式，强调了村民通过选举产生村民委员会，行使自治权，管理本村事务，保障共有财产，维护村民合法权益，推动村庄经济社会发展的特定组织形式和活动过程。这个概念包括以下核心要素。

（1）选举产生村民委员会。村民自治的第一步是通过选举产生村民委员会，这是村民行使自治权的机构，代表村民参与自治事务。

（2）自治权的行使。村民通过村民委员会行使自治权，这意味着他们可以自主决定和管理本村的事务，制定规章制度。

（3）事务管理。村民自治包括管理本村事务，涵盖了村庄的经济、社会、文化、环境等多个方面。

（4）共有财产的管理。村民自治要求管理和保障村民共有财产，确保公平分配和合理利用。

（5）维护合法权益。村民自治也要求维护村民的合法权益，包括人权、财产权等，确保公平、公正、合法的自治过程。

（6）推动村庄经济社会发展。村民自治不仅是为了内部自治，也旨在推动村庄的经济社会发展，促进村民共同富裕。

二、理解村民自治的原则

（1）法治原则。村民自治应遵循法治原则，即依法行使自治权。这意味着自治活动必须遵守国家法律法规，不能违反法律，确保自治行为的合法性和合规性。

① 资料来源：中国文明网。

（2）依法开展自我管理、自我教育、自我服务、自我监督。村民自治应以法律为基础，开展自我管理、自我教育、自我服务和自我监督。这些活动应当遵循法定程序和规定，确保自治活动的合法性和公正性。

（3）公平、公正、公开。村民自治应追求公平、公正、公开，确保自治决策和活动的公正性和透明度，不偏袒特定个体或群体，维护所有村民的权益。

（4）维护村民的合法权益。村民自治活动应当始终以维护村民的合法权益为目标，包括但不限于人权、财产权、参与决策权等。

（5）促进村庄和村民的共同富裕。村民自治应促进村庄和村民的共同富裕，通过自我管理、自我教育、自我服务和自我监督，推动村庄经济、社会、文化等多方面的发展，实现共同富裕和进步。

三、掌握村民自治的实现方法

（1）村民大会。村民大会是村民自治的最基本形式，是村民集体讨论和决定村庄事务的重要途径。村民大会是直接行使自治权的机构，通常由全体村民参与，通过讨论和投票形式决定村庄事务。

（2）村民委员会。村民委员会是村民大会的执行机构，是代表村民行使自治权的机构。村民委员会由村民选举产生，负责处理村庄日常事务，执行村民大会的决定，维护村民的合法权益。

（3）村民代表会议。村民代表会议是村民自治的一种形式，代表了村民的利益和意见。这个会议可以选举产生，代表村民参与决策，推动自治事务的顺利进行。

◎材料准备

（1）收集塔秀村的相关资料，包括塔秀村的基本情况、村规民约和“7531”工作法。

（2）收集《村民委员组织法》法律文件的内容。

任务筹划

1. 内容筹划

（1）法定程序。深入了解村民自治的法定程序，包括村民大会的召开程序、村民委员会的产生程序、村民代表会议的程序等。

（2）原则。了解村民自治的基本原则，如依法自治、民主自治、平等自治、公开自治等。

（3）方法。理解村民自治的具体方法，如村民议事规则、村规民约等。

2. 方法筹划

（1）研读法规。仔细研读《村民委员会组织法》及其相关法律法规，了解法律制度的基本框架和规定。

（2）查阅资料。查阅与村民自治法律制度相关的权威资料、学术论文、实践经验等，以获取多层面、多角度的理解。

（3）案例分析。分析实际案例，通过具体的实践案例了解法律制度在实际村民自治中的应用，加深对法律制度的理解。

3. 流程筹划

第一步：研读《村民委员会组织法》。详细阅读各个章节和条款，理解法律的主要内容和基本原则。

第二步：分析法律制度中的原则和方法。深入分析法律制度中的基本原则和具体方法，理解其背后的逻辑和意图。

第三步：整理案例，帮助理解法律制度的实际应用。对比法律规定，分析塔秀村的法律适用和实践情况，加深对法律制度实际应用的理解。

任务实施

步骤一：

步骤二：

步骤三：

任务检测

使用微信扫码进入在线测试，可反复多次答题，直到获得满意的结果。

任务检测

任务评价

任务评价表

班级：__________ 组别：__________ 姓名：__________

<table>
<tr><td colspan="5">小组成员</td></tr>
<tr><td>姓名</td><td>学号</td><td colspan="3">组内分工</td></tr>
<tr><td></td><td></td><td></td><td></td><td></td></tr>
<tr><td></td><td></td><td></td><td></td><td></td></tr>
<tr><td></td><td></td><td></td><td></td><td></td></tr>
<tr><td></td><td></td><td></td><td></td><td></td></tr>
<tr><td>项目</td><td>评分标准</td><td>自我评价</td><td>小组评价</td><td>教师评价</td></tr>
<tr><td rowspan="2">基本素质（30 分）</td><td>学习态度（10 分）</td><td></td><td></td><td></td></tr>
<tr><td>团队协作（20 分）</td><td></td><td></td><td></td></tr>
<tr><td rowspan="3">知识技能（40 分）</td><td>知道青海省村民自治相关的几个主要政策法规文件（10 分）</td><td></td><td></td><td></td></tr>
<tr><td>掌握几个主要政策法规文件的主要内容（10 分）</td><td></td><td></td><td></td></tr>
<tr><td>能分析出《村民委员组织法》法律制度对塔秀村村民自治行为的影响和规范作用，以及其如何促进乡村社会的稳定和发展（20 分）</td><td></td><td></td><td></td></tr>
<tr><td rowspan="4">任务完成质量（20 分）</td><td rowspan="4">出色完成任务（20 分），较好完成任务（12~ 19 分），基本完成任务（6~11 分），较差完成任务（0~5 分）</td><td></td><td></td><td></td></tr>
<tr><td></td><td></td><td></td></tr>
<tr><td></td><td></td><td></td></tr>
<tr><td></td><td></td><td></td></tr>
<tr><td>思政表现（10 分）</td><td>对法律法规是否重视（10 分）</td><td></td><td></td><td></td></tr>
<tr><td colspan="2">合计</td><td></td><td></td><td></td></tr>
<tr><td>自我评价与总结</td><td colspan="4"></td></tr>
<tr><td>教师点评</td><td colspan="4"></td></tr>
</table>

课程思政专栏

村民自治“五加一”乡村振兴显生机

【课程思政关键词】村规民约；村民自治

近年来，湖南省嘉禾县晋屏镇甫口村坚持“党建引领、村民自治、服务升华”的原则，通过构建村民自治新机制，实行“一部村规民约、一块红黑榜、一个村民议事微信群、五个村级群众自治组织”的“1+1+1+5”工作法，进一步增强基层治理能力，激发了乡村振兴的勃勃生机。

一部村规民约。甫口村村规民约涉及建房、移风易俗、环境卫生等多方面内容，其中关于移风易俗的规定明确，按“婚礼新办、丧礼简办”原则，自觉抵制“大操大办”等不良风气。村规民约与参军、入党、贷款授信、公务员录用、村干部任选等挂钩，真正成为不能触碰的“带电高压线”，成为村内的“小宪法”。村规民约以行为规范为核心，以村委会和村民、村民和村民之间的契约关系为基础，涉及社会秩序、村风民俗、建房管理、卫生管理、邻里关系、婚姻家庭、道德诚信等七方面，实现村民自我管理、自我教育、自我监督、自我对标的提升。

一块红黑榜。为使村规民约落实到位，甫口村建立了村规民约执行激励机制，发挥舆论监督促推作用，实行村规民约红黑榜通报制，“红榜”起到示范引领作用，“黑榜”起到警醒教育整改作用。“红榜”主要对关心集体、孝亲敬老、文明诚信、讲究卫生、勤劳致富、勤俭节约等事例进行宣传弘扬，“黑榜”主要对不遵纪守法、不孝亲敬老、破坏公共财物、游手好闲、不务正业等不文明行为进行曝光。

一个村民议事微信群。甫口村村民议事微信群将镇驻村领导、驻村干部、村民代表等全部邀请入群，搭建了“零距离”“全天候”的干群“连心桥”，让小小微信群成为化解邻里矛盾纠纷“调解员”、国家政策“宣传员”、为民办事“服务员”，将政府服务延伸到基层。甫口村及时将村里党务、政务、民生事务、乡村振兴资金项目事务、各项惠民政策在群里公开，同时，帮助群众反映诉求，着手解决群众急难愁盼问题，做到“随呼随应”，实现服务群众“零距离”。

五个村级群众自治组织。甫口村还结合新时代文明实践所（站）、创文创卫、信访维稳、安全生产、人居环境治理等重点工作，成立了红白理事会、道德评议会、建房理事会、卫生评议会、教育基金会等五个群众自治组织，并由村自行推选贤达人士担任群众组织成员，制定管理章程，形成工作合力，最大程度发动和依靠广大群众自主管理村级事务，促进村民道德素质水平提升，实现共建共治共享文明成果。

通过实施村民自治“五加一”，甫口村发生了翻天覆地的变化：村里新建的传统花灯戏台、嘉禾花灯文化陈列馆即将投入使用，2022 年成功创建市级“红色村”，第三代红军墓守墓人彭子文获评 2022 年第一季度诚实守信类“中国好人”，中央红军长征红三军团甫口抢渡指挥部旧址被列为市级文物保护单位，一幅新时代新农村的美丽新画卷正徐徐展开。

（资料来源：中国改革报）

【启示】村民自治赋予了村民民主权利，也为发展提供了条件。通过村民自治“五加一”工作法，增强了农村基层治理能力，增进了党群干群关系，助力乡村振兴。

任务三　掌握乡村治理与乡村建设政策

任务导入

近年来，海南藏族自治州贵德县结合自身实际，将农村人居环境整治作为建设美丽贵德的先导性、基础性工作，创新开展“七个转变”，即“临时应急”向“系统常态”转变、“大喊口号”向“全民行动”转变、“简单清理”向“精细管护”转变、“公路沿线”向“村社巷道”转变、“表层清理”向“深度美化”转变、“被动清理”向“习惯养成”转变、“人工清洁”向“工程干预”转变。同时，积极引导群众进行准确的垃圾分类，切实强化各项举措，有效整合各类资源，成立垃圾处理工作专班，制定内外环运行、“红黑榜”管理、垃圾分类奖励等机制，加快补齐农牧区人居环境突出短板，不断擦亮“天下黄河贵德清”金字招牌。

请结合乡村治理与建设政策，分析该政策对贵德县乡村治理与建设的影响和规范作用，以及其如何促进乡村社会的稳定和发展。

任务准备

◎知识准备

一、乡村治理政策的主要任务

（一）完善村党组织领导乡村治理的体制机制

建立以基层党组织为领导、村民自治组织和村务监督组织为基础、集体经济组织和农民合作组织为纽带、其他经济社会组织为补充的村级组织体系。村党组织全面领导村民委员会及村务监督委员会、村集体经济组织、农民合作组织和其他经济社会组织。村民委员会要履行基层群众性自治组织功能，增强村民自我管理、自我教育、自我服务能力。村务监督委员会要发挥在村务决策和公开、财产管理、工程项目建设、惠农政策措施落实等事项上的监督作用。集体经济组织要发挥在管理集体资产、合理开发集体资源、服务集体成员等方面的作用。农民合作组织和其他经济社会组织要依照国家法律和各自章程充分行使职权。村党组织书记应当通过法定程序担任村民委员会主任和村级集体经济组织、合作经济组织负责人，村“两委”班子成员应当交叉任职。村务监督委员会主任一般由党员担任，可以由非村民委员会成员的村党组织班子成员兼任。村民委员会成员、村民代表中党员应当占一定比例。健全村级重要事项、重大问题由村党组织研究讨论机制，全面落实“四议两公开”。加强基本队伍、基本活动、基本阵地、基本制度、基本保障建设，实施村党组织带头人整体优化提升行动，持续整顿软弱涣散村党组织，整乡推进、整县提升，发展壮大村级集体经济。全面落实村“两委”换届候选人县级联审机制，坚决防止和查处以贿选等不正当手段影响、控制村“两委”换届选举的行为，严厉打击干扰破坏村“两委”换届选举的黑恶势力、宗族势力。坚决把受过刑事处罚、存在“村霸”和涉黑涉恶、涉邪教等问题的人清理出村干部队伍。坚持抓乡促村，落实县乡党委抓农村基层党组织建设和乡村治理的主体责任。落实乡镇党委直接责任，乡镇党委书记和党委领导班子成员等要包村联户，村“两委”成员要入户走访，及时发现并研究解决农村基层党组织建设、乡村治理和群众生产生活等问题。健全以财政投入为主的稳定的村级组织运转经费保障制度。

（二）发挥党员在乡村治理中的先锋模范作用

组织党员在议事决策中宣传党的主张，执行党组织决定。组织开展党员联系农户、党员户挂牌、承诺践诺、设岗定责、志愿服务等活动，推动党员在乡村治理中带头示范，带动群众全面参与。密切党员与群众的联系，了解群众思想状况，帮助解决实际困难，加强对贫困人口、低保对象、留守儿童和妇女、老年人、残疾人、特困人员等人群的关爱服务，引导农民群众自觉听党话、感党恩、跟党走。

（三）规范村级组织工作事务

清理整顿村级组织承担的行政事务多、各种检查评比事项多问题，切实减轻村级组织负担。各种政府机构原则上不在村级建立分支机构，不得以行政命令方式要求村级承担有关行政性事务。交由村级组织承接或协助政府完成的工作事项，要充分考虑村级组织承接能力，实行严格管理和总量控制。从源头上清理规范上级对村级组织的考核评比项目，鼓励各地实行目录清单、审核备案等管理方式。规范村级各种工作台账和各类盖章证明事项。推广村级基础台账电子化，建立统一的“智慧村庄”综合管理服务平台。

（四）增强村民自治组织能力

健全党组织领导的村民自治机制，完善村民（代表）会议制度，推进民主选举、民主协商、民主决策、民主管理、民主监督实践。进一步加强自治组织规范化建设，拓展村民参与村级公共事务平台，发展壮大治保会等群防群治力量，充分发挥村民委员会、群防群治力量在公共事务和公益事业办理、民间纠纷调解、治安维护协助、社情民意通达等方面的作用。

（五）丰富村民议事协商形式

健全村级议事协商制度，形成民事民议、民事民办、民事民管的多层次基层协商格局。创新协商议事形式和活动载体，依托村民会议、村民代表会议、村民议事会、村民理事会、村民监事会等，鼓励农村开展村民说事、民情恳谈、百姓议事、妇女议事等各类协商活动。

（六）全面实施村级事务阳光工程

完善党务、村务、财务“三公开”制度，实现公开经常化、制度化和规范化。梳理村级事务公开清单，及时公开组织建设、公共服务、脱贫攻坚、工程项目等重大事项。健全村务档案管理制度。推广村级事务“阳光公开”监管平台，支持建立“村民微信群”“乡村公众号”等，推进村级事务即时公开，加强群众对村级权力有效监督。规范村级会计委托代理制，加强农村集体经济组织审计监督，开展村干部任期和离任经济责任审计。

（七）积极培育和践行社会主义核心价值观

坚持教育引导、实践养成、制度保障三管齐下，推动社会主义核心价值观落细落小落实，融入文明公约、村规民约、家规家训。通过新时代文明实践中心、农民夜校等渠道，组织农民群众学习习近平新时代中国特色社会主义思想，广泛开展中国特色社会主义和实现中华民族伟大复兴的中国梦宣传教育，用中国特色社会主义文化、社会主义思想道德牢牢占领农村思想文化阵地。完善乡村信用体系，增强农民群众诚信意识。推动农村学雷锋志愿服务制度化常态化。加强农村未成年人思想道德建设。

（八）实施乡风文明培育行动

弘扬崇德向善、扶危济困、扶弱助残等传统美德，培育淳朴民风。开展好家风建设，传承传播优良家训。全面推行移风易俗，整治农村婚丧大操大办、高额彩礼、铺张浪费、厚葬薄养等不良习俗。破除丧葬陋习，树立殡葬新风，推广与保护耕地相适应、与现代文明相协调的殡葬习俗。加强村规民约建设，强化党组织领导和把关，实现村规民约行政村全覆盖。依靠群众因地制宜制定村规民约，提倡把喜事新办、丧事简办、弘扬孝道、尊老爱幼、扶残助残、和谐敦睦等内容纳入村规民约。以法律法规为依据，规范完善村规民约，确保制定过程、条文内容合法合规，防止一部分人侵害另一部分人的权益。建立健全村规民约监督和奖惩机制，注重运用舆论和道德力量促进村规民约有效实施，对违背村规民约的，在符合法律法规前提下运用自治组织的方式进行合情合理的规劝、约束。发挥红白理事会等组织作用。鼓励地方对农村党员干部等行使公权力的人员，建立婚丧事宜报备制度，加强纪律约束。

（九）发挥道德模范引领作用

深入实施公民道德建设工程，加强社会公德、职业道德、家庭美德和个人品德教育。大力开展文明村镇、农村文明家庭、星级文明户、五好家庭等创建活动，广泛开展农村道德模范、最美邻里、身边好人、新时代好少年、寻找最美家庭等选树活动，开展乡风评议，弘扬道德新风。

（十）加强农村文化引领

加强基层文化产品供给、文化阵地建设、文化活动开展和文化人才培养。传承发展提升农村优秀传统文化，加强传统村落保护。结合传统节日、民间特色节庆、农民丰收节等，因地制宜广泛开展乡村文化体育活动。加快乡村文化资源数字化，让农民共享城乡优质文化资源。挖掘文化内涵，培育乡村特色文化产业，助推乡村旅游高质量发展。加强农村演出市场管理，营造健康向上的文化环境。

（十一）推进法治乡村建设

规范农村基层行政执法程序，加强乡镇行政执法人员业务培训，严格按照法定职责和权限执法，将政府涉农事项纳入法治化轨道。大力开展“民主法治示范村”创建，深入开展“法律进乡村”活动，实施农村“法律明白人”培养工程，培育一批以村干部、人民调解员为重点的“法治带头人”。深入开展农村法治宣传教育。

（十二）加强平安乡村建设

推进农村社会治安防控体系建设，落实平安建设领导责任制，加强基础性制度、设施、平台建设。加强农村警务工作，大力推行“一村一辅警”机制，扎实开展智慧农村警务室建设。加强对社区矫正对象、刑满释放人员等特殊人群的服务管理。深入推进扫黑除恶专项斗争，健全防范打击长效机制。加强农民群众拒毒防毒宣传教育，依法打击整治毒品违法犯罪活动。依法加大对农村非法宗教活动、邪教活动打击力度，制止利用宗教、邪教干预农村公共事务，大力整治农村乱建宗教活动场所、滥塑宗教造像。推进农村地区技防系统建设，加强公共安全视频监控建设联网应用工作。健全农村公共安全体系，强化农村安全生产、防灾减灾救灾、食品、药品、交通、消防等安全管理责任。

（十三）健全乡村矛盾纠纷调处化解机制

坚持发展新时代“枫桥经验”，做到“小事不出村、大事不出乡”。健全人民调解员队伍，加强人民调解工作。完善调解、仲裁、行政裁决、行政复议、诉讼等有机衔接、相互协调的多元化纠纷解决机制。发挥信息化支撑作用，探索建立“互联网＋网格管理”服务管理模式，提升乡村治理智能化、精细化、专业化水平。强化乡村信息资源互联互通，完善信息收集、处置、反馈工作机制和联动机制。广泛开展平安教育和社会心理健康服务、婚姻家庭指导服务。推动法院跨域立案系统、检察服务平台、公安综合窗口、人民调解组织延伸至基层，提高响应群众诉求和为民服务能力水平。

（十四）加大基层小微权力腐败惩治力度

规范乡村小微权力运行，明确每项权力行使的法规依据、运行范围、执行主体、程序步骤。建立健全小微权力监督制度，形成群众监督、村务监督委员会监督、上级部门监督和会计核算监督、审计监督等全程实时、多方联网的监督体系。织密农村基层权力运行“廉政防护网”，大力开展农村基层微腐败整治，推进农村巡察工作，严肃查处侵害农民利益的腐败行为。

（十五）加强农村法律服务供给

充分发挥人民法庭在乡村治理中的职能作用，推广车载法庭等巡回审判方式。加强乡镇司法所建设。整合法学专家、律师、政法干警及基层法律服务工作者等资源，健全乡村基本公共法律服务体系。深入推进公共法律服务实体、热线、网络平台建设，鼓励乡镇党委和政府根据需要设立法律顾问和公职律师，鼓励有条件的地方在村民委员会建立公共法律服务工作室，进一步加强村法律顾问工作，完善政府购买服务机制，充分发挥律师、基层法律服务工作者等在提供公共法律服务、促进乡村依法治理中的作用。

（十六）支持多方主体参与乡村治理

加强妇联、团支部、残协等组织建设，充分发挥其联系群众、团结群众、组织群众参与民主管理和民主监督的作用。积极发挥服务性、公益性、互助性社区社会组织作用。坚持专业化、职业化、规范化，完善培养选拔机制，拓宽农村社工人才来源，加强农村社会工作专业人才队伍建设，着力做好老年人、残疾人、青少年、特殊困难群体等重点对象服务工作。探索以政府购买服务等方式，支持农村社会工作和志愿服务发展。

（十七）提升乡镇和村为农服务能力

充分发挥乡镇服务农村和农民的作用，加强乡镇政府公共服务职能，加大乡镇基本公共服务投入，使乡镇成为为农服务的龙头。推进“放管服”改革和“最多跑一次”改革向基层延伸，整合乡镇和县级部门派驻乡镇机构承担的职能相近、职责交叉工作事项，建立集综合治理、市场监管、综合执法、公共服务等于一体的统一平台。构建县乡联动、功能集成、反应灵敏、扁平高效的综合指挥体系，着力增强乡镇统筹协调能力，发挥好乡镇服务、带动乡村作用。大力推进农村社区综合服务设施建设，引导管理服务向农村基层延伸，为农民提供“一门式办理”“一站式服务”，构建线上线下相结合的乡村便民服务体系。将农村民生和社会治理领域中属于政府职责范围且适合通过市场化方式提供的服务事项，纳入政府购买服务指导性目录。推动各级投放的公共服务资源以乡镇、村党组织为主渠道落实。

二、乡村建设政策的主要任务

（一）加强乡村规划建设管理

坚持县域规划建设一盘棋，明确村庄布局分类，细化分类标准。合理划定各类空间管控边界，优化布局乡村生活空间，因地制宜界定乡村建设规划范围，严格保护农业生产空间和乡村生态空间，牢牢守住 18 亿亩耕地红线。严禁随意撤并村庄搞大社区、违背农民意愿大拆大建。积极有序推进村庄规划编制。发挥村庄规划指导约束作用，确保各项建设依规有序开展。建立政府组织领导、村民发挥主体作用、专业人员开展技术指导的村庄规划编制机制，共建共治共享美好家园。

（二）实施农村道路畅通工程

继续开展“四好农村路”示范创建，推动农村公路建设项目更多向进村入户倾斜。以县域为单元，加快构建便捷高效的农村公路骨干网络，推进乡镇对外快速骨干公路建设，加强乡村产业路、旅游路、资源路建设，促进农村公路与乡村产业深度融合发展。推进较大人口规模自然村（组）通硬化路建设，有序推进建制村通双车道公路改造、窄路基路面拓宽改造或错车道建设。加强通村公路和村内道路连接，统筹规划和实施农村公路的穿村路段建设，兼顾村内主干道功能。积极推进具备条件的地区城市公交线路向周边重点村镇延伸，有序实施班线客运公交化改造。开展城乡交通运输一体化示范创建。加强农村道路桥梁、临水临崖和切坡填方路段安全隐患排查治理。深入推进农村公路“安全生命防护工程”。加强农村客运安全监管。强化消防车道建设管理，推进林区牧区防火隔离带、应急道路建设。

（三）强化农村防汛抗旱和供水保障

加强防汛抗旱基础设施建设，防范水库垮坝、中小河流洪水、山洪灾害等风险，充分发挥骨干水利工程防灾减灾作用，完善抗旱水源工程体系。稳步推进农村饮水安全向农村供水保障转变。强化水源保护和水质保障，推进划定千人以上规模饮用水水源保护区或保护范围，配套完善农村千人以上供水工程净化消毒设施设备，健全水质检测监测体系。实施规模化供水工程建设和小型供水工程标准化改造，更新改造一批老旧供水工程和管网。有条件地区可由城镇管网向周边村庄延伸供水，因地制宜推进供水入户，同步推进消防取水设施建设。按照“补偿成本、公平负担”的原则，健全农村集中供水工程合理水价形成机制。

（四）实施乡村清洁能源建设工程

巩固提升农村电力保障水平，推进城乡配电网建设，提高边远地区供电保障能力。发展太阳能、风能、水能、地热能、生物质能等清洁能源，在条件适宜地区探索建设多能互补的分布式低碳综合能源网络。按照先立后破、农民可承受、发展可持续的要求，稳妥有序推进北方农村地区清洁取暖，加强煤炭清洁化利用，推进散煤替代，逐步提高清洁能源在农村取暖用能中的比重。

（五）实施农产品仓储保鲜冷链物流设施建设工程

加快农产品仓储保鲜冷链物流设施建设，推进鲜活农产品低温处理和产后减损。依托家庭农场、农民合作社等农业经营主体，发展产地冷藏保鲜，建设通风贮藏库、机械冷库、气调贮藏库、预冷及配套设施设备等农产品冷藏保鲜设施。面向农产品优势产区、重要集散地和主要销区，完善国家骨干冷链物流基地布局建设，整合优化存量冷链物流资源。围绕服务产地农产品集散和完善销地冷链物流网络，推进产销冷链集配中心建设，加强与国家骨干冷链物流基地间的功能对接和业务联通，打造高效衔接农产品产销的冷链物流通道网络。完善农产品产地批发市场。实施县域商业建设行动，完善农村商业体系，改造提升县城连锁商超和物流配送中心，支持有条件的乡镇建设商贸中心，发展新型乡村便利店，扩大农村电商覆盖面。健全县乡村三级物流配送体系，引导利用村内现有设施，建设村级寄递物流综合服务站，发展专业化农产品寄递服务。宣传推广农村物流服务品牌，深化交通运输与邮政快递融合发展，提高农村物流配送效率。

（六）实施数字乡村建设发展工程

推进数字技术与农村生产生活深度融合，持续开展数字乡村试点。加强农村信息基础设施建设，深化农村光纤网络、移动通信网络、数字电视和下一代互联网覆盖，进一步提升农村通信网络质量和覆盖水平。加快建设农业农村遥感卫星等天基设施。建立农业农村大数据体系，推进重要农产品全产业链大数据建设。发展智慧农业，深入实施“互联网+”农产品出村进城工程和“数商兴农”行动，构建智慧农业气象平台。推进乡村管理服务数字化，推进农村集体经济、集体资产、农村产权流转交易数字化管理。推动“互联网+”服务向农村延伸覆盖，推进涉农事项在线办理，加快城乡灾害监测预警信息共享。深入实施“雪亮工程”。深化乡村地名信息服务提升行动。

（七）实施村级综合服务设施提升工程

推进“一站式”便民服务，整合利用现有设施和场地，完善村级综合服务站点，支持党务服务、基本公共服务和公共事业服务就近或线上办理。加强村级综合服务设施建设，进一步提高村级综合服务设施覆盖率。加强农村全民健身场地设施建设。推进公共照明设施与村内道路、公共场所一体规划建设，加强行政村村内主干道路灯建设。加快推进完善革命老区、民族地区、边疆地区、欠发达地区基层应急广播体系。因地制宜建设农村应急避难场所，开展农村公共服务设施无障碍建设和改造。

（八）实施农房质量安全提升工程

推进农村低收入群体等重点对象危房改造和地震高烈度设防地区农房抗震改造，逐步建立健全农村低收入群体住房安全保障长效机制。加强农房周边地质灾害综合治理。深入开展农村房屋安全隐患排查整治，以用作经营的农村自建房为重点，对排查发现存在安全隐患的房屋进行整治。新建农房要避开自然灾害易发地段，顺应地形地貌，不随意切坡填方弃渣，不挖山填湖、不破坏水系、不砍老树，形成自然、紧凑、有序的农房群落。农房建设要满足质量安全和抗震设防要求，推动配置水暖厨卫等设施。因地制宜推广装配式钢结构、木竹结构等安全可靠的新型建造方式。以农村房屋及其配套设施建设为主体，完善农村工程建设项目管理制度，省级统筹建立从用地、规划、建设到使用的一体化管理体制机制，并按照“谁审批、谁监管”的要求，落实安全监管责任。建设农村房屋综合信息管理平台，完善农村房屋建设技术标准和规范。加强历史文化名镇名村、传统村落、传统民居保护与利用，提升防火防震防垮塌能力。保护民族村寨、特色民居、文物古迹、农业遗迹、民俗风貌。

（九）实施农村人居环境整治提升五年行动

推进农村厕所革命，加快研发干旱、寒冷等地区卫生厕所适用技术和产品，因地制宜选择改厕技术模式，引导新改户用厕所基本入院入室，合理规划布局公共厕所，稳步提高卫生厕所普及率。统筹农村改厕和生活污水、黑臭水体治理，因地制宜建设污水处理设施，基本消除较大面积的农村黑臭水体。健全农村生活垃圾收运处置体系，完善县、乡、村三级设施和服务，推动农村生活垃圾分类减量与资源化处理利用，建设一批区域农村有机废弃物综合处置利用设施。加强入户道路建设，构建通村入户的基础网络，稳步解决村内道路泥泞、村民出行不便、出行不安全等问题。全面清理私搭乱建、乱堆乱放，整治残垣断壁，加强农村电力线、通信线、广播电视线“三线”维护梳理工作，整治农村户外广告。因地制宜开展荒山荒地荒滩绿化，加强农田（牧场）防护林建设和修复，引导鼓励农民开展庭院和村庄绿化美化，建设村庄小微公园和公共绿地。实施水系连通及水美乡村建设试点。加强乡村风貌引导，编制村容村貌提升导则。

（十）实施农村基本公共服务提升行动

发挥县域内城乡融合发展支撑作用，强化县城综合服务功能，推动服务重心下移、资源下沉，采取固定设施、流动服务等方式，提高农村居民享受公共服务的可及性、便利性。优先规划、持续改善农村义务教育学校基本办学条件，支持建设城乡学校共同体。多渠道增加农村普惠性学前教育资源供给。巩固提升高中阶段教育普及水平，发展涉农职业教育，建设一批产教融合基地，新建改扩建一批中等职业学校。加强农村职业院校基础能力建设，进一步推进乡村地区继续教育发展。改革完善乡村医疗卫生体系，加快补齐公共卫生服务短板，完善基层公共卫生设施。支持建设紧密型县域医共体。加强乡镇卫生院发热门诊或诊室等设施条件建设，选建一批中心卫生院。持续提升村卫生室标准化建设和健康管理水平，推进村级医疗疾控网底建设。落实乡村医生待遇，保障合理收入，完善培养使用、养老保障等政策。完善养老助残服务设施，支持有条件的农村建立养老助残机构，建设养老助残和未成年人保护服务设施，培育区域性养老助残服务中心。发展农村幸福院等互助型养老，支持卫生院利用现有资源开展农村重度残疾人托养照护服务。推进乡村公益性殡葬服务设施建设和管理。开展县乡村公共服务一体化示范建设。

（十一）加强农村基层组织建设

深入抓党建促乡村振兴，充分发挥农村基层党组织领导作用和党员先锋模范作用。大力开展乡村振兴主题培训。选优配强乡镇领导班子特别是党政正职。充实加强乡镇工作力量。持续优化村“两委”班子特别是带头人队伍，推动在全面推进乡村振兴中干事创业。派强用好驻村第一书记和工作队，健全常态化驻村工作机制，做到脱贫村、易地扶贫搬迁安置村（社区）、乡村振兴任务重的村、党组织软弱涣散村全覆盖，推动各级党组织通过驻村工作有计划地培养锻炼干部。加大在青年农民特别是致富能手、农村外出务工经商人员中发展党员力度。强化县级党委统筹和乡镇、村党组织引领，推动发展壮大村级集体经济。常态化整顿软弱涣散村党组织。完善党组织领导的乡村治理体系，推行网格化管理和服务，做到精准化、精细化，推动建设充满活力、和谐有序的善治乡村。推进更高水平的平安法治乡村建设，依法严厉打击农村黄赌毒、侵害农村妇女儿童人身权利等各种违法犯罪行为，切实维护农村社会平安稳定。

（十二）深入推进农村精神文明建设

深入开展习近平新时代中国特色社会主义思想学习教育，广泛开展中国特色社会主义和中国梦宣传教育，加强思想政治引领。弘扬和践行社会主义核心价值观，推动融入农村发展和农民生活。拓展新时代文明实践中心建设，广泛开展文明实践志愿服务。推进乡村文化设施建设，建设文化礼堂、文化广场、乡村戏台、非遗传习场所等公共文化设施。深入开展农村精神文明创建活动，持续推进农村移风易俗，健全道德评议会、红白理事会、村规民约等机制，治理高价彩礼、人情攀比、封建迷信等不良风气，推广积分制、数字化等典型做法。

◎材料准备

（1）收集海南藏族自治州贵德县的相关资料，包括“七个转变”“红黑榜”管理等。分析相关政策对该县乡村治理与建设的影响和规范作用，以及它们如何促进乡村社会的稳定和发展。

（2）收集乡村治理与建设方面的法律文件，主要包括：《村民委员会组织法》。

（3）收集乡村治理与建设方面的政策文件，主要包括：2024 年中央一号文件。

任务筹划

1. 内容筹划

将收集到的乡村治理有关政策文件进行整理归纳，抽取其中的主要原则和重点内容，以确保对政策的全面理解；分析这些政策对于乡村治理与建设的推动作用，以及对农村经济、社会和生态方面的影响。

2. 方法筹划

（1）研读法。针对不同政策，采用适当的方法进行深入研究，包括研读政策文件、对比分析不同政策的异同点。

（2）案例分析法。通过讨论以加深对政策内涵的理解，分析相关政策对海南藏族自治州贵德县乡村治理与建设的影响和规范作用，以及它们如何促进乡村社会的稳定和发展。

3. 流程筹划

第一步：深入了解海南藏族自治州贵德县的背景资料。

第二步：根据背景资料，查找相关的政策法规。

第三步：从相关政策法规中找出关键的条款。

第四步：分析相关政策对海南藏族自治州贵德县乡村治理与建设的影响和规范作用，以及其如何促进乡村社会的稳定和发展。

任务实施

步骤一：

步骤二：

步骤三：

步骤四：

任务检测

使用微信扫码进入在线测试，可反复多次答题，直到获得满意的结果。

任务检测

任务评价

任务评价表

班级：＿＿＿＿＿＿＿＿＿＿　组别：＿＿＿＿＿＿＿＿＿＿　姓名：＿＿＿＿＿＿＿＿＿＿

<table>
<tr><td colspan="5">小组成员</td></tr>
<tr><td>姓名</td><td>学号</td><td colspan="3">组内分工</td></tr>
<tr><td></td><td></td><td></td><td></td><td></td></tr>
<tr><td></td><td></td><td></td><td></td><td></td></tr>
<tr><td></td><td></td><td></td><td></td><td></td></tr>
<tr><td></td><td></td><td></td><td></td><td></td></tr>
<tr><td></td><td></td><td></td><td></td><td></td></tr>
<tr><td>项目</td><td>评分标准</td><td>自我评价</td><td>小组评价</td><td>教师评价</td></tr>
<tr><td rowspan="2">基本素质
（30分）</td><td>学习态度（10分）</td><td></td><td></td><td></td></tr>
<tr><td>团队协作（20分）</td><td></td><td></td><td></td></tr>
<tr><td rowspan="3">知识技能
（40分）</td><td>熟悉青海省乡村治理与乡村建设相关的几个主要政策法规文件（10分）</td><td></td><td></td><td></td></tr>
<tr><td>掌握几个主要政策法规文件的主要内容（10分）</td><td></td><td></td><td></td></tr>
<tr><td>能够分析出政策对贵德县乡村治理与建设的影响和规范作用，以及其如何促进乡村社会的稳定和发展（20分）</td><td></td><td></td><td></td></tr>
<tr><td>任务完成质量
（20分）</td><td>出色完成任务（20分），较好完成任务（12~ 19分），基本完成任务（6~11分），较差完成任务（0~5分）</td><td></td><td></td><td></td></tr>
<tr><td>思政表现
（10分）</td><td>对法律法规是否重视（10分）</td><td></td><td></td><td></td></tr>
<tr><td colspan="2">合计</td><td></td><td></td><td></td></tr>
<tr><td>自我评价与总结</td><td colspan="4"></td></tr>
<tr><td>教师点评</td><td colspan="4"></td></tr>
</table>

课程思政专栏

边麻掌村“四个三”推进乡风文明建设试点工作

【课程思政关键词】讲文明；爱家乡；美家园

近年来，青海省门源县西滩乡紧紧围绕乡村振兴和乡风文明建设，狠抓边麻掌村全州乡风文明建设试点工作，坚持素养提升与道德教化、革除陋习与倡树新风、服务保障与制度约束共推进，通过“四个三”工作措施，有效提高了村民思想道德文化素质，提升了乡风文明程度，农村精神文明呈现新气象。

1. 突出“三个引领”，推动大联动大提升

突出党建引领，严格落实党支部的主体责任和战斗堡垒作用，突出宣传引领，充分利用宣传栏、横幅、微信群等形式，结合“一讲两办三推”、民族团结“十进”等活动，积极开展对广大群众的宣传引领，进一步营造了人人参与文明建设的良好氛围。突出示范引领，充分发挥乡、村优秀党员、道德模范等典型带动作用。

2. 围绕“三项载体”，营造优氛围新风尚

文体带动，丰富精神文化生活。依托农村精神文明和意识形态建设，全面建设了村级宣传栏、道德讲堂、微信工作群等宣传阵地。眉户助力，推进民风潜移默化。坚持以文化人，积极有效盘活非遗文化，在党支部的带领下，建设了眉户戏百年历史文化展馆，展馆建立以来接待各类参观学习团队50余次。机制兜底，实现激励约束并重。

3. 注重“三治结合”，培育新农民新风貌

自治为基，增强村民自治化功能。注重提升村民自我管理、自我服务功能，以老干部、老党员、乡贤能人为主体组建“村级顾问团”，自下而上修订完善村规民约，创编《村规民约七字经》，做到每户上墙，实现人人知准则、户户守规范。法治为纲，提升乡村法治化水平。加强乡村法治建设，扎实开展“七五”普法，联合乡司法所、派出所进行法律进村宣传活动，引导群众遵法、学法、守法、用法。并在重大节点节日期间，积极开展维稳、安全生产、食品药品等排查整改，依法加强对村务治理的指导、对农村各类问题的预防和监管，切实规范了广大群众的日常行为。德治为领，注重社会德育化渗透。注重培育良好村风民风，通过“先进模范引、特色活动促”等方式增强感召力影响力，深入开展“五星级文明户”“善行义举”道德榜、“美丽庭院”“好婆婆好媳妇”和“最美青少年”等评选活动，形成了学有榜样、赶有目标、见贤思齐的良好氛围。

4. 结合“三大工程”，提升软环境硬实力

精准扶贫夯基础，贴近群众全面实施精神文明建设惠民工程，通过“高原美丽乡村”建设、精准扶贫等工作，实现了村村有活动广场，不断完善了村级服务中心、文化室、农家书屋标准化建设。扫黑除恶强保障，坚持“思想引领 + 解忧办事”，结合扫黑除恶专项行斗争、民族团结进步创建等活动，积极关注并妥善处置涉及群众切身利益的热点难点问题。卫生整治优环境，按照“清三堆”“治三乱”“清三线”“治四片”的目标，全面开展

村庄脏、乱、差整治，落实村“两委”、党员、保洁员、护林员对公共区域的片区责任制，逐户签订《“门前三包”责任书》，对农户实行“月评比年奖励”机制，进行挂牌激励，引导群众树立了良好的卫生习惯，为乡风文明建设奠定了生态环境基础。

（资料来源：农民日报）

【启示】美丽乡村让人民生活更美好，乡风文明让人民生活更幸福。试点建设工作开展以来，有效激发了村民“讲文明、爱家乡、美家园”的热情，现如今的边麻掌基础设施更完善、生态环境更优美、人文风貌更文明，全村呈现一派乡风文明新气象。乡风文明是乡村振兴的重要标志和有力保障，近年来，门源县全面落实中央、省、州文明委关于推进乡风文明建设的工作部署，坚持以人民为中心的发展思想，以培育和践行社会主义核心价值观为根本，以乡风民风美起来、人居环境美起来、文化生活美起来为目标，以刹住红白事大操大办、铺张浪费、虚荣攀比等陈规陋习为重点，着力提升农牧民群众文明素养和农牧区社会文明程度，助推门源乡村振兴工作再上新台阶。

任务四　了解农牧区文化与宗教政策法规

任务导入

2014 年 5 月 28 日，中共中央总书记、国家主席、中央军委主席习近平在出席第二次中央新疆工作座谈会时曾指出：要坚定不移坚持党的民族政策、坚持民族区域自治制度。民族团结是各族人民的生命线。要高举各民族大团结的旗帜，在各民族中牢固树立国家意识、公民意识、中华民族共同体意识，最大限度团结依靠各族群众，使每个民族、每个公民都为实现中华民族伟大复兴的中国梦贡献力量，共享祖国繁荣发展的成果。各民族要相互了解、相互尊重、相互包容、相互欣赏、相互学习、相互帮助，像石榴籽那样紧紧抱在一起。要加强民族交往交流交融，部署和开展多种形式的共建工作，推进“双语”教育，推动建立各民族相互嵌入式的社会结构和社区环境，有序扩大新疆少数民族群众到内地接受教育、就业、居住的规模，促进各族群众在共同生产生活和工作学习中加深了解、增进感情。

请结合实际情况，制作一份民族团结知识宣传册，并策划一场“民族团结宣传月”活动。

任务准备

◎知识准备

一、农牧区文化特点

受历史、政治、经济、地理等因素影响，当前，我国农牧区文化呈现区域性、多元化、宗教性特点。

（一）区域性

受地形、降水等因素影响，我国的农牧区主要分布于西北地区和青藏地区，农牧区文化具有明显的区域性。

（二）多元化

我国农牧区主要分布的民族有汉族、蒙古族、维吾尔族、哈萨克族、藏族等，多民族交叉分布，各民族文化相互交融，长久发展后便形成了文化多元化。

（三）宗教性

受历史、习俗等因素影响，我国农牧区形成了独特的文化系统——“宗教文化”。“宗教文化”主要有三种：北方草原文化、印度文化、波斯—阿拉伯文化，相互影响、相互渗透、相互适应。

二、农牧区民族政策

（一）民族政策内涵

党的民族政策是指国家和政党为调节民族关系、处理民族问题而采取的相关措施、规定等的总和。从世界范围来看，民族政策的实质和作用有积极和消极之分，前者如民族平等、民族团结和民族发展政策；后者如种族隔离、种族歧视政策等。从内容来看，有政策原则和政策措施之分。

民族政策是党和政府根据马克思主义民族理论，结合我国多民族的基本国情和民族问题长期存在的客观实际制定的，其本质是促进各民族平等团结、发展进步和共同繁荣，是我们正确认识和处理民族问题的重要行为准则，是我国政策体系的重要组成部分。

中国民族政策的基本原则是平等、团结、互助、和谐和各民族共同繁荣。其中，平等是基石，团结是主线，互助是保障，和谐是本质，共同繁荣是目标。它们之间，在逻辑上相互衔接，在内容上相互充实，在实践上相互促进。这是一条贯穿中国民族政策体系的红线。

（二）民族政策主要内容

1. 坚持民族平等团结

在中国，民族平等是指各民族不论人口多少，经济社会发展程度高低，风俗习惯和宗教信仰异同，都是中华民族大家庭的平等一员，具有同等的地位，在国家社会生活的一切方面，依法享有相同的权利，履行相同的义务，反对一切形式的民族压迫和民族歧视。民族团结是指各民族在社会生活和交往中平等相待、友好相处、互相尊重、互相帮助。民族平等是民族团结的前提和基础，没有民族平等，就不会实现民族团结；民族团结则是民族平等的必然结果，是促进各民族真正平等的保障。

民族平等和民族团结作为我国解决民族问题的政策，在中国的宪法和有关法律中得到明确规定。《中华人民共和国宪法》规定："中华人民共和国各民族一律平等。国家保障各少数民族的合法权利和利益，维护和发展各民族的平等团结互助和谐关系。禁止对任何民族的歧视和压迫。禁止破坏民族团结和制造民族分裂的行为。"

2. 民族区域自治

民族区域自治，是中国政府解决民族问题采取的一项基本政策，也是中国的一项重要政治制度。民族区域自治制度与人民代表大会制度、中国共产党领导的多党合作、政治协商制度一样，同为我国三大基本政治制度之一。民族区域自治是在国家的统一领导下，各少数民族聚居的地方实行民族区域自治，设立自治机关，行使自治权，使少数民族人民当家作主，自己管理本自治地方的内部事务。

民族区域自治是与中国的国家利益和各民族人民的根本利益相一致的。实行民族区域自治，保障了少数民族在政治上的平等地位和平等权利，极大地满足了各少数民族积极参与国家政治生活的愿望。根据民族区域自治的原则，一个民族可以在本民族聚居的地区内单独建立一个自治地方，也可以根据它分布的情况在全国其他地方建立不同行政单位的多个民族自治地方；实行民族区域自治，既保障了少数民族当家作主的自治权利，又维护了国家的统一；实行民族区域自治，有利于把国家的方针、政策和少数民族地区的具体实际结合起来，有利于把国家的发展和少数民族的发展结合起来，发挥各方面的优势。

中国的民族区域自治制度有如下两个显著的特色：一是中国的民族区域自治，是在国家统一领导下的自治，各民族自治地方都是中国不可分离的部分，各民族自治地方的自治机关都是中央政府领导下的一级地方政权，都必须服从党中央集中统一领导。上级国家机关在制定各项政策和计划、进行国家经济文化建设时，必须充分考虑各民族自治地方的具体情况和需要，动员各方面的力量予以帮助和支持。二是中国的民族区域自治，不只是单纯的民族自治或地方自治，而是民族因素与区域因素的结合，是政治因素和经济因素的结合。在中国，实行民族区域自治，既要有利于国家统一、社会稳定和民族团结，又要有利于实行自治的民族的发展和进步，有利于国家的建设。

知识链接

《中华人民共和国民族区域自治法》

截至目前，中国有民族自治地方 155 个，其中自治区 5 个、自治州 30 个、自治县（旗）120 个。

3. 发展少数民族地区经济文化事业

中华人民共和国成立后，国家尽一切努力，促进各民族的共同发展和共同繁荣。国家根据民族地区的实际情况，制定和采取了一系列特殊的政策和措施，帮助、扶持民族地区发展经济，并动员和组织汉族发达地区支援民族地区。《中华人民共和国民族区域自治法》中，有十三条规定了上级国家机关帮助民族自治地方发展的义务。国家在制定国民经济和社会发展计划时，有计划地在少数民族地区安排一些重点工程，调整少数民族地区的经济结构，发展多种产业，提高综合经济实力。特别是随着近年来中国改革开放的不断深入发展，国家加大了对少数民族地区的投资力度，加快了少数民族地区对外开放的步伐，使少数民族地区的经济发展呈现新的活力。

4. 培养少数民族干部

大力培养少数民族干部，是实行民族区域自治、解决民族问题的关键。中国共产党和中国政府历来十分重视少数民族干部的培养，把少数民族干部队伍发展状况看作衡量一个民族发展水平的重要标志。根据不同历史时期的实际情况，党和政府采取了一系列行之有效的措施：一是根据民族工作以及社会发展的需要，通过各级各类院校培训学习，全面提高少数民族干部素质。二是注重实践锻炼，各地、各部门有计划地开展干部交流、岗位轮换，选派少数民族干部到中央、国家机关和经济相对发达地区挂职锻炼，培养了大批少数民族干部，促进了少数民族地区经济社会的快速发展。三是在坚持德才兼备原则的前提下，同等条件优先选拔和使用少数民族干部，使少数民族干部在各级党委、政府、人大和政协等领导班子中占有适当比例。

5. 发展少数民族科教文卫等事业

在发展少数民族教育事业方面，国家坚持从少数民族的特点和民族地区的实际出发，积极支持和帮助少数民族发展教育事业。如赋予和尊重少数民族自治地方自主发展民族教育的权利，重视民族语文教学和双语教学，加强少数民族师资队伍建设，在经费上给予特殊照顾，积极开展内地省市对少数民族地区教育的对口支援等。

在发展少数民族科技事业方面，国家采取了许多特殊措施，例如，重点培养、培训少数民族科技人员，在普通高等院校有计划地招收少数民族学生或举办民族班；帮助少数民族和民族地区引进人才和先进技术设备，改造传统产业和传统产品，扶植提高传统科技，提高经济效益等。

对少数民族地区的卫生事业，国家有关政策强调，要加强少数民族地区卫生队伍的建设，切实做好防病治病和妇幼卫生工作，大力扶持发展民族医药事业等。

在繁荣少数民族文化政策方面，国家扶持和帮助少数民族发展文化事业，组建民族文化艺术团体，培养少数民族文艺人才，繁荣民族文艺创作。

6. 使用和发展少数民族语言文字

中国各民族都有使用和发展自己语言文字的自由和权利。《中华人民共和国宪法》规定："各民族都有使用和发展自己语言文字的自由。""民族自治地方的自治机关在执行公务的时候，依照本民族自治地方自治条例的规定，使用当地通用的一种或者几种语言文字。"《中华人民共和国民族区域自治法》第十条规定："民族自治地方的自治机关保障本地方各民族都有使用和发展自己的语言文字的自由。"第二十一条规定："民族自治地方的自治机关在执行职务的时候，依照本民族自治地方自治条例的规定，使用当地通用的一种或者几种语言文字；同时使用几种通用的语言文字执行职务的，可以以实行区域自治的民族的语言文字为主。"第三十七条规定："招收少数民族学生为主的学校（班级）和其他教育机构，有条件的应当采用少数民族文字的课本，并用少数民族语言讲课。""各级人民政府要在财政方面扶持少数民族文字的教材和出版物的编译和出版工作。”第四十七条规定：“保障各民族公民都有使用本民族语言文字进行诉讼的权利。”

7. 尊重少数民族风俗习惯

中国各少数民族都有自己的风俗习惯，表现在服饰、饮食、居住、婚姻、礼仪、丧葬等多方面。国家尊重少数民族的风俗习惯，少数民族享有保持或改革本民族风俗习惯的权利。在社会生活的各方面，政府对少数民族保持或改革本民族风俗习惯的权利加以保护。第一，尊重少数民族的饮食习惯。第二，尊重和照顾少数民族年节习惯。第三，尊重少数民族婚姻习惯。第四，尊重少数民族丧葬习俗。第五，在大众传播媒介中，防止侵犯少数民族风俗习惯的事情发生。第六，尊重少数民族改革自己风俗习惯的自由。

8. 尊重和保护少数民族宗教信仰自由

中国是一个有着多种宗教的国家，主要有佛教、道教、伊斯兰教、天主教、基督教等。中国少数民族群众大多有宗教信仰，有的民族群众性的信仰某种宗教，如藏族群众信仰藏传佛教。有一些民族信仰同一种宗教，如我国有 10 个民族信仰伊斯兰教。《中华人民共和国宪法》规定：“中华人民共和国公民有宗教信仰自由。”在中国，宗教信仰自由，即每个公民有信仰宗教的自由，也有不信仰宗教的自由；有信仰这种宗教的自由，也有信仰那种宗教的自由；在一种宗教里面，有信仰这个教派的自由，也有信仰那个教派的自由；有过去不信教现在信教的自由，也有过去信教现在不信教的自由。目前，中国有清真寺 3 万座。在西藏自治区，有藏传佛教各类宗教活动场所 1 700 多处。

中华人民共和国成立以来的实践证明，中国的民族政策是成功的，走出了一条符合自己国情的解决民族问题和实现各民族共同发展、共同繁荣的正确道路。中国政府相信，随着国家改革开放和现代化建设事业的发展，中国各民族必将得到更快、更好的发展，中国各民族平等、团结、互助、和谐的关系必将得到进一步巩固和发展。

（三）民族政策的特点

1. 体系完备

中国政府始终站在战略和全局的高度，研究民族问题，制定民族政策，形成了由中央政府、地方政府、政府部门制定的民族政策组成的完备体系。

2. 实事求是

坚持从实际出发制定民族政策，使之适合国情，适应民族发展规律，反映各族人民共同意愿。

3. 与时俱进

注重在实践中发展和完善民族政策，既一以贯之、一脉相承，又不断适应时代的新变化、满足人民的新期待。

4. 重视执行

强调必须全面贯彻落实民族政策，通过加强宣传教育、加强监督检查等措施，确保民族政策落到实处。

5. 中国特色

着眼于中国的实际，注重吸收历史经验，同时又借鉴人类社会一切有益的文明成果和共有的精神财富，使中国的民族政策更好地体现人类进步的共同追求。

（四）民族政策功能及作用

民族政策是中国共产党基于我国国情制定的一项国策。它的出发点和终点应当是维护少数民族和民族地区的根本利益，维护祖国统一和民族利益，理顺民族关系，加强民族团结，调动各少数民族和民族地区建设社会主义国家的积极性，促进民族地区生产力的发展和农牧区经济文化建设，缩小东西部差距，实现各民族真正意义上的平等。

民族政策对民族地区和少数民族政治、经济、社会生活具有正面作用和负面作用之分。科学正确地执行民族政策，能够促进民族地区社会整合、社会互动、社会发展和社会均衡。反之，就会对民族地区和少数民族发展起负面作用，导致种族隔离和引起社会冲突。关于民族政策的社会作用有中介作用、调控作用、标尺作用和催化作用。

三、农牧区宗教政策

（一）宗教政策基本内容

党和国家对民族和宗教问题的基本政策。按《中华人民共和国宪法》第三十六条规定："中华人民共和国公民有宗教信仰自由。任何国家机关、社会团体和个人不得强制公民信仰宗教或者不信仰宗教，不得歧视信仰宗教的公民和不信仰宗教的公民。国家保护正常的宗教活动。任何人不得利用宗教进行破坏社会秩序、损害公民身体健康、妨碍国家教育制度的活动。宗教团体和宗教事务不受外国势力的支配。"其法律含义是：对国家来说，宗教信仰是公民个人的私事，公民既有信仰宗教的自由，也有不信仰宗教的自由；有信仰这种宗教（包括教派）的自由，也有信仰别种宗教的自由；过去不信教，现在信教，过去信教，现在不信教，都是自由的，都受法律的保护，任何人和组织都不得加以干涉。总之，每个中国公民，无论是汉族还是少数民族，在信仰宗教问题上，都是自由的，都有自己选择决定的权利，是个人的私事。

知识链接

《宗教事务条例》

国家保护正常的宗教活动。任何国家机关、社会团体和个人不得强制公民信仰宗教或者不信仰宗教，不得歧视信仰宗教的公民和不信仰宗教的公民。强制公民信仰宗教或者不信仰宗教，或者干扰宗教团体、宗教活动场所正常的宗教活动的，由宗教事务部门责令改正；有违反治安管理行为的，依法给予治安管理处罚。

在多数群众不信教的地方，要注意尊重和保护少数信教群众的权益；在多数群众信教的地方，要注意尊重和保护少数不信教群众的权益。要坚决纠正干涉宗教信仰自由、排斥和歧视信教群众、侵犯宗教团体和宗教活动场所合法权益的现象。

（二）宗教工作基本方针

党的宗教工作基本方针可概括为"四句话"，即"全面贯彻党的宗教信仰自由政策，依法管理宗教事务，坚持独立自主自办的原则，积极引导宗教与社会主义社会相适应"。

1. 全面贯彻党的宗教信仰自由政策

实行宗教信仰自由政策。尊重和保护宗教信仰自由是中国共产党和中国政府对待宗教的基本政策。

2. 依法管理宗教事务

依法管理宗教事务，是指政府根据宪法和有关法律、法规及规范性文件，对宗教方面涉及国家利益、社会公共利益的关系和行为，以及社会公共活动涉及宗教界权益的关系和行为的行政管理。

3. 坚持独立自主自办的原则

宗教团体和宗教事务不受外国势力的支配，是中国宪法确定的原则。中国政府依照宪法和法律，支持各宗教坚持独立自主自办原则，各宗教团体、宗教教职人员和信教公民自主办理宗教事业。

4. 积极引导宗教与社会主义社会相适应。积极引导宗教与社会主义社会相适应，是要引导信教群众热爱祖国、热爱人民，维护祖国统一，维护中华民族大团结，服从服务于国家最高利益和中华民族整体利益。

（三）宗教政策的作用

宗教政策属于上层建筑，是由经济基础决定的，并且反过来为经济基础服务的。中国共产党宗教政策也不例外。这一政策是在长期的革命和建设过程中形成的，是被实践证明符合我国实际的正确的宗教政策。长期以来，中国共产党宗教政策与党的其他政策一道，在夺取和巩固我国的人民民主专政的国家政权中发挥了重要作用。

1. 促使宗教发挥在社会公益和慈善活动方面的独特作用

宗教大都包含有扶危济困、救苦救难、慈悲行善的思想，并将其作为宗教活动的重要组成部分。近年来，通过全面贯彻党的宗教工作基本方针，积极引导宗教与社会主义社会相适应，宗教传统中的积极因素得到了进一步的发挥。如信奉伊斯兰教的各民族积极投身经济建设，发挥自身经商、办企业的优势，兴办经济实体，大力发展餐饮业，涌现出了具有一定规模的大企业，带动了当地经济的发展，促进了广大穆斯林群众生活水平的提高，许多地区出现了鼓励子女上学，倡导和实行计划生育的新景象。此外，各大宗教包含的丰富的道德资源，如追求真善美，反对假恶丑的道德思想和观念，各宗教的“戒律”或“诫命”等神圣的道德规范，可以为建设社会主义提供道德体系服务。

2. 促使宗教发挥其在心理调节方面的独特作用

中国宗教信仰具有极强的心理调节作用。中国宗教信仰的心理调节作用主要表现在四个方面：一是中国宗教信仰可以消减信徒对死亡的恐惧。二是中国宗教信仰可以宣泄信徒日常生活中积累的消极情绪。三是中国宗教信仰可以满足信徒对爱的需要。四是中国宗教信仰可以升华信徒的精神境界。

3. 促使宗教发挥其在文化传播方面的独特作用

从古至今，宗教在文化传播方面是功不可没的。首先，宗教可以直接传播文化知识。例如，佛教由印度传入中国，再由中国向日本、朝鲜半岛、越南等国家和地区传播，在传播的过程中，中国的文化知识也向上述这些国家和地区传播；西方传教士到中国传教也同时带来了西方的文化知识。

4. 促使宗教发挥独特的道德规范功能

一般地说，宗教总是“劝人为善”的，宗教的道德规范，对信教群众有很强的指导和制约作用。各宗教不仅有它自身所提倡的道德，而且强调道德修养。例如：佛教以“普度众生”为要义，强调“一日不作，一日不食”“不偷、不盗、不淫、不贪、不妄语”等。基督教以“爱人如己”为最高诫命，强调“荣神益人”。伊斯兰教强调“仁慈”“行善”“宽恕”“施舍”等。这些道德规范与社会主义的道德规范在内涵上是相协调、相一致的，两者可以起到互相补充、相得益彰的作用。

◎材料准备

（1）熟悉我国民族工作的政策法规，例如，中央第七次西藏工作座谈会会议精神，熟悉《中华人民共和国民族区域自治法》。

（2）了解农牧区民族政策、考察当地民情。

任务筹划

1. 内容筹划

从收集的农村文化与宗教的政策法规中，分析提炼两方面的内容：一是民族政策有利于农牧区政治、经济和文化的发展；二是尊重各民族宗教信仰有利于铸牢中华民族共同体意识。

2. 方法筹划

（1）查阅青海省农牧区民族文化和宗教政策等内容，浏览民族风俗的相关新闻报道。

（2）查阅活动实施方案的格式和内容，从充分了解民情和认真贯彻民族团结方面拟写“民族团结进步宣传月”活动实施方案。

（3）结合当地民族特色，开展“民族团结进步宣传月”活动。

3. 流程筹划

第一步：深入了解“民族团结进步宣传月”的背景材料。

第二步：根据青海省农牧区的民族特色，查找民族团结相关的政策法规资料。

第三步：根据当地民情，草拟并实施“民族团结进步宣传月”活动方案，制作民族团结知识宣传册。

第四步：检验宣传活动效果。

任务实施

步骤一：

步骤二：

步骤三：

步骤四：

任务检测

使用微信扫码进入在线测试，可反复多次答题，直到获得满意的结果。

任务检测

任务评价

任务评价表

班级：________________　组别：________________　姓名：________________

小组成员				
姓名	学号	组内分工		
项目	评分标准	自我评价	小组评价	教师评价
基本素质（30 分）	学习态度（10 分）			
	团队协作（20 分）			
知识技能（40 分）	熟悉我国民族政策的主要内容（10 分）			
	掌握《中华人民共和国民族区域自治法》的主要内容（10 分）			
	完成草拟并实施“民族团结进步宣传月”活动方案，制作民族团结知识宣传册（20 分）			
任务完成质量（20 分）	出色完成任务（20 分），较好完成任务（12~19 分），基本完成任务（6~11 分），较差完成任务（0~5 分）			

（续表）

项目	评分标准	自我评价	小组评价	教师评价
思政表现（10分）	对民族团结、宗教和顺是否重视（10分）			
合计				
自我评价与总结				
教师点评				

课程思政专栏

“十个必须”“六个要”“四个确保”

【课程思政关键词】爱国主义；正确价值观

2021年8月28日至29日，习近平总书记出席中央第七次西藏工作座谈会并发表重要讲话，讲话中特别强调“十个必须”“六个要”“四个确保”，为做好新时代西藏工作提供了根本遵循。

“十个必须”

必须坚持中国共产党领导、中国特色社会主义制度、民族区域自治制度；

必须坚持治国必治边、治边先稳藏的战略思想；

必须把维护祖国统一、加强民族团结作为西藏工作的着眼点和着力点；

必须坚持依法治藏、富民兴藏、长期建藏、凝聚人心、夯实基础的重要原则；

必须统筹国内国际两个大局；

必须把改善民生、凝聚人心作为经济社会发展的出发点和落脚点；

必须促进各民族交往交流交融；

必须坚持我国宗教中国化方向、依法管理宗教事务；

必须坚持生态保护第一；

必须加强党的建设特别是政治建设。

“六个要”

要加强对群众的教育引导，广泛发动群众参与反分裂斗争，形成维护稳定的铜墙铁壁；

要深入开展党史、新中国史、改革开放史、社会主义发展史教育，深入开展西藏地方和祖国关系史教育，引导各族群众树立正确的国家观、历史观、民族观、文化观、宗教观；

要重视加强学校思想政治教育，把爱国主义精神贯穿各级各类学校教育全过程，把爱我中华的种子埋入每个青少年的心灵深处；

要培育和践行社会主义核心价值观，不断增强各族群众对伟大祖国、中华民族、中华文化、中国共产党、中国特色社会主义的认同；

要挖掘、整理、宣传西藏自古以来各民族交往交流交融的历史事实，引导各族群众看到民族的走向和未来，深刻认识到中华民族是命运共同体，促进各民族交往交流交融；

要积极引导藏传佛教与社会主义相适应，推进藏传佛教中国化。

“四个确保”

确保国家安全和长治久安；

确保人民生活水平不断提高；

确保生态环境良好；

确保边防巩固和边境安全。

（资料来源：新华网）

【启示】“十个必须”“六个要”“四个确保”的提出，对坚定中国共产党领导，完善中国特色社会主义制度，发展民族区域自治具有非常重要的促进作用，身为中华儿女，我们每个人都有义务和责任坚持“十个必须”“六个要”“四个确保”，热爱自己的祖国。

项目十 农村社会保障政策法规

项目导读

农村社会保障政策法规是指国家针对农村发展社会保障等方面制定的法律、法规、规划和政策文件，旨在引导和推动农村社会保障事业的可持续发展，增强农民的获得感和安全感。农村社会保障对于维护农村社会和谐稳定，维护社会公平、保障基本人权，全面建设社会主义现代化国家具有重要意义。农村劳动力高质量就业也是农村经济社会发展需要关注的重要问题，对于统筹城乡发展、推进乡村振兴战略更好实施具有重要意义。本项目旨在深入了解新型农村合作医疗、农村社会养老保险、农村社会救助政策和农村劳动力教育与培训政策等，以推动农村社会保障事业健康可持续发展，使农民能共享改革发展成果。

学习目标

知识目标：掌握农村医疗保险的特征和发展。掌握农村养老保险的特征、养老保险法律制度的构成。知晓社会救助的层次体系和农村社会救助制度的构成。了解我国农业劳动力的现状；理解农业劳动力就业的意义及渠道。掌握农村劳动力就业政策的目标和内容。

技能目标：具备一定的农村医疗保险政策解读能力。具备一定的农村养老保险政策分析和解读能力。可以根据农村居民的现实性生活问题，正确解读救助政策。能够查阅、整理分析农牧区劳动力现状资料，分析农牧区劳动力就业的意义和农牧区劳动力就业需解决的问题。用劳动法律法规和政策解决农村劳动力就业问题，促进乡村振兴。

素养目标：树立正确的农村医疗保险责任意识。树立正确的养老保险责任意识。树立互助共济的责任意识。培养学生的学习能力、爱农情怀，解决农牧区劳动力就业问题的能力。

思政目标：鼓励学生担负起医疗保障的宣传引导责任。引导学生能够利用专业知识服务人民，为人民谋福利，为农村居民创造幸福生活。引导学生服务乡村振兴，树立文化自信。

思维导图

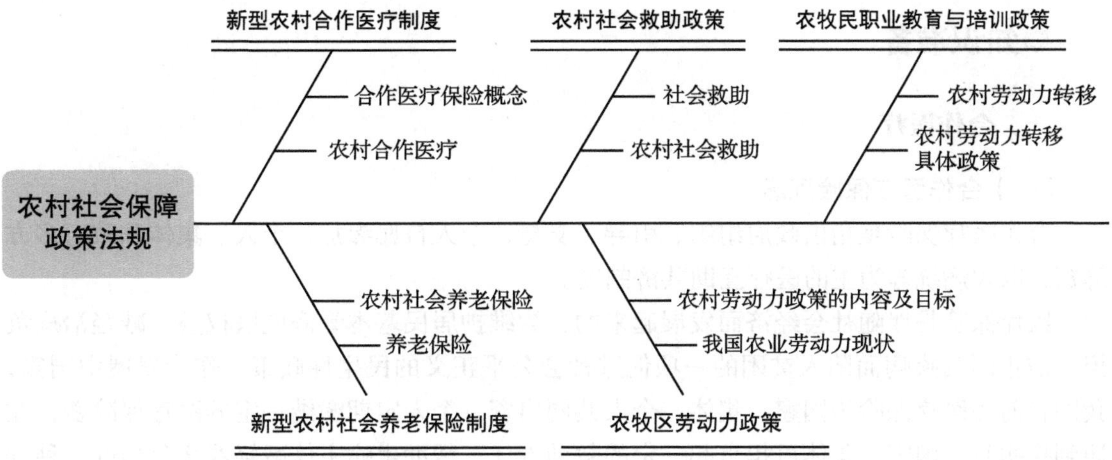

任务一　掌握新型农村合作医疗制度

任务导入

建党百年之际，举国上下实现了脱贫攻坚、全面建成小康社会的宏伟目标，改善了数以亿计农村居民的生活现状。然而，由于我国长期以来的经济发展不平衡格局，农村经济水平远滞后于城镇，“因病返贫”“因病致贫”的风险较高。农村医疗保险制度极大保障了农村居民的基本权益，使农民们病有所治，成为巩固脱贫攻坚战略成果的坚强后盾。

党的十八大以来，青海省医疗保障事业在改革中不断探索前行，特别是新一轮机构改革后，青海省医保局聚焦医保事业发展关系全人口全生命周期需求，省、市、县三级医保部门陆续组建，药品招采使用管理制度得到完善，医疗服务价格动态调整机制逐步建立，医保支付方式改革不断深化，医保基金监管更加严格，医疗救助在全国率先完成省级统筹，医保信息平台在全国首家实现全省范围、全业务功能落地应用，全省人民健康需求有了更加坚实的保障。

请结合案例并查阅资料写出参加合作医疗的好处、农村医疗保险的保障范围和类别。

任务准备

◎知识准备

一、合作医疗

（一）合作医疗保险概念

合作医疗保险是指由政府组织、引导、支持，个人自愿参加，个人、集体和政府多方筹资，以大病统筹为主的医疗互助共济制度。

医疗保险是伴随社会经济而发展起来的，为维护居民基本看病就医权益，减轻治病负担、防止因为疾病而陷入贫困的一项促进社会公平正义的民生性政策。作为发展中国家，我国目前的医疗保险为国家、集体、个人共同出资，个人定期缴纳一定的医疗保险费，在遇到疾病时，国家、集体可担负起一定的救助责任，帮助生病主体减轻看病负担的一种社会救助制度。

（二）合作医疗保险的特征

1. 保障对象的普遍性

医疗保险适用于全体居民，凡是按照国家制度规定缴纳了医疗保险基金，便可享受医疗保险政策优惠。

2. 医疗保险的目的是分散风险，保障民生

目前，虽然我们国家取得了全面建成小康社会的宏伟目标，但就目前的经济发展情况而言，较世界其他发达的完全福利国家还有一定的差距。医疗保险通过将国家、集体等责任主体纳入保障责任范围，极大降低了个人医疗压力，分散了因病致贫、因病返贫的风险。

3. 医疗保险的复杂性和不可预测性

不同于养老保险等其他社会保障政策，因救助个体的患病种类不同、患病时间不同、患病期限不同，医疗保险在实施中面临较大的复杂性和不可预测性。如：不同病种的报销额度不同，患者因病转换就医、医患，甚至转移就医属地等复杂因素，都需要医疗保险政策，完善配套制度，适应实际需求。

二、农村合作医疗

是为解决二元社会结构下农村居民的生活保障问题，防止由于过重的医疗负担压力给农民带来更大的压力，所采取的一项惠及农村居民民生的医疗保障制度，旨在通过该项制度，保护农民的看病就医权益，减轻农户家庭的看病就医负担。

（一）中国特色社会主义的本质要求

农村医疗保险的建立，在一定程度上缓解了农村居民看病难、看病贵的现实问题，通过明确的责任划分，将医疗责任主体分解，进一步明确了国家、村集体的医疗保障责任，

减轻农村居民的看病就医负担，符合共同富裕的新时代中国特色社会主义的本质要求。

（二）缩小城乡差距的有力保证

我国南北发展差异明显，城乡经济发展水平良莠不齐。对于经济发达省份的农村地区来说，已经具备了较为成熟的医疗保障条件，但对于经济欠发达地区，由于长期的经济滞后，完善的医疗保险体系可以助力劳动力的有效流动，进一步缩减城乡二元差距。

（三）减轻农民过重的医疗压力

在农村，“小病挨、大病拖、重病才往医院抬”的情况司空见惯，由于经济原因，农民无法及时就医，因病致贫、因病致死率较高，农户的医疗权益甚至生存权益严重受到威胁，适度有效的养老保险体系，可以缓解农村居民过重医疗压力，为农村居民的生存权益提供保障，增强农户对政府和社会的信心。

三、农村社会医疗保险的发展

伴随着我国经济的发展和经济体制的变革，农村社会养老保险的作用进一步凸显，除发挥维护社会稳定的保障性作用外，还承载着重要的经济保障作用。

（一）农村合作医疗制度

合作医疗，顾名思义，突出医疗保险责任的合作共济属性，强调个人、集体和政府共同担负养老保险的义务。这种制度一方面延续了农村居民合作共助的优良传统，另一方面又明确了政府和农村经济组织的合作义务。在农村合作医疗制度下，农户个人在一定期限内缴纳一部分医疗保险基金，形成专项基金，村集体和政府发挥筹资帮扶责任，共同出资。当农户遇到疾病，可享受一定比例的报销优惠。此种制度是一种初级形式的医疗制度，虽然从现实意义上来看，并未明确养老保险的社会责任，但也为后续养老保险的共济模式提供了参考。

（二）新型合作医疗保险制度

新型合作医疗保险制度，除发挥原有的合作共济优势外，进一步明确了各级政府部门在医疗保险中的具体责任。该项制度建立在农民自愿基础上的，以个人缴纳医疗保险基金为主，集体补助为辅，政府发挥支持作用。除此之外，新型合作医疗保险进一步明确了报销比例，防止“有病无病都看病，大病小病多拿药”的资源浪费现象。

（三）农村医疗保险

随着社会经济的发展，农民生活质量的提升，对医疗保险的需求也提出了多样化的需求，家庭医疗保险，村级行政组织统一投保的新型农村保险形式应运而生。在养老保险的管理上也进行了进一步优化，企业、城镇和农业人口的医疗保险基金纳入统一管理体系，分散了养老医疗保险账户风险，各种相互配套的商业医疗保险也逐步完善。

（四）医疗救助计划

一种纯粹供给形式的无偿医疗救助模式，旨在通过设立政府医疗救助基金或发挥非政府公益机构的救助作用，对医疗保险无法覆盖或者经济特别困难无能力承担医疗保险的特困人群提供医疗保障帮助。它是对农村医疗保险制度的有效补充，体现了社会主义制度的公平性和平等性。

知识链接

《国务院关于开展城镇居民基本医疗保险试点的指导意见》

知识链接

《中共中央 国务院关于深化医疗保障制度改革的意见》

知识链接

《中共中央 国务院关于进一步加强农村卫生工作的决定》

◎材料准备

（1）农村合作医疗相关案例

张某为青海省某村居民，2019 年底，50 岁的张某被诊断为胃癌。为了给张某治病，全家人奔波于全国各大医院。截至 2022 年底，经过近三年的治疗，张某的病情得以控制。得益于新型农村合作医疗制度，张某很大一部分的就医开销可以享受报销政策，农民得了大病也能看得起了。张某和他的家人感慨，幸亏国家政策好，不然几十万的看病费用，对于普通的农民家庭来说是想都不敢想的。

查阅农村合作医疗的相关政策法规，分析农村医疗保险的保障范围和类别主要有哪些。

（2）收集农村合作医疗相关政策文件，主要包括《关于建立新型农村合作医疗制度的意见》。

任务筹划

1. 内容筹划

分类整理青海省出台的有关农村合作医疗的政策文件。

2. 方法筹划

（1）查阅有关农村社会保障政策文件，掌握农村社会医疗保险政策的主要内容。

（2）通过网络或走访调研，掌握家乡农村医疗养老保险政策的实施情况。

（3）案例分析。分析案例中涉及的医疗保障制度的内容。

（4）小组讨论。应该怎样完善和优化家乡当地的农村医疗保险政策。

3. 流程筹划

第一步：分小组查阅有关农村医疗保险的资料。

第二步：根据调查研究和网上查找的资料进一步分析农村医疗保险制度的构成。

第三步：针对当前农村医疗保险存在的问题，组内成员通过讨论给出解决问题的建议或意见。

第四步：分享交流。组内代表将本组走访调查的结果与其他组分享交流。

第五步：教师对每组表现进行点评总结。

任务实施

步骤一：

步骤二：

步骤三：

步骤四：

步骤五：

任务检测

使用微信扫码进入在线测试，可反复多次答题，直到获得满意的结果。

任务检测

任务评价

任务评价表

班级：＿＿＿＿＿＿＿＿　组别：＿＿＿＿＿＿＿＿　姓名：＿＿＿＿＿＿＿＿

小组成员				
姓名	学号	组内分工		

（续表）

项目	评分标准	自我评价	小组评价	教师评价
基本素质（30 分）	学习态度（10 分）			
	团队协作（20 分）			
知识技能（40 分）	掌握农村社会医疗保险政策主要内容（10 分）			
	掌握家乡农村医疗养老保险政策的实施情况（10 分）			
	优化家乡当地的农村医疗保险的措施（20 分）			
任务完成质量（20 分）	出色完成任务（20 分），较好完成任务（12~19 分），基本完成任务（6~11 分），较差完成任务（0~5 分）			
思政表现（10 分）	对社会保障法规是否重视（10 分）			
合计				
自我评价与总结				
教师点评				

课程思政专栏

青海：医疗保险参保人十年增加 57.64 万人增长率达 11.32%

【课程思政关键词】医疗保险；普惠民生活

党的十八大以来，青海省医疗保障事业在改革中不断探索前行，特别是新一轮机构改革后，青海省医保局聚焦医保事业发展关系全人口全生命周期需求，省、市、县三级医保部门陆续组建，药品招采使用管理制度得到完善，医疗服务价格动态调整机制逐步建立，医保支付方式改革不断深化，医保基金监管更加严格，医疗救助在全国率先完成省级统筹，医保信息平台在全国首家实现全省范围、全业务功能落地应用，全省人民健康需求有了更加坚实的保障。

制度体系日益健全。青海省在 2016 年率先实现城乡居民基本医保省级统筹的基础上于 2021 年在全国率先启动实施医疗救助省级统筹，为构建多层次医疗保障体系奠定了坚实基础。同时研究出台《关于建立医疗保障待遇清单制度的实施意见》，保障了全省医保政策纵向统一、待遇横向均衡和基金安全可持续运行。基本医疗保险制度和政策体系不断完善，基本医疗保险、大病保险与医疗救助三重保障功能持续强化。

医保待遇稳步提升。青海省城乡居民基本医疗保险个人筹资标准由2012年的400元提高到2022年的1 030元，基金保障能力大幅提升。城乡居民医保普通门诊最高支付限额由每人每年累计120元提高到300元，报销范围扩大至所有定点医疗机构，政策范围内医疗费用报销比例达到50%以上。同时建立职工医保门诊共济保障机制，出台实施办法，改革个人账户，统一保障政策，规范账户使用。

巩固医保脱贫成果与乡村振兴有效衔接。青海省脱贫人口实现应保尽保，联合6部门在全国率先出台《关于巩固拓展医疗保障脱贫攻坚成果有效衔接乡村振兴战略实施方案》，将城乡居民大病保险起付线统一为年度内累计达到12 000元，政策范围内报销比例80%，不设封顶线；对特困供养对象、孤儿、低保对象、返贫致贫人口实施倾斜保障政策，大病保险起付线降低50%，报销比例提高5%。2019年以来，医疗救助、资助困难群众参保205.76万人次，累计资助金额4.76亿元。医药服务管理提质增效。青海省医保局成立以来，全省共有90.3万人次享受特药政策，医保基金支付5.43亿元。同时大力支持民族医药发展，通过积极推荐争取，目前青海省30种藏药成功入选国家医保目录；99种藏药和1 126种藏（蒙）医院制剂纳入省级医保目录，是省医保局成立前的2.8倍。

（资料来源：北青网）

【启示】我国的农村合作医疗最早称为新型农村合作医疗，后来与城镇基本医疗保险合并为城乡基本医疗保险。巩固和完善城乡基本医疗保险制度，减轻了农民医疗负担，为农民“病有所医，医有所保”提供了切实可靠的保障，为解决看病难、看病贵、因病返贫等问题提供了解决办法。

任务二　理解新型农村社会养老保险制度

任务导入

养老保险问题关乎民生，是促进社会和谐和实现全面建成小康社会的重要保证。根据2022年国家统计局数据显示，截至2022年底，全国60岁及以上老年人口28 004万人，占总人口的19.8%，其中65岁及以上人口20 978万人，占总人口的14.9%。一直以来，农业问题是党和国家领导人关心的重点问题，而农民问题又是重中之重。农村社会养老保险制度，是保障老年人口权益的有力后盾，是促进农村经济发展的强大动力[①]。

① 数据来源：2023年《国民经济和社会发展事业公报》。

请收集整理相关资料，并实地调研，写一份某地农村社会养老保险实施情况调研报告。

任务准备

◎知识准备

一、养老保险

从法律层面而言，养老保险是农民个人和集体根据各自的缴费责任，通过养老保险金的缴纳，按照基金累计的方式，获得的在老年期能够享有基本生活保障的一项制度规定。从责任层面而言，养老保险是基于国家、集体和个人三方面的共同责任，按照自己的职责范围，通过缴纳一定的费用，从而为自己年老后的生活提供物质和精神保障。从目的性而言，养老保险是国家通过立法的强制性，通过年轻时期相关费用的缴纳，从而达到在年老后获得基本生活保障的目的。

综上，养老保险是国家和政府为了使居民在年老后获得基本的物质和精神保障，依靠国家、集体和个人三方的共同责任，按照分源筹资、累计积累的方式而形成的一种专门用于养老保险支出的法律制度安排。

二、农村社会养老保险的发展

农村社会养老保险就是在养老保险的基础上，把保障的区域重点集中于农村，由国家、村集体和农户三方共同承担缴费责任，在国家法律保障的基础上建立的一套符合农村经济发展、适应农村居民生活需求的制度保障。

（一）新型农村养老保险制度

《关于开展新型农村社会养老保险试点的指导意见》是国务院于 2009 年出台的一项专门针对农村居民的养老保险制度。该项制度打破了长期二元化社会结构下，我国城乡养老保险制度不完善、不统一，甚至不公平的瓶颈，翻开了农村养老保险制度的新的篇章，使得农村居民在法规层面有了明确的养老保障。

（二）城乡统一的养老保险制度

2014 年国务院出台了《关于建立统一的城乡居民基本养老保险制度的意见》，自此标志着我国实现了农村和城市地区居民养老保险制度的整合，从制度层面彻底实现了城市和农村的统一，维护了我国经济社会的公平统一。该项制度以增强公平性、适应性和流动性，保证可持续发展为重点，全面推进和不断完善全体城乡居民的基本养老保险制度，充分发挥社会保障对人民基本生活、调节社会收入分配、促进城乡经济社会协调发展的重要作用。

三、农村社会养老保险的特征

农村社会养老保险制度的建立与完善，为数以亿计的农村老年居民带来了福音。传统的生孩养老、土地养老的方式正在进一步弱化，养老的家庭压力也在逐渐减弱，互助共济的社会养老模式，解决了游离于养老保障“安全网”之外的农村居民养老权益，更是实现乡村振兴宏伟战略的有力保障。

知识链接

《青海省社会保障工作举措有力，效果明显》

（一）参保对象的普遍性

与农村救助、医疗保障等社会保障措施不同，养老保险在保障对象上最为显著的特点便是普遍性，即在任何情况下，不论收入高低、不论身体健康与否，养老是每一个农村居民都会面临的现实性生存问题。农村社会养老保险在参保对象上并未划定严格的限制条件，只要是农村户口且达到了缴费要求，在达到法定领取养老金的年龄后，即可获得养老保险资金补助。伴随城乡统一的居民社会养老保险制度的完善和实施，对于户籍的限制也是越来越弱化。

（二）福利性保障措施

社会养老保险的初衷在于提高居民老年生活水平，与农村低保相比，其主旨在于生活水平的提升和富足，而非仅仅为了达到“活下去”的最底层需要，而是在于居民的生活水平、居民的生活满意度的满足，是一种更高层次的保障措施。

（三）制度责任的明确化

与传统的“养儿防老”和“土地养老”不同，农村社会养老更加突出了养老保险责任的社会化，政府、村集体和个人都在养老保险中担负一定的主体责任，这既体现了我国社会制度中一切以人民为中心的政府责任使命，又改善了长期以来二元不均衡社会格局下，农村居民“老无所养”或养老保障水平低下的不均衡发展格局，进一步提升农村居民养老保障水平的效率性和公平性，进而促进城乡统一均衡发展。

（四）收益的长期性

养老保险制度中明确规定，农村居民的养老保险要从年轻时就开始缴纳养老保险，年老后才能享受相应的待遇。所以，养老保险从缴纳金额到享受待遇至少要经过 15 年的时间，因此农村养老保险对于农村居民来说具有收益的长期性。

（五）保障资金的明确性

在农村社会养老保险政策中，明确规定了个人和政府的责任，养老保险基金账户的构成及管理办法，按照现在的个人账户与累计账户相协调养老保险金账户管理制度，农民个人可自主选择个人缴费金额，形成个人账户。政府管理部门则会根据农户的缴费金额、缴费年限等，为农户开立“累计账户”，待农户达到领取养老保险金的条件后，根据个人账户和累计账户获得养老保险金额。因此，参保农户可根据当下的缴费金额和养老保险金核算方法，明确将来自己每月能够领取到的养老保险数额，从而达到“多缴多得”的养老保险激励机制。

四、农村社会养老保险法律制度构成

（一）《中华人民共和国社会保险法》

《中华人民共和国社会保险法》（以下简称《社会保险法》）是一部涵盖保险相关内容的综合性法律，它是我国现行的具有最高效力的、在养老保险方面最高层次的、法律层面的保障。虽然养老保险是我国保险领域中的重要组成部分，但是在《社会保险法》中，并未对农村养老保险做出详尽的规定，其中仅仅只有三条涉及农村养老保险方面的内容。

《社会保险法》第二十条对农村养老保险的缴费主体、补助政策和筹资方式做了详细的规定。第二十一条对农村社会养老保险待遇做了详细规定。第二十二条对城镇居民养老保险做了明确的规定，要求政府在养老保险制度执行过程中要根据实际情况进行调整。

（二）《国务院关于开展新型农村养老保险试点的指导意见》

2009 年国务院出台的《国务院关于开展新型农村养老保险试点的指导意见》第一次对农村地区的养老保险从制度层面给出了明确的规定。该项制度规定对养老保险制度的基本原则、参保范围和筹集渠道都做出了相应的规定。《国务院关于开展新型农村养老保险试点的指导意见》标志着我国对养老保险问题的关注上升到了法治的层面。

（三）《关于建立统一的城乡居民基本养老保险制度的意见》

2014 年 12 月国务院对我国长期以来一直分类实施的农村和城市养老保险制度进行了整合，颁布出台了《关于建立统一的城乡居民基本养老保险制度的意见》，该项制度打破了养老保险制度城市和农村相互分离的二元化格局，进一步完善了我国的养老保险制度体系。统筹化的养老保险制度体系从效果层面而言，会更加有利于促进社会的公平和稳定，从实施层面而言，统一化的制度安排确保了制度实施过程的统一性，减轻了经办人员的工作负担，降低了养老保险工作难度。

（四）农村社会养老保险制度的发展

2015 年以来，党中央、国务院根据国家经济发展状况、养老保险的作用水平等多种因素，适时提出，提高养老金给付标准，激励农村居民参保积极性，逐渐提升养老保险保障水平。2018 年，在全面脱贫攻坚的关键时期，党和国家再一次提出调整养老保险金待遇水平的意见，助力乡村振兴和全面建成小康社会。同年 6 月，为进一步简化养老保险行政程序，促进养老保险事业的可持续发展，实行了养老保险整合战略，提升了人口流动下的养老保险行政效能。

由此不难看出，随着国家社会进步、经济的发展，养老保险也随之发生了质的改变。养老保险除发挥最基本的保障老年人基本生活权益功能外，逐步适应人口老龄化和社会需求多样化的诉求，成为社会保障体系中的一项重要构成。

知识链接

《国务院关于开展新型农村社会养老保险试点的指导意见》

知识链接

《国务院关于建立统一的城乡居民基本养老保险制度的意见》

知识链接

《县级农村社会养老保险基本方案（试行）》

知识链接

《社会保险法》

◎材料准备

（1）搜集优秀农村社会养老保险方面调研报告范文，整理归纳调研报告的格式、结构。

（2）通过网络或文本数据收集，归类整理近几年青海省农村社会养老保险制度的相关政策及主要成效，并且知晓其对农村社会经济发展的重要意义。

任务筹划

1. 内容筹划

分析家乡所在地农村社会养老保险实施情况和需要改进的方面。

2. 方法筹划

（1）查找资料。熟悉家乡的农村社会养老保险政策主要内容。

（2）资料分析。熟悉家乡农村社会养老保险政策的实施情况。

（3）讨论。在充分调研和广泛收集意见的基础上，完成一份《*** 地农村社会养老保险实施情况调研报告》，并结合实际提出完善农村社会养老保险政策的建议。

（4）资料收集。上网或实地调研，收集并整理相关资料。

（5）资料分析。对收集到的资料分类汇总。

3. 流程筹划

第一步：利用双休日、节假日等，5 人为一组，走访几户农户。

第二步：通过访谈、问卷等形式，了解对农村社会养老保险政策的了解和满意程度。

第三步：发现其运行中存在的问题，针对存在的问题，组内成员通过讨论给出解决问题的建议或意见。

第四步：分享交流。组内代表将本组走访调查的结果与其他组分享交流。

第五步：教师对每组表现进行点评总结。

任务实施

步骤一：

步骤二：

步骤三：

步骤四：

步骤五：

任务检测

使用微信扫码进入在线测试，可反复多次答题，直到获得满意的结果。

任务检测

任务评价

任务评价表

班级：______________　组别：______________　姓名：______________

小组成员				
姓名	学号	组内分工		
项目	评分标准	自我评价	小组评价	教师评价
基本素质（30 分）	学习态度（10 分）			
	团队协作（20 分）			
知识技能（40 分）	熟悉农村社会养老保险政策主要内容（10 分）			
	掌握家乡农村社会养老保险政策的实施情况（10 分）			
	能够提出完善农村社会养老保险政策的建议（20 分）			
任务完成质量（20 分）	出色完成任务（20 分），较好完成任务（12~ 19 分），基本完成任务（6~11 分），较差完成任务（0~5 分）			

（续表）

项目	评分标准	自我评价	小组评价	教师评价
思政表现（10 分）	对社会保障法规是否重视（10 分）			
合计				
自我评价与总结				
教师点评				

课程思政专栏

青海省 48 万城乡居民基本养老保险金再提升

【课程思政关键词】 社会养老保险；人民福利；幸福生活

2022 年 9 月 21 日，经青海省人民政府同意，青海省人力资源社会保障厅（以下简称青海省人社厅）、省财政厅印发《关于 2022 年提高我省城乡居民基本养老保险基础养老金标准的通知》，决定从 2022 年 7 月 1 日起，调整全省城乡居民基本养老保险基础养老金标准。

具体调整标准为：年满 60 周岁至 64 周岁的领取待遇人员，基础养老金标准由每人每月 180 元提高至 185 元；年满 65 周岁至 69 周岁的领取待遇人员，基础养老金标准由每人每月 185 元提高至 190 元；年满 70 周岁及以上领取待遇人员，基础养老金标准由每人每月 190 元提高至 195 元。此次调整将惠及我省 48 万享受城乡居民养老保险待遇人员。

近年来，青海省人社厅把增进民生福祉作为工作的出发点和落脚点，坚持尽力而为、量力而行，积极争取国家政策倾斜和照顾，不断提高城乡居民基础养老金标准，更好地保障参保城乡居民的老年基本生活，切实增强了城乡老年居民的获得感、幸福感。目前，全省各级社保经办机构已做好调整补发准备工作，将尽快把增加的基础养老金发放到位。

（资料来源：青海新闻网）

【启示】 增加城乡居民基本养老保险基础养老金，保障了参保城乡居民的老年基本生活，使农牧民群众也融入了国家养老保险制度体系，共享了国家改革发展成果。

任务三　理解农村社会救助政策

任务导入

“十三五”时期，青海省建立完善了社会救助和保障标准与物价上涨挂钩的联动机制，连续 5 年调整提高城乡低保标准。

5 年间，青海省农村低保标准从每年 2 970 元提高到 4 800 元，增幅为 61.6%，低保标准连续 4 年超过省定扶贫线；城市低保标准从每月 400 元提高到 640 元，增幅为 60%；特困供养对象基本生活标准由每月 600 元提高到 960 元，增幅为 60%；轻度、中度、重度失能人员照料护理费分别达到每月 340 元、510 元和 850 元。临时救助上限提高至城市低保标准的 5 倍，社会救助水平明显提高[①]。

请根据家乡的农村困难群体实际情况，拟定一个完善农村社会救助的政策方案。

任务准备

◎知识准备

一、社会救助

社会保障层次中较低层的保障措施，旨在通过立法的形式，对那些由于各种原因导致生活困难而达不到最低生活保障的人给予的物资或资金帮助，使其生活达到最低生存标准。

1. 社会救助是对最困难群体的无偿援助。社会救助是国家对最困难群体的无偿援助“义务”，是国家为体现公平正义而对保障对象的物资输出，与困难群体的社会贡献和劳动贡献无关。

2. 得到社会救助是生活困难群体的权利

凡是公民具备了接受社会救助的条件，便可向救助部门提出申请，救助部门接到申请后如果审核确定申请人确实符合救助条件，不得以任何理由拒绝救助。在救助过程中若出现随意降低救助标准或在救助资格审查时层层加码，公民均可申诉。

3. 社会救助不是普适性保障，也不是提高型措施

只有生活困难且不能维持正常最基本的生活条件时，才能成为救助对象。社会救助不是为了提高被救助人的生活质量，而是保证其最低生活需要的“兜底”性政策措施。

① 资料来源：人民网。

二、农村社会救助

国家依照法律规定，对有生活困难的农村居民进行资金或物质救济，从而保障其最低生活需要。接收社会救助的通常为因病或因伤暂时或永久失去劳动力，或受自然灾害影响而陷入困境的农村居民家庭或个人。农村社会救助制度包括农村最低生活保障制度、农村五保供养制度、农村医疗救助制度等。

（1）农村社会救助的目标是满足生活困难群体的最基本的生活需要，其根本目的在于维持生存而非提高生活质量，因此，农村社会救助是农村社会保障体系中最基本、最底层的制度措施。

（2）农村社会救助经费来源于政府或社会群体的财政拨付和捐赠等，与受助者本身的资金和劳动投入无关，是单方面的无偿性援助帮扶。

（3）接受救助农村居民须先提出个人申请，在满足救助条件时，方可获得救助资格。

知识链接

《社会救助暂行办法》

三、农村居民最低生活保障制度

（一）农村低保制度

当农村贫困群众家庭人均纯收入低于当地最低生活保障时，国家给予其基本保障，使其生活水平达到当地最低生活保障标准。低保标准根据地区性经济社会发展的实际情况和居民收入情况确定。

低保的保障对象为家庭人均纯收入低于当地最低生活保障标准的农村经济困难群体，在甄别受助对象时，经济收入水平不作为唯一参考因素，还要考虑受助者致贫是否由客观因素引起，如，残疾、自然灾害、意外事故等。若居民可正常参与劳动，具备获得收入的能力，但确因主观懒惰致贫，不属于参保范围，这也是低保政策秉承的“救需不救懒”理念。

（二）农村低保制度的原则

1. 保障适度原则

农村最低生活保障应当以解决农村居民最基本的生活需要为出发点，其目标为保障低收入群体的最根本生存权益和物质需求的基础上使其“活下去”，至于“富起来”并非是农村低保的层次所及。因此，低保标准的确定应充分结合社会经济发展状况和居民收入情况，如果保障水平过低，则无法实现政策效果，而保障水平过高则易引发居民的“惰化”心理，进而形成“等、靠、要”的慵懒社会风气。

2. 普适应原则

普适应原则，又称“应保尽保”原则，即为了体现低保制度的公平属性，应当将所有符合低保条件的人群均纳入保障范围，不因受助者身份、性别、职业等差异而区别对待，确定受助者是否符合条件的唯一标准为经济收入状况。

3. 多样化原则

基于当下政府的经济能力及保障水平，以及社会群体多元化发展的客观实情，应在保障主体及保障方式上更加灵活，更加适应客观现实。首先，从保障责任主体而言，须摒弃传统的唯政府单一责任主体的狭隘认知，在确保政府履职尽责，充分发挥保障责任的基础上，动员社会团体、公益组织等参与到保障主体队伍中，一方面减轻政府财政压力，另一方面，激发社会民间群体参与保障的积极性，从而营造积极向上、全民互助的优良社会氛围。其次，从保障手段上来讲，应以物资帮助和货币给付为主，同时，还应结合信息化社会发展的实际，提供帮助、照料、信息等服务。

4. 树立正确的救助价值观

根据社会保障法律规定，在基本生活得不到保障时，所有公民都平等地享有接收国家的义务帮扶的权益，政府和社会各界应当将低保制度视为解决困难群体及社会现实问题的义务和责任，而非凌驾于受助者尊严之上的怜悯与施舍。救助应在维护受助者经济权益的同时，保证受助者人格平等。

（三）农村低保制度的标准

低保制度的效果如何，关键在于低保的给付标准。从世界各国的惯用做法来看，均以“恩格尔系数”作为居民生活质量的主要衡量依据，除此之外，还包括贫困标准法、生活需求界定等。无论通过什么方法确定农村低保的标准，其根本宗旨是保障农村居民的最基本的生存权益，是一种“兜底”性质的保障制度。一般而言，在确定农村低保水平时，应重点考虑的因素有：当地农村居民的最低生活支出需要、其他社会保障配套政策的完善程度及当地的物价水平和居民整体收入情况等。

四、农村五保供养制度

五保供养制度是农村社会救助制度的重要组成部分，是对无劳动能力、无生活来源又无法定赡养、抚养、扶养义务人的农村居民实行的保吃、保穿、保住、保医、保葬的一项帮扶措施。

（一）农村五保供养的对象

《农村五保供养工作条例》中明确规定：老年、残疾或者未满 16 周岁的村民，无劳动能力、无生活来源又无法定赡养、抚养、扶养义务人的，为五保供养的主要服务对象。“五保”供养须由村民自主提出申请，或由村民小组提名，若条件符合，可享有五保供养待遇。五保供养并非终身制，若受保对象的实际情况发生好转，不再符合供养标准，经报上级政府批准，终止对其救助。

（二）五保供养的主要内容

1. 保吃

五保供养中最基本的保障措施。给生活困难的群体给予粮油、副食品的基本食物保障。我国在“保吃”层面，不仅保证生活困难群体“活下去”的需求，随着社会经济的发展及人文关怀措施的丰富，在食物供给中还会考虑民族风俗和习惯等，且救助的标准也在逐渐提高。

2. 保穿

提供给五保户衣、裤、鞋、帽等穿着必需品。税改后，大部分地区将给五保户发放的零用钱纳入供养经费，统一发放。

3. 保住

给五保户提供基本住宿条件，有一定的活动空间，满足其生活需要。

4. 保医

主要针对生活无法自理的五保困难群体。随着社会保障制度的不断完善，“保医”措施已经基本与新型农村合作医疗等其他医护措施相结合，不仅简化了保障的程序，还提高了保障水平。目前，采取的普遍做法是，帮助五保户参与当地的其他医疗救助制度的基础上给予适当的医疗费用补助。

5. 保葬

在五保供养户离世后，帮助其完成身后安葬事务。安葬标准根据当地实际情况确定，安葬费用从五保供养资金中统一列支。

（三）五保供养的形式

五保供养的形式分为集中供养和分散供养两种，受保户可以根据自身实际情况进行选择。其中，集中供养指，由政府和农村集体提供。随着我国社会保障机构的完善，越来越多的公益组织和个人加入到农村五保供养的行列中。分散供养则主要依靠村委会的力量，由村一级组织对五保户提供照料或供养服务。虽然分散供养实现了五保户自由接受保障的需求，但是由于村级组织经费和管理水平有限，一般的供养水平也较为低下。

◎材料准备

（1）通过网络或文本数据收集，归类整理收集自己所在的家乡自2020年以来的农村社会救助政策文件，并且知晓其对农村社会经济发展的重要意义。例如青海省民政厅、财政厅《关于进一步加强和改进临时救助工作的实施意见》。

（2）整理近几年青海省在农村社会救助工作中所取得的成绩，主要包括：青海省人民政府网民生服务、公共服务、社会保障等栏目的相关报道。

任务筹划

1. 内容筹划

上网查询或走访调研，了解青海省的农村社会救助政策实施情况及取得的主要成绩。

2. 方法筹划

（1）通过课堂学习，掌握农村社会救助政策的构成体系。

（2）通过走访调研、网络查询资料等方式掌握当前农村社会救助政策的实施情况。

（3）思考并讨论当下农村社会救助政策实施中存在的主要问题。

（4）根据所学知识和调查掌握的资料，拟定一个符合实际情况的农村社会救助实施方案。

3. 流程筹划

第一步：掌握农村社会救助政策的构成体系。

第二步：熟悉家乡农村社会救助政策实施情况。

第三步：结合实际分析当前青海省在农村社会救助的实施中存在什么问题。

第四步：根据家乡的实际情况，拟订一个完善农村社会救助的政策方案。

任务实施

步骤一：

步骤二：

步骤三：

步骤四：

任务检测

使用微信扫码进入在线测试，可反复多次答题，直到获得满意的结果。

任务检测

任务评价

任务评价表

班级：__________ 组别：__________ 姓名：__________

小组成员				
姓名	学号	组内分工		

（续表）

项目	评分标准	自我评价	小组评价	教师评价
基本素质（30 分）	学习态度（10 分）			
	团队协作（20 分）			
知识技能（40 分）	熟悉农村社会救助政策实施情况（10 分）			
	掌握当下农村社会救助政策实施中存在的主要问题（10 分）			
	能够完善农村社会救助的政策方案（20 分）			
任务完成质量（20 分）	出色完成任务（20 分），较好完成任务（12~ 19 分），基本完成任务（6~11 分），较差完成任务（0~5 分）			
思政表现（10 分）	对社会保障法规是否重视（10 分）			
合计				
自我评价与总结				
教师点评				

课程思政专栏

青海省兜住兜准兜好基本民生保障底线

【课程思政关键词】社会救助；民生

2024 年一季度，青海省累计支出各类救助补助资金 6.26 亿元，有效保障了 39.38 万名城乡困难群众的基本生活，全力兜住兜准兜好基本民生保障底线。

2024 年，全省进一步健全完善教育、医疗、住房等专项救助制度，积极整合各类救助资源，推动形成了“9 + 1”社会救助格局。截至一季度末，全省共有农村低保对象 28.24 万人，支出资金 37 216.9 万元；城市低保对象 7.46 万人，支出资金 13 994.51 万元。特困供养人员 1.79 万人，支出资金 7 716.15 万元。累计实施临时救助 1.89 万人次，发放临时救助金 3 718.88 万元，困难群众基本生活保障安全网更加密实牢靠。

持续做好低收入人口动态监测和救助帮扶工作，建立健全社会救助动态管理机制，对救助对象定期核查和调整，通过“大数据＋铁脚板”及时发现生活困难群众，有效确保救助工作的精准性和有效性。一季度，累计与乡村振兴、医保等部门交换数据 26.9 万条，将 15.49 万名脱贫对象纳入低保、特困等救助保障范围，新增农村低保对象 0.71 万人，动态退出 0.56 万人，实现救助对象“动态管理、规范进出”，牢牢守住了不发生规模性返贫的底线。

（资料来源：青海日报）

【启示】通过救助社会各类困难群体，给他们以实实在在的物质帮助，维护了社会公平、保障了人权，筑牢织密了社会安全网，体现了党和政府对困难群体的关心关爱和支持，对推动实现共同富裕起到较好的作用。

任务四 掌握农牧区劳动就业政策

任务导入

农业发展离不开劳动力，劳动是财富之父，就业是民生之本。党的二十大提出，要建设农业强国，到 2035 年，基本实现农业现代化。近年来，由于种地成本过高、生活成本开支加大等多种因素，农民种地的意愿越来越低，不少人都选择外出打工来维持生计，而且宁愿买粮食也不愿意再辛辛苦苦地去种粮食了，导致农村土地大量闲置甚至是抛荒了，不少地区的耕地上甚至都长满了杂草！这时候，不免有人心生疑问：那以后，农村的耕地谁来种呢？

请结合农牧区劳动力政策，提出此问题的解决方案。

任务准备

◎知识准备

一、我国农业劳动力现状

（一）总量大、文化素质整体偏低

据统计，2022 年末城镇常住人口 92 071 万人，比上年末增加 646 万人；乡村常住人口 49 104 万人，减少 731 万人。乡村常住人口中，仍有较大比例从事农林牧渔业，留在乡村的这部分农业劳动力整体来说年龄偏大，接受教育的年限不高，有的劳动力还不识字。

（二）大部分未受到良好的培训

目前我国有近5亿乡村常住人口。从第三次全国农业普查数据来看，2016年，全国农业生产经营人员31 422万人，其中女性14 927万人。在农业生产经营人员中，年龄35岁及以下的有6 023万人，年龄在36岁至54岁之间的有14 848万人，年龄55岁及以上的有10 551万人。2020年我国新型职业农民队伍数量约为2 000万人，而每年培训新增的职业农民数量为146万，农业劳动力接受农业生产经营培训的比例偏低。

（三）"一老一小"与新农人经营农业并存

近年来城乡一体化有了较快发展，但仍受城乡二元经济结构影响，大部分农业青壮年劳动力转移到非农产业、城镇。农牧区留下不能转移的老人、接受义务教育阶段的青少年儿童从事基本自给自足的农牧业生产，农民工返乡、资本下乡、大学生回乡创业、新型职业农民培训等方式形成的"新农人"在农牧业生产中引入了技术、资本和企业家才能等生产要素。

（四）大量农村剩余劳动力转移

农民工监测调查报告显示，2022年全国农民工总人数为29 562万人，比上年增加311万人，增长1.1%。根据报告，2022年农民工平均年龄为42.3岁，比上年提高0.6岁；大专及以上文化程度农民工所占比重比上年提高1.1个百分点。城镇人口占全国人口比重（城镇化率）为65.22%，比上年末提高0.50个百分点。农民工是有农村户籍的人口，在家乡拥有承包地，由于农业收益比较低，他们背井离乡转移到城市、城镇，农民身份暂时转变为农民工，从主要获得农业经营性收入转变为获得工资性收入。2022年，农民工月均收入（主要是工资收入）4 615元，比上年增加183元，增长4.1%。其中，外出农民工月均收入5 240元，比上年增加227元，增长4.5%；本地农民工月均收入4 026元，比上年增加148元，增长3.8%。伴随着收入的增长，生活水平也得到提高。2022年进城农民工人均居住面积22.6平方米，比上年增加0.9平方米；进城农民工3岁至5岁随迁儿童入园率（含学前班）为91.1%，比上年提高2.9个百分点。入园儿童中，69.7%在公办幼儿园或普惠性民办幼儿园。

二、农村劳动力政策的内容及目标

（一）内容

农村劳动力政策的内容包含就业促进政策，为农民工推荐就业岗位，组织东西部劳务协作，建立扶贫车间，促进劳动力转移，开展职业技能培训。

（二）目标

提高劳动参与率、充分就业、高质量就业。确保有劳动能力的农村劳动力找到适合自己的工作；积极采取措施促进选择职业的自由，使每个农牧区劳动力找到适合自己的工作，可以自由选择工作；保证机会平等和透明，消除就业歧视，实现平等就业。为此，可以采取以下措施：加快农业生产规模化发展进程，增加农业生产劳动收入；加快新型城镇化建设，从根本上转移农村富余劳动力；大力发展农村产业化经营和乡镇企业，扩大本地就业；全面提高农村劳动力素质；加强农村社会保障体系建设；加强信息沟通，有效地组织农民工转移。

三、农牧区劳动力就业的意义及渠道

（一）意义

1. 有利于增加农牧民收入、提高生活水平

农牧民收入由四部分组成，即农牧业经营性收入、工资性收入、财产性收入和转移性收入。来自政府部门和社会各界无偿捐赠的转移性收入相对固定。农牧区劳动力主要的收入来源为经营性收入和工资性收入，牧区放牧养殖、采挖虫草获得收入，农区种植粮食、果蔬等作物获得的收入属于经营性收入。农牧民到城镇务工、转移就业，获得工资性收入，一般比经营农林牧渔业的收入要高，可以提高农牧民生活水平。此外还可以通过发展农村第三产业例如文化旅游业、非物质文化遗产传承等获得收入。

2. 有利于维护社会稳定、促进民族团结

农牧区劳动力能够就业，有支撑家庭基本生活的经济收入，生活水平逐步变好，农牧区就会保持社会大局稳定，为我国经济社会发展提供相应的市场空间。同时，我国有很多农牧区都是偏远的农牧区，促进农牧区劳动力就业，增加农牧民收入，还有利于增进民族团结。中央第七次西藏工作座谈会对西藏工作、对四川省、云南省、甘肃省、青海省等涉藏工作作出部署，强调要在巩固脱贫成果方面下更大功夫、想更多办法、给予更多后续帮扶支持，同乡村振兴有效衔接，尤其是与日常生活息息相关的交通设施、就医就学、养老社保等要全覆盖；要培育扶持吸纳就业的能力，提供更多就业机会，推动多渠道市场就业。这有利于各民族交往交流交融，维护祖国统一、加强民族团结。

3. 有利于传承传统文化

在我国悠久的发展史上，农耕文明、草原文化一直是中华优秀传统文化的重要组成部分。而传统的农林牧渔业可以有效传承优秀的传统文化。国家支持非物质文化遗产的保存与利用，使传统技艺得以保存，需要更多的农牧区劳动力能够从事这些工作。

（二）就业渠道

1. 农业部门就业

农牧区劳动力到农业部门就业，主要就是在承包的耕地、草地草原、林地等类型土地上面经营农林牧渔业，获得农畜产品，到市场上销售，获得相应的收入。

这种就业要获得较好的经营效益，就要走专业化、规模化道路，获得农业支持保护补贴，加强财务核算。在农业部门就业，可以解决农业从业人口的温饱问题。近年来，青年人就业成为社会关注的焦点。从某种角度上说，农业土地对就业有极大的包容性，单位土地上投入的劳动力越多，越有可能对农牧业生产进行精细化管理，可以节约集约利用土地，“任务导入”案例中的撂荒问题也可能得到解决，当然在这个过程中也要考虑经济效益。

2. 转移就业

随着农业劳动生产率的提高，农业机械、农业基础设施投入的增加，作为农业的第一产业对农业劳动力的需求在减少，出现了农业剩余劳动力。因此，必须通过转移剩余劳动力到非农产业、城镇，以扩大农牧区劳动力的就业选择。

3. 返乡就近创业或到城镇创业

近年来，农民工返乡、大学生返乡创业现象出现，新型职业农民培育、青年农场主培训持续推进，产生了“懂技术、善经营、会管理”的新农人群体。他们活跃在农业生产经营一线，创办农牧民专业合作社、家庭农场和农业企业等，成为新型农业生产经营主体，成为农牧区创业的主力。新型农业生产经营主体在生产中采用适用的技术，扩大经营规模，提高了农业比较收益，改善农牧民生产生活条件，为推进农业农村现代化、建设农业强国贡献力量。

四、农牧区劳动力转移就业需解决的问题

（一）农民工工资拖欠问题

农牧民离开农牧区，到城镇打工，成为农民工。他们会遇到工资拖欠的问题。为了解决这一问题，国务院制定了《保障农民工工资支付条例》这一行政法规。劳动监察部门要求用人单位应足额按要求支付工资，在建筑等工资拖欠高发行业建立保证金制度。劳动监察部门严格执法，确保农民工能拿到属于自己的辛苦钱。

（二）劳动合同的签订问题

根据我国《中华人民共和国劳动法》《中华人民共和国促进就业法》《中华人民共和国劳动合同法》的规定，用人单位自用工之日起应该与劳动者签订劳动合同，明确用人单位与劳动者双方的权利义务关系。现实中，一些企业故意不签劳动合同，农民工法律意识淡薄，往往只是口头约定，工作内容也是层层分包，导致一旦产生纠纷就难以维权。劳动监察部门应加大检查督促力度，确保用人单位及时与农民工等劳动者签订合同。

（三）社会保险问题

根据《社会保险法》规定，国家建立基本养老保险、基本医疗保险、工伤保险、失业保险、生育保险等社会保险制度，保障公民在年老、疾病、工伤、失业、生育等情况下依法从国家和社会获得物质帮助的权利。用人单位与劳动者产生劳动关系，双方就有共同缴纳社会保险的义务，其中工伤保险由用人单位缴纳，而职工基本养老保险、职工基本医疗保险、失业保险由用人单位和职工个人共同缴纳。社会保险属于强制保险，但实际中用人单位因为用工成本，农民工因为不愿意从工资中扣除个人承担社保费用，很多农民工都没有进入到用人单位所在的社会保障体系之中。一旦出现工伤，农民工获得工伤保险待遇、维护自身合法权益就比较困难。

劳动和社会保障部门应加大宣传和执法力度，确保农民工参保等合法权益得到维护。

（四）农业劳动力人力资本提升问题

农业农村部门开展的新型职业农民培训，人力资源和社会保障部门开展的职业技能培训，都能够很好地提升农牧区劳动力的人力资本，使他们无论在农业部门就业，还是进行转移就业，都能得到较好的培训，提高劳动生产率和适应性，增加收入。通过培训，使农业劳动者的技能、技术和管理水平得到提高，农民工获得转移就业的相应工作技能。

“十四五”时期，我国要对农民工开展职业技能培训 3 000 万人次以上，培育 500 万高素质农民，但对于数量庞大的农牧区劳动力来说，培训的比例还不够高。农牧区劳动力

要主动学习科学文化知识，借助技术推广机构的力量，在农牧业生产中主动采用新技术、新装备，改善经营管理，争取参加相关部门举办的各类培训。

◎材料准备

（1）通过网络或文本数据收集，归类整理收集青海省农村劳动就业政策文件，并且知晓其对农村社会经济发展的重要意义。

（2）整理近几年青海省在农村劳动就业政策中所取得的成绩，主要包括：青海省各级政府网站的相关报道。

（3）搜集农牧区劳动就业存在问题，提出解决牧区劳动就业问题方案应采取措施内容。

任务筹划

1. 内容筹划

上网查询或走访调研，了解青海省的农村劳动力就业政策实施情况及取得的主要成绩。

2. 方法筹划

（1）通过课堂学习，掌握农村劳动就业政策的内容。

（2）通过走访调研、网络查询资料等方式掌握当前土地撂荒的情况。

（3）思考并讨论当下农村劳动就业政策实施中存在的主要问题。

（4）根据所学知识和调查掌握的资料，请结合农牧区劳动就业政策，提出“土地无人耕种”问题的解决方案。

3. 流程筹划

第一步：掌握农村劳动就业政策的主要内容。

第二步：熟悉家乡农村劳动力情况。

第三步：结合实际分析当前土地撂荒问题。

第四步：根据家乡的农村劳动就业实际情况，拟订一个考虑了土地情况和劳动力情况的劳动就业问题解决方案。

任务实施

步骤一：

步骤二：

步骤三：

步骤四：

任务检测

使用微信扫码进入在线测试，可反复多次答题，直到获得满意的结果。

任务检测

任务评价

任务评价表

班级：________　组别：________　姓名：________

小组成员				
姓名	学号	组内分工		
项目	评分标准	自我评价	小组评价	教师评价
基本素质（30 分）	学习态度（10 分）			
	团队协作（20 分）			
知识技能（40 分）	熟悉农村劳动力政策的内容（10 分）			
	掌握我国土地撂荒的原因及表现（10 分）			
	能够提出解决“土地无人耕种”的方案（20 分）			
任务完成质量（20 分）	出色完成任务（20 分），较好完成任务（12~ 19 分），基本完成任务（6~11 分），较差完成任务（0~5 分）			
思政表现（10 分）	对法律法规是否重视（10 分）			
合计				
自我评价与总结				

（续表）

教师点评	

课程思政专栏

谁来种地？时代之问这里有解

【课程思政关键词】种地；劳动力

在山西省临汾市翼城县，农民把土地托管出去，只等秋收时节，迎接收获，实现了小农户与现代农业的有机衔接。

相比父辈留守农村勤勤恳恳地耕田种地，中卫乡浍史村35岁的李锁菊早就厌倦了“面朝黄土背朝天，弯腰曲背几千年”的活法。“外卖点餐连做饭、洗碗都省去了，谁还愿意去种地呢？”李锁菊说，种一亩麦子需要忙活四五个月，刨去成本纯收入三四百元，还不如在镇上饭店打工，一个星期就能赚这么多钱。李锁菊的丈夫李长军在内蒙古当包工头，见多识广唯独不会种地。和很多同龄人一样，他希望通过奋斗，融入精彩的城市。

年轻的不想种地，年老体弱的种不了地。浍史村总共3 400多人，常住人口1 500多人，基本是老人、妇女和儿童这些“出不去的”。73岁的马天云前几年动了一次大手术，基本干不了重活。舍不得把4.2亩地荒了，勉强上地播种后，便不管不问，靠天吃饭。愿意种地、能种地、会种地的人越来越少了。“根本原因在于粮食种植效益低，与农民致富愿望不符。”翼城县农业农村局经营服务站站长张子峰说。

眼下正是农民最忙的春耕时节，但李锁菊很悠闲。往手机里输入地理坐标，再微信支付140元，很快就有附近的农机操作手接单，赶到李锁菊的4亩农田里打药除草。这种类似“点外卖”的操作背后，是农业生产托管，农民只需要在手机APP上下订单或电话预约，就会有职业农民上门干活，农活不再需要自己动手。

农业生产托管既把农民从繁重的劳动中解放出来，又因为统一经营降低了种地成本。托管机构被农民称为“田保姆”，负责种子供应、耕地、播种、施肥、打药、收获、销售等全过程。卖粮后，从售粮收入中扣除托管费用，剩余归农户自己。

“外出打工更安心了，再不用操心种地的事。”村民史学慧在新疆打工，家里2.8亩小麦地一度撂荒。农忙时也想回来种地，但2.8亩麦子的净收入最多1 000元，还不够路费、误工费。托管后，种地成本更低，收益更高，到了收获季节，粮食就送到家门口，或者粮款直接进账。

“从采购种子、化肥，到耕地、浇水，再到收获，我们全都代劳了。”翼城县县级农业社会化服务联合体新翔丰公司负责人李学峰说，县级农业社会化服务联合体、乡镇农业生产托管中心、村级农业生产托管服务站这“三级体系”共同构成托管机构，解决了“谁来种地”的问题。

“土地流转改变了农民的土地经营权，而托管只是劳务托管，土地经营权还在农民手里。”翼城县农业农村局局长张天柱说，托管后，土地种什么农民自己说了算。

而且，托管不需要支付土地流转费，目的是解决青壮年劳动力不会种地的问题，确保国家粮食安全。通过社会化服务实现了资本、技术和管理等现代要素对传统农业的改造。

为防止自然灾害或管理不善引起的减产或绝收，翼城县将引入农业受益险，保证农民收入。即使粮食绝收，农民也能收到每亩400元的保险兜底。投保费由村集体向保险公司支付，每亩地80元保费，政府筹资72元，农民只需缴纳8元保费，稳赚不赔。

2019年，翼城县有21个行政村的1.3万名农民将8万亩土地做了托管，占全县土地的14%。翼城模式也被列为全国农业生产托管的20个典型案例之一。

“今年我们将继续扩大土地托管面积，给广大农民当好‘田保姆’。靠科学种田保障国家粮食安全，也让外出务工的农民安心打工致富，为乡村振兴添动能。”翼城县委主要负责人说。

（资料来源：半月谈）

【启示】随着新型工业化、信息化、城镇化进程加快，农村劳动力大量进入城镇就业，“谁来种地”问题日益突显。破解“谁来种地”难题，需要在发展农业社会化服务、实行适度规模经营、培育新型农业经营主体和提高农业比较效益等四方面下功夫。国家在农业农村政策方面需要加大支持力度，使农业从业者的收入能够提高，引导农业从业者加大农业科技投入，改善经营管理，使大批新农人脱颖而出。

任务五　理解农牧民转移与培训政策

任务导入

在国家经济日渐发展的今天，第一产业和第二产业在国民经济中所占的比例将逐年降低，第三产业所占的比例却在不断提高。不管是农业还是工业，将来都不会有太多的从业人口。因为机械化和自动化的普及，劳动力实际已经在淡出第一产业和第二产业的劳动力市场。第三产业的商业、服务业及金融行业则成为吸纳劳动力的主力军。一个国家越发达，那该国第三产业所占的比例就越高。

在这种背景下，广大农牧区剩余劳动力从乡村到城市，从中西部到东部发达地区务工、创业，从事第二产业和第三产业。农牧民收入一般由四部分构成，即家庭经营收入、工资收入、财产性收入和转移收入。农业产值与其劳动力总数不匹配，农业收益比较低，家庭经营收入不高，财产性收入来源少，转移收入相对稳定。为了提高农牧民收入，就需要农业劳动力进行转移，努力提高工资收入。

请思考政府怎样做好农业劳动力的就业工作，结合自身求职的实际情况，撰写一份个人求职简历。

任务准备

◎知识准备

一、农村劳动力转移政策

农村劳动力转移包括产业间的转移、地域间的转移和城乡之间的转移等三种。农村劳动力转移政策具体有以下几方面。

（一）提供岗位

人力资源和社会保障部门建立各类人力资源市场，服务于农村劳动力就业需求。“春风行动”由国家劳动和社会保障部发起、专门为进城农民工提供就业服务，在全国各地相继启动，内容包括为农民工提供就业机会、保障农民工的合法权益以及整顿劳动力中介机构等。“春风行动”让众多农民工共沐春风。

（二）强化就业服务

让农民工就业有门路，求职有信息。针对农民工节前返乡时间提前的情况，一方面，要求各地加强信息搜集和发布工作，在输出地和输入地之间搭建劳务对接平台，引导农民工有序外出。一些输出省份在节前就派出多个工作组到输入地城市了解企业用工信息，为返乡农民工召开专场招聘会，开展送岗下乡活动，让返乡农民工落实工作后再安心过年。另一方面，要求各地大力开发本地岗位，促进返乡农民工就地就近就业。不少省市结合国家和地方扩大内需、加强基础设施建设的项目，已经优先安排返乡农民工就业，并积极承接沿海产业转移，引导返乡农民工到当地企业就业。

（三）做好东西部人社协作工作

东西部协作是巩固拓展脱贫攻坚成果和全面推进乡村振兴的重要力量，是支持西部地区建设，推动区域协调发展、协同发展、共同发展，缩小发展差距，实现共同富裕的重要举措。

东西部人社协作的工作目标是进一步健全东西部人社协作体制机制，创新协作方式，强化服务保障，提升协作效率，构建集劳务协作、品牌打造、技能培训、技工院校建设、人才交流于一体的东西部人社协作新格局，扎实巩固拓展人社脱贫攻坚成果，助力全面推进乡村振兴。

东西部人社的工作任务主要有创新协作方式；健全东西部劳务协作机制；着力发展劳务品牌；促进就业帮扶车间稳固发展；大力实施以工代赈；加强技工教育培训协作交流；强化人才协作和智力支持。

（四）做好农民工权益保障工作

我国有近3亿农民工，每年春节前他们能否顺利拿到“辛苦钱”、回家过个好年，不仅事关亿万家庭的幸福，也关乎社会稳定和公平正义。如何保障农民工等劳动者不被欠薪，受到人们的广泛关注。

习近平总书记强调，“全社会都要关心关爱农民工，要坚决杜绝拖欠、克扣农民工工资现象，切实保障农民工合法权益”。近年来，从《中华人民共和国刑法修正案（八）》将恶意欠薪入刑，到明确“拒不支付劳动报酬罪”的定罪量刑标准；从对拖欠工资违法失信用人单位实行联合惩戒，到开展根治欠薪冬季专项行动，党和政府高度重视解决欠薪问题、切实保障农民工合法权益，充分体现了以人民为中心的发展思想，彰显了治理力度和温度。

二、农村劳动力培训政策

（一）农村劳动力培训概念

农村劳动力培训是指农业农村主管部门或人力资源和社会保障部门组织开展的以提升农村劳动力农业生产经营、管理能力或非农产业转移就业能力为目标的培训。通过培训，可以提升农村劳动力的人力资本水平，提高职业技能水平和就业创业能力，促进培训对象就业增收，助力乡村振兴。

（二）新型职业农民培育政策

2022 年 1 月 7 日上午，国新办举行新闻发布会，解读《“十四五”职业技能培训规划》有关内容。人力资源社会保障部相关负责人表示，2018 年至 2021 年，我国已通过补贴性职业技能培训的方式，为 4 000 万人次农民工和 900 万贫困劳动力开展了培训。

新型职业农民是以农业为职业、具有相应的专业技能、收入主要来自农业生产经营并达到相当水平的现代农业从业者。新型农民与传统农民的区别在于，前者是一种主动选择的“职业”，后者是一种被动烙上的“身份”。新型职业农民可分为生产经营型、专业技能型和社会服务型三种类型。新型职业农民概念的提出，意味着“农民”是一种自由选择的职业，而不再是一种被赋予的身份。从经济角度来说，它有利于劳动力资源在更大范围内的优化配置，有利于农业、农村的可持续发展和城乡融合发展，尤其是在当前人口红利萎缩、劳动力资源供给持续下降的情况下，更是意义重大；从政治和社会角度来说，它更加尊重人的个性和选择，更能激发群众的积极性和创造性，更符合“创新、协调、绿色、开放、共享”的发展理念。

习近平总书记在参加 2017 年“两会”四川代表团审议时指出，要就地培养更多爱农业、懂技术、善经营的新型职业农民。2017 年 5 月 9 日，中华人民共和国农业部遴选出首批 100 个全国新型职业农民培育示范基地名单。

2017 年 1 月 9 日，农业部出台《“十三五”全国新型职业农民培育发展规划》提出发展目标：到 2020 年全国新型职业农民总量超过 2 000 万人。提出以提高农民、扶持农民、富裕农民为方向，以吸引年轻人务农、培养职业农民为重点，通过培训提高一批、吸引发展一批、培育储备一批，加快构建一支有文化、懂技术、善经营、会管理的新型职业农民队伍。

（三）农村劳动力职业技能培训

优化调整稳就业政策措施全力促发展惠民生，主要从六个方面加大农民职业技能培训。

1. 健全制度体系

进一步健全覆盖城乡全体劳动者、贯穿劳动者学习工作终身、适应就业创业和人才成长需要以及经济社会发展需求的终身职业技能培训制度，充分利用好就业补助资金、失业保险基金、职业技能提升行动专账资金、企业职工教育经费等资金。

2. 聚焦重点群体

进一步聚焦高校毕业生、农民工、就业困难人员等重点群体以及新就业形态从业人员，以就业技能培训、岗位技能提升培训和创业培训为主要形式，开展满足不同就业形态个性化需求的各类职业技能培训，增强劳动者求职择业能力、稳定就业能力、转岗转业能力、成功创业能力。

3. 发挥聚合效应

构建多主体职业技能培训供给格局，有效激发行业企业、职业院校、技工院校、职业技能培训机构、公共实训基地、高技能人才培训基地、技能大师工作室等各类培训载体积极性，努力提高培训质量，扩大培训规模。

4. 坚持需求导向

适应数字中国、健康中国、制造强国建设需要，深入实施制造业技能根基工程和高技能领军人才培育计划，加大先进制造业和托育、护理、家政等领域高素质技能人才培养。紧跟数字经济等新业态发展，加快新职业标准开发，推进新职业培训，促进更多劳动者在新职业领域自主创业、灵活就业。

5. 融通培训就业链条

坚持就业导向，通过公共就业服务机构、人力资源服务机构和职业技能培训机构等，加强劳动者培训前就业意向和培训需求摸底、培训中培训工种和就业岗位对接匹配、培训后岗位推荐和就业跟踪帮扶，构建“培训＋就业”全链服务体系，实现劳动者参加培训好就业、就好业的目标。

6. 强化技能引导

运用多种方式做好优秀高技能人才评选表彰、技能成才先进事迹报告会、媒体见面会等系列宣传活动，线上线下同向发力，讲好技能故事、展示技能魅力，引导劳动者特别是青年一代坚定技能就业，走好技能成才、技能报国之路。

◎材料准备

（1）通过网络或文本数据收集，归类整理收集农村劳动力转移政策、农民培训文件，并且知晓其对农村社会经济发展的重要意义。

（2）收集个人求职简历的模板和优秀范文。

（3）收集农村劳动力转移和培训及就业岗位的要求。

任务筹划

1. 内容筹划

上网查询或走访调研，了解农村劳动力转移、培训实施情况及取得的主要成绩，熟悉个人求职简历的写法。

2. 方法筹划

（1）通过课堂学习，掌握农村劳动力转移、培训政策的内容。

（2）通过走访调研、网络查询资料等方式掌握当前高校农业经济管理专业毕业生的就业情况。

（3）思考并讨论当下自身拟求职岗位和所具备条件的匹配程度，如果匹配度不高，尝试提出参加技能培训、降低岗位期望值等解决方案。

（4）根据所学知识和自身实际，写一份针对拟求职岗位的个人求职简历。

3. 流程筹划

第一步：掌握农村劳动力转移、培训政策的主要内容。

第二步：熟悉家乡农村劳动力情况。

第三步：结合实际分析当前自身职业定位。

第四步：根据实际情况，拟订一份个人针对某求职岗位的求职简历。

任务实施

步骤一：

步骤二：

步骤三：

步骤四：

任务检测

使用微信扫码进入在线测试，可反复多次答题，直到获得满意的结果。

任务检测

任务评价

任务评价表

班级：______________ 组别：______________ 姓名：______________

<table>
<tr><td colspan="5">小组成员</td></tr>
<tr><td>姓名</td><td>学号</td><td colspan="3">组内分工</td></tr>
<tr><td></td><td></td><td></td><td></td><td></td></tr>
<tr><td></td><td></td><td></td><td></td><td></td></tr>
<tr><td></td><td></td><td></td><td></td><td></td></tr>
<tr><td></td><td></td><td></td><td></td><td></td></tr>
<tr><td></td><td></td><td></td><td></td><td></td></tr>
<tr><td>项目</td><td>评分标准</td><td>自我评价</td><td>小组评价</td><td>教师评价</td></tr>
<tr><td rowspan="2">基本素质（30分）</td><td>学习态度（10分）</td><td></td><td></td><td></td></tr>
<tr><td>团队协作（20分）</td><td></td><td></td><td></td></tr>
<tr><td rowspan="3">知识技能（40分）</td><td>熟悉农村劳动力转移、培训政策的内容（10分）</td><td></td><td></td><td></td></tr>
<tr><td>掌握个人求职简历的格式及写作要求（10分）</td><td></td><td></td><td></td></tr>
<tr><td>能够写出个人针对拟求职岗位的求职简历（20分）</td><td></td><td></td><td></td></tr>
<tr><td rowspan="4">任务完成质量（20分）</td><td rowspan="4">出色完成任务（20分），较好完成任务（12~19分），基本完成任务（6~11分），较差完成任务（0~5分）</td><td></td><td></td><td></td></tr>
<tr><td></td><td></td><td></td></tr>
<tr><td></td><td></td><td></td></tr>
<tr><td></td><td></td><td></td></tr>
<tr><td>思政表现（10分）</td><td>对法律法规是否重视（10分）</td><td></td><td></td><td></td></tr>
<tr><td colspan="2">合计</td><td></td><td></td><td></td></tr>
<tr><td>自我评价与总结</td><td colspan="4"></td></tr>
<tr><td>教师点评</td><td colspan="4"></td></tr>
</table>

课程思政专栏

根治欠薪，做好转移就业和职业技能培训

【课程思政关键词】转移就业；职业技能培训

2023年，青海省海东市各级各相关部门坚持把“稳就业”作为稳经济的重要手段，把“保就业”作为保稳定的底线，扛牢压实稳就业责任，落实落细稳就业举措，从政策、资金、措施多个方面精准发力，千方百计稳就业、扩容量、提质量。持续开展根治欠薪专项行动，初步形成行政、司法、调解仲裁各司其职、各尽其能、协调联动、同向发力的良好工作格局，农民工权益得到较好保障，各项工作稳步推进。2023年，全市人社系统抢前抓早、周密部署，各县区认真组织、全力推进，各有关部门配合支持，全市就业工作实现了“开门红”，特别是农村劳动力转移就业和职业技能培训提前实现了年度任务过半，得到省政府领导和省人社厅领导的表扬。

但海东市在扩大就业、提升就业质量和根治欠薪方面仍然存在一些短板，稳岗位、稳就业、保就业的压力进一步突显。中小微企业经营预期不稳，用人单位岗位需求不足，就业总量压力与结构性矛盾并存，招工难与就业难并存，就业服务能力有待提高。因房地产市场不景气，工程建设领域欠薪问题多发频发，建设单位资金紧张导致的欠薪案件尚未有效化解。根治欠薪制度落实还不到位，特别是未严格落实农民工工资专用账户，未及时足额拨付人工费用或拨付流程不规范，农民工工资不能按时足额发放的现象时有发生，欠薪惩戒力度不够，信用惩戒威慑作用未得到有效发挥。

各县区、各有关部门要以实施就业优先战略为引领，在稳岗位、拓渠道、提技能、兜底线上下功夫，充分利用就业创业政策红利，提升群众就业增收致富能力，不断促进高质量充分就业。持续保持根治欠薪高压态势，强化源头治理和日常监管执法，不折不扣落实保障工资支付各项制度，推动根治欠薪工作提质增效。一是全力稳定就业增量。完善重点群体就业支持体系，突出高校毕业生、脱贫人口、退役军人、就业困难人员等重点群体，拓宽市场化社会化就业渠道，持续开展系列就业服务活动，把高校毕业生就业作为重中之重，以离校前公共就业服务进校园、离校后就业服务攻坚为牵引，多渠道促进就业创业。二是全力提升就业质量。实施就业提质增效行动，推动资源能源、生态旅游、特色农牧业等优势行业创造更多就业岗位。充分发挥公共职业技能实训基地效益，高质量开展重点群体、重点行业培训，提升劳动者技能水平和就业竞争力。完善灵活就业支持性政策，健全零工服务模式，支持和规范新就业形态发展。三是全力应对就业变量。充分发挥乡镇、社区和基层组织的作用，完善就业需求调查机制，搭建信息对接平台，提高人岗匹配效率。突出做好新开工及重点企业常态化用工服务保障，推动企业发展、就业稳定与经济增长良性循环，预防规模性失业风险。四是加强源头治理能力。着重在源头治理、预防为主、防治结合、标本兼治上下功夫，聚焦项目落实实名制管理、工资保证金、工资专用账户使用管理、施工总承包单位代发工资等制度落实情况，全面提升工资支付管理标准化建设水平。五是创新欠薪治理手段。建立覆盖事前、事中、事后的全过程监管闭环，推动欠薪治理从清欠向防欠转变。用足用好“海东市农民工工资支付监控平台”，实现工资发放全流程线上监管、动态监控、实时预警，持续提升根治欠薪工作效能和水平。六是提升监察执法水平。严格落实重大劳动保障违法行为社会公布和拖欠工资失信联合惩戒对象名单管理办法，加强行政司法有效衔接，依法向社会公布重大欠薪案件，对失信企业和责任人实行失信联合惩戒。七是完善常态化协作机制。全面落实部门之间欠薪案件移送转办制度，强化部门协同、联动执法，从严从快查处欠薪案件。强化法院、检察院司法保障职能，健全涉欠薪案件绿色通道，提供一站式诉讼服务。强化欠薪争议多元调解合力，形成矛盾联调、力量联动、信息联通的工作格局。

（资料来源：海东市人力资源和社会保障局）

【启示】农业增加值占 GDP 的比重不高，农业从业者继续从事农、林、牧、渔业收入会比较低。改革开放以来，随着我国经济的发展，农牧民为了追求更高的收入和更好的生活，转移就业到城市打拼，成为农民工。政府制定和组织实施农村劳动力转移政策和职业技能培训政策，解决欠薪问题，为提高农民收入、维护农民工权益、促进社会公平正义奠定了重要基础。

项目十一 农业行政执法相关法律制度

项目导读

农业行政执法是法律实施的重要措施。执法使得纸面上的法律法规变成了一个个鲜活的法律案例。而行政复议、行政诉讼则是执法不公的救济措施。行政复议、行政诉讼维护了公民、法人和其他组织的合法权益。法律援助、信访制度则在某种程度上助力弱势群体维护自身合法权益，化解矛盾纠纷，推动实现社会公平正义。

学习目标

知识目标：掌握行政复议的概念；掌握行政诉讼的概念；理解法律援助的重要作用；掌握信访工作条例的主要内容。

技能目标：增强贯彻实施《中华人民共和国行政复议法》（以下简称《行政复议法》）、《中华人民共和国行政诉讼法》（以下简称《行政诉讼法》）、《中华人民共和国法律援助法》（以下简称《法律援助法》）的能力，能按信访工作条例开展工作、反映建议意见。

素养目标：增强学生法律意识，树立法律信仰；增强解决农业行政执法问题的能力；能用行政救济措施维护自身合法权益。

思政目标：树立为乡村振兴作贡献的职业理想，形成爱农、为民情怀，树牢群众观点、站稳群众立场。

思维导图

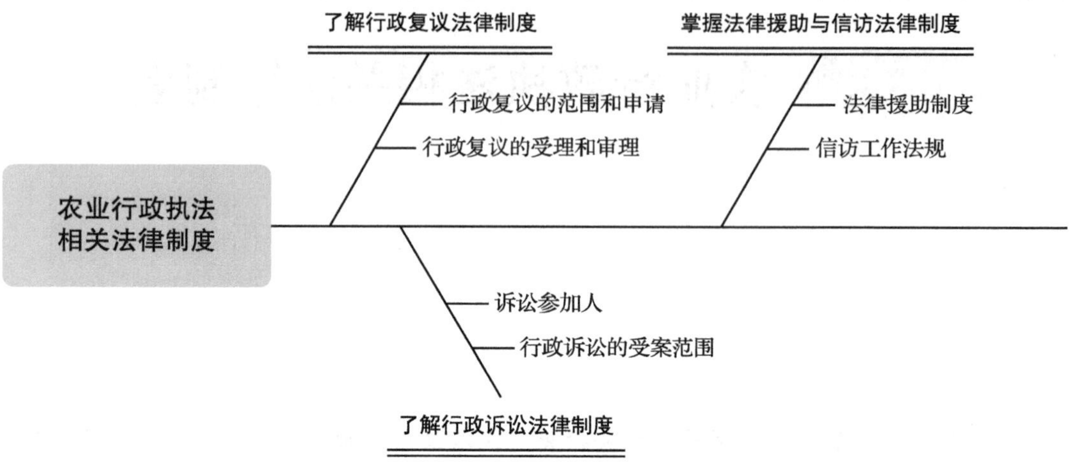

任务一　了解行政复议法律制度

任务导入

农牧民、农业企业等农业生产经营主体在行政执法中收到了处罚，觉得被处罚是不公平、不合理的。应该怎么办?《行政复议法》就是解决这一类问题的。当农业执法部门和执法人员所作出的具体行政行为的程序或实体上有问题时，农业生产经营主体可以向行政复议机关申请行政复议，维护自身合法权益。

某建材经营部经营者成某，将生产环节的破碎加工业务交由杨某负责，杨某雇佣了杜某等人从事破碎加工活动，在某日安排杜某维修锤破机时因杜某失稳坠入锤破机受伤死亡，事故调查认定建材经营部不具备安全生产条件，对事故发生负有责任。区应急管理局立案调查并对成某罚款25万元，在被处罚之前，成某已经注销了建材经营部。成某不服罚款向市应急管理局申请行政复议。

假定你是成某，请为自己写一份行政复议申请书。

任务准备

◎知识准备

行政复议是化解行政争议的重要法律制度，主要功能是防止和纠正违法的或者不当的行政行为，保护公民、法人和其他组织的合法权益，有利于维护社会的和谐稳定。

1999 年 4 月 29 日第九届全国人民代表大会常务委员会第九次会议通过《行政复议法》，2009 年 8 月 27 日第十一届全国人民代表大会常务委员会第十次会议《关于修改部分法律的决定》第一次修正，根据 2017 年 9 月 1 日第十二届全国人民代表大会常务委员会第二十九次会议《关于修改〈中华人民共和国法官法〉等八部法律的决定》第二次修正。2023 年 9 月 1 日第十四届全国人民代表大会常务委员会第五次会议修订了《行政复议法》，自 2024 年 1 月 1 日施行。我国《行政复议法》随着时代的发展变迁，及时进行了修正和修订。

知识链接

《行政复议法》

一、行政复议的范围和申请

（1）对行政机关作出的行政处罚决定不服。

（2）对行政机关作出的行政强制措施、行政强制执行决定不服。

（3）申请行政许可，行政机关拒绝或者在法定期限内不予答复，或者对行政机关作出的有关行政许可的其他决定不服。

（4）对行政机关作出的确认自然资源的所有权或者使用权的决定不服。

（5）对行政机关作出的征收征用决定及其补偿决定不服。

（6）对行政机关作出的赔偿决定或者不予赔偿决定不服。

（7）对行政机关作出的不予受理工伤认定申请的决定或者工伤认定结论不服。

（8）认为行政机关侵犯其经营自主权或者农村土地承包经营权、农村土地经营权。

（9）认为行政机关滥用行政权力排除或者限制竞争。

（10）认为行政机关违法集资、摊派费用或者违法要求履行其他义务。

（11）申请行政机关履行保护人身权利、财产权利、受教育权利等合法权益的法定职责，行政机关拒绝履行、未依法履行或者不予答复。

（12）申请行政机关依法给付抚恤金、社会保险待遇或者最低生活保障等社会保障，行政机关没有依法给付。

（13）认为行政机关不依法订立、不依法履行、未按照约定履行或者违法变更、解除政府特许经营协议、土地房屋征收补偿协议等行政协议。

（14）认为行政机关在政府信息公开工作中侵犯其合法权益。

（15）认为行政机关的其他行政行为侵犯其合法权益。

申请人、第三人可以委托 1~2 名律师、基层法律服务工作者或者其他代理人代为参加行政复议。公民、法人或者其他组织认为行政行为侵犯其合法权益的，可以自知道或者应当知道该行政行为之日起六十日内提出行政复议申请；但是法律规定的申请期限超过六十日的除外。因不可抗力或者其他正当理由耽误法定申请期限的，申请期限自障碍消除之日起继续计算。申请人申请行政复议，可以书面申请；书面申请有困难的，也可以口头申请。

二、行政复议的受理和审理

行政复议机关收到行政复议申请后，应当在五日内进行审查。行政复议机关对符合规定的申请应当予以受理。行政复议机构应当自行政复议申请受理之日起七日内，将行政复议申请书副本或者行政复议申请笔录复印件发送被申请人。被申请人应当自收到行政复议申请书副本或者行政复议申请笔录复印件之日起十日内，提出书面答复，并提交作出行政行为的证据、依据和其他有关材料。行政复议机关受理行政复议申请后，依法适用普通程序或者简易程序进行审理。行政复议人员对办理行政复议案件过程中知悉的国家秘密、商业秘密和个人隐私，应当予以保密。

三、行政复议决定

用普通程序审理的行政复议案件，行政复议机关应当自受理申请之日起六十日内作出行政复议决定；但是法律规定的行政复议期限少于六十日的除外。情况复杂，不能在规定期限内作出行政复议决定的，经行政复议机构的负责人批准，可以适当延长，并书面告知当事人；但是延长期限最多不得超过三十日。适用简易程序审理的行政复议案件，行政复议机关应当自受理申请之日起三十日内作出行政复议决定。

被申请人不履行法定职责的，行政复议机关决定被申请人在一定期限内履行。行政行为有实施主体不具有行政主体资格或者没有依据等重大且明显违法情形，申请人申请确认行政行为无效的，行政复议机关确认该行政行为无效。

行政行为认定事实清楚，证据确凿，适用依据正确，程序合法，内容适当的，行政复议机关决定维持该行政行为。行政复议机关受理申请人认为被申请人不履行法定职责的行政复议申请后，发现被申请人没有相应法定职责或者在受理前已经履行法定职责的，决定驳回申请人的行政复议请求。

被申请人不按照规定提出书面答复、提交作出行政行为的证据、依据和其他有关材料的，视为该行政行为没有证据、依据，行政复议机关决定撤销、部分撤销该行政行为，确认该行政行为违法、无效或者决定被申请人在一定期限内履行，但是行政行为涉及第三人合法权益，第三人提供证据的除外。

被申请人不依法订立、不依法履行、未按照约定履行或者违法变更、解除行政协议的，行政复议机关决定被申请人承担依法订立、继续履行、采取补救措施或者赔偿损失等责任。被申请人变更、解除行政协议合法，但是未依法给予补偿或者补偿不合理的，行政复议机关决定被申请人依法给予合理补偿。

◎材料准备

（1）收集农业行政复议申请书的格式模板和范文，行政复议申请书一般包括申请人的基本情况、行政复议请求、申请行政复议的主要事实、理由和时间等。

（2）收集我国农业行政复议方面的法律文件，主要包括：《行政复议法》。

（3）收集其他有关农业行政复议的法律文件，主要包括：《行政处罚法》《中华人民共和国行政许可法》《中华人民共和国国家赔偿法》。

任务筹划

1. 内容筹划

收集提炼两方面的内容：一是农业行政复议申请书的主要内容；二是熟悉《行政复议法》的立法目的、法律规定。

2. 方法筹划

（1）研读《行政复议法》全文和应急管理部部门规章《行政复议和行政应诉工作办法》，尤其是法律中的重要条款。

（2）浏览有关农业行政复议的相关报道。

（3）认真研究农业行政复议申请书的具体内容，结合具体案例，为申请人写出行政复议申请书。例如，为遭遇"天价罚单"、挣 14 元被罚 5 万元的福建菜农陈伯撰写行政复议申请书。

3. 流程筹划

第一步：深入了解农业行政复议申请书的内容、格式。

第二步：查找《行政复议法》全文。

第三步：从我国《行政复议法》及相关法律中找出关键的条款。

第四步：根据本地区农业行政复议背景资料，学习撰写农业行政复议申请书。

任务实施

步骤一：

步骤二：

步骤三：

步骤四：

任务检测

使用微信扫码进入在线测试，可反复多次答题，直到获得满意的结果。

任务检测

任务评价

任务评价表

班级：______________ 组别：______________ 姓名：______________

小组成员				
姓名	**学号**	**组内分工**		
项目	**评分标准**	**自我评价**	**小组评价**	**教师评价**
基本素质（30 分）	学习态度（10 分）			
	团队协作（20 分）			
知识技能（40 分）	熟悉我国《行政复议法》的主要内容（10 分）			
	掌握行政复议申请书的主要内容、格式（10 分）			
	能够写出行政复议申请书（20 分）			
任务完成质量（20 分）	出色完成任务（20 分），较好完成任务（12~ 19 分），基本完成任务（6~11 分），较差完成任务（0~5 分）			
思政表现（10 分）	对法律法规是否重视（10 分）			
合计				
自我评价与总结				
教师点评				

课程思政专栏

开展《行政复议法》学习宣传活动 推进法律有效实施

【课程思政关键词】依法行政；法律意识

2023年12月1日至31日，全国如火如荼地开展以“加强行政复议，推进依法行政”为主题的行政复议法学习宣传月活动。为进一步推动新《行政复议法》得到有效实施，漳州市司法局第一时间研究动员部署，在全市开展“八个一”宣传活动，确保新法学习宣传落地落实、取得实效。组织一次开放日活动，邀请人大代表、政协委员、社区群众、高校学生等社会各界代表到行政复议机构，开展座谈交流，听取意见建议。组织一场集中宣传，利用显示屏、广告屏，在复议机构、行政机关、社区滚动播放新法宣传内容；组织系统内外人员关注“中国普法”公众号，积极参加行政复议网上知识竞答活动。开展一轮进机关活动，业务骨干通过专题讲座授课的形式向交警、税务等行政机关工作人员开展《行政复议法》普及宣传，助推依法行政。发放一批宣传材料，采购新《行政复议法》宣传彩页、挂图、书籍等资料，向行政机关、群众发放。组织一次旁听听证，组织领导干部、行政执法人员参与行政复议案件听证观摩活动，起到以案释法、以案促治的作用。组织一次业务培训，由局领导、业务骨干向市县两级行政复议机构人员集中授课培训新行《政复议法》。组织一次案例评选，组织开展行政复议典型案例、优秀卷宗评选活动，提高行政复议案件审理规范化、标准化水平。组织一次会前学法，推动相关部门在理论学习中心组会议前专题学习《行政复议法》，提高领导干部学法用法的能力水平。

（资料来源：漳州市人民政府网）

【启示】加大《行政复议法》的宣传力度，促进《行政复议法》的有效实施，为公民、法人和其他组织维护自身的合法权益提供了一种救济途经。行政机关要把调解和解手段贯穿于行政复议办案的全过程，注重把握群众在法律诉求背后的实际利益诉求，综合统筹各方面资源力量，努力做到实质性化解行政争议。

任务二　了解农业行政诉讼法律制度

任务导入

公民、法人或者其他组织对行政复议决定不服的，一般情况下可以依照《行政诉讼法》的规定向人民法院提起行政诉讼。

河南省个体工商户李某在菜市场收购5斤（1斤=500克）韭菜，在自己小店出售，共卖了10.45元。河南省质监部门对韭菜进行抽检，认为李某卖的韭菜农药残留量超标不合格。对其进行了第二次检测，结果为合格。质监部门对其罚款5万元，并没收违法所得10.45元。李某不服处罚决定，起诉质监部门至人民法院。

请你结合这一具体行政执法案件，为被处罚主体写一份行政诉讼的起诉状。

任务准备

◎知识准备

行政诉讼，俗称“民告官”，与行政复议一样，能解决行政争议，保护公民、法人和其他组织的合法权益，并且可以监督行政机关依法行使职权，有利于维护社会和谐稳定。

知识链接

《行政诉讼法》

1989年4月4日第七届全国人民代表大会第二次会议通过，根据2014年11月1日第十二届全国人民代表大会常务委员会第十一次会议《关于修改〈中华人民共和国行政诉讼法〉的决定》第一次修正，根据2017年6月27日第十二届全国人民代表大会常务委员会第二十八次会议《关于修改〈中华人民共和国民事诉讼法〉和〈中华人民共和国行政诉讼法〉的决定》进行第二次修正。我国《行政诉讼法》随着时代的发展变迁，及时进行了修正。

一、行政诉讼的受案范围

（1）对行政拘留、暂扣或者吊销许可证和执照、责令停产停业、没收违法所得、没收非法财物、罚款、警告等行政处罚不服的。

（2）对限制人身自由或者对财产的查封、扣押、冻结等行政强制措施和行政强制执行不服的。

（3）申请行政许可，行政机关拒绝或者在法定期限内不予答复，或者对行政机关作出的有关行政许可的其他决定不服的。

（4）对行政机关作出的关于确认土地、矿藏、水流、森林、山岭、草原、荒地、滩涂、海域等自然资源的所有权或者使用权的决定不服的。

（5）对征收、征用决定及其补偿决定不服的。

（6）申请行政机关履行保护人身权、财产权等合法权益的法定职责，行政机关拒绝履行或者不予答复的。

（7）认为行政机关侵犯其经营自主权或者农村土地承包经营权、农村土地经营权的。

（8）认为行政机关滥用行政权力排除或者限制竞争的。

（9）认为行政机关违法集资、摊派费用或者违法要求履行其他义务的。

（10）认为行政机关没有依法支付抚恤金、最低生活保障待遇或者社会保险待遇的。

（11）认为行政机关不依法履行、未按照约定履行或者违法变更、解除政府特许经营协议、土地房屋征收补偿协议等协议的。

（12）认为行政机关侵犯其他人身权、财产权等合法权益的。

二、诉讼参加人

行政行为的相对人以及其他与行政行为有利害关系的公民、法人或者其他组织，有权提起诉讼。有权提起诉讼的公民死亡，其近亲属可以提起诉讼。有权提起诉讼的法人或者其他组织终止，承受其权利的法人或者其他组织可以提起诉讼。

人民检察院在履行职责中发现生态环境和资源保护、食品药品安全、国有财产保护、国有土地使用权出让等领域负有监督管理职责的行政机关违法行使职权或者不作为，致使国家利益或者社会公共利益受到侵害的，应当向行政机关提出检察建议，督促其依法履行职责。行政机关不依法履行职责的，人民检察院依法向人民法院提起诉讼。

当事人、法定代理人，可以委托 1~2 人作为诉讼代理人。律师、基层法律服务工作者、当事人的近亲属或者工作人员、当事人所在社区、单位以及有关社会团体推荐的公民，可以被委托为诉讼代理人。

三、行政诉讼的证据

行政诉讼的证据包括书证、物证、视听资料、电子数据、证人证言、当事人的陈述、鉴定意见、勘验笔录、现场笔录。证据经法庭审查属实，才能作为认定案件事实的根据。

被告对作出的行政行为负有举证责任，应当提供作出该行政行为的证据和所依据的规范性文件。被告不提供或者无正当理由逾期提供证据，视为没有相应证据。但是，被诉行政行为涉及第三人合法权益，第三人提供证据的除外。原告可以提供证明行政行为违法的证据。原告提供的证据不成立的，不免除被告的举证责任。

四、起诉和受理

对属于人民法院受案范围的行政案件，公民、法人或者其他组织可以先向行政机关申请复议，对复议决定不服的，再向人民法院提起诉讼；也可以直接向人民法院提起诉讼。法律、法规规定应当先向行政机关申请复议，对复议决定不服再向人民法院提起诉讼的，依照法律、法规的规定。

公民、法人或者其他组织不服复议决定的，可以在收到复议决定书之日起十五日内向人民法院提起诉讼。复议机关逾期不作决定的，申请人可以在复议期满之日起十五日内向人民法院提起诉讼。法律另有规定的除外。这样的法律规定凸显了行政诉讼是解决行政争议中具体行政行为的最后处理方式，能有效地制约行政权力，维护社会公平正义。

公民、法人或者其他组织直接向人民法院提起诉讼的，应当自知道或者应当自知道作出行政行为之日起六个月内提出。法律另有规定的除外。

起诉应当向人民法院递交起诉状，并按照被告人数提出副本。书写起诉状确有困难的，可以口头起诉，由人民法院记入笔录，出具注明日期的书面凭证，并告知对方当事人。

对于不接收起诉状、接收起诉状后不出具书面凭证，以及不一次性告知当事人需要补正的起诉状内容的，当事人可以向上级人民法院投诉，上级人民法院应当责令改正，并对直接负责的主管人员和其他直接责任人员依法给予处分。

五、审理和判决

人民法院公开审理行政案件，但涉及国家秘密、个人隐私和法律另有规定的除外。涉及商业秘密的案件，当事人申请不公开审理的，可以不公开审理。当事人认为审判人员与本案有利害关系或者有其他关系可能影响公正审判，有权申请审判人员回避。

人民法院对起诉行政机关没有依法支付抚恤金、最低生活保障金和工伤、医疗社会保险金的案件，权利义务关系明确、不先予执行将严重影响原告生活的，可以根据原告的申请，裁定先予执行。

◎材料准备

（1）收集行政诉讼起诉书的格式模板和范文，行政诉讼起诉状一般包括原告、被告的基本情况、请求事项、事实与理由、落款等。

（2）收集我国行政诉讼方面的法律文件，主要包括：《行政诉讼法》。

（3）收集其他有关行政诉讼的法律文件，主要包括：《行政处罚法》《行政复议法》。

任务筹划

1. 内容筹划

收集提炼两方面的内容：一是农业行政诉讼起诉状的主要内容；二是理解《行政诉讼法》的立法目的、法律规定。

2. 方法筹划

（1）研读《行政诉讼法》的全文，尤其是法律中的重要条款。

（2）认真研究农业行政诉讼起诉状的具体内容，结合具体案例，为原告写出农业行政诉讼起诉状。例如，为本任务“课程思政专栏”中注册“王麻子 1651”商标的公司撰写起诉状。

3. 流程筹划

第一步：深入了解农业行政诉讼起诉状的内容、格式。

第二步：查找《行政诉讼法》全文。

第三步：从我国《行政诉讼法》及相关法律中找出关键的条款。

第四步：根据本地区农业行政诉讼的背景资料，学习撰写农业行政诉讼起诉状。

任务实施

步骤一：

步骤二：

步骤三：

步骤四：

任务检测

使用微信扫码进入在线测试，可反复多次答题，直到获得满意的结果。

任务检测

任务评价

任务评价表

班级：________________　组别：________________　姓名：________________

<table>
<tr><th colspan="5">小组成员</th></tr>
<tr><th>姓名</th><th>学号</th><th colspan="3">组内分工</th></tr>
<tr><td></td><td></td><td></td><td></td><td></td></tr>
<tr><td></td><td></td><td></td><td></td><td></td></tr>
<tr><td></td><td></td><td></td><td></td><td></td></tr>
<tr><td></td><td></td><td></td><td></td><td></td></tr>
<tr><td></td><td></td><td></td><td></td><td></td></tr>
<tr><th>项目</th><th>评分标准</th><th>自我评价</th><th>小组评价</th><th>教师评价</th></tr>
<tr><td rowspan="2">基本素质
（30 分）</td><td>学习态度（10 分）</td><td></td><td></td><td></td></tr>
<tr><td>团队协作（20 分）</td><td></td><td></td><td></td></tr>
<tr><td rowspan="3">知识技能
（40 分）</td><td>熟悉我国《行政诉讼法》的主要内容（10 分）</td><td></td><td></td><td></td></tr>
<tr><td>掌握行政诉讼起诉状的主要内容、格式（10 分）</td><td></td><td></td><td></td></tr>
<tr><td>能够写出行政诉讼起诉状（20 分）</td><td></td><td></td><td></td></tr>
</table>

（续表）

项目	评分标准	自我评价	小组评价	教师评价
任务完成质量（20 分）	出色完成任务（20 分），较好完成任务（12~ 19 分），基本完成任务（6~11 分），较差完成任务（0~5 分）			
思政表现（10 分）	对法律法规是否重视（10 分）			
合计				
自我评价与总结				
教师点评				

课程思政专栏

抢注“王麻子”商标后被裁定无效，公司提起行政诉讼遭驳回

【课程思政关键词】行政诉讼；依法维权

百年老字号“王麻子”发现某公司抢注了“王麻子 1651”的商标，而 1651 正是老字号“王麻子”创立的公历年份。在提交各种证据后，老字号“王麻子”向国家知识产权局提出无效宣告请求。国家知识产权局出具无效裁定书，裁定“王麻子 1651”商标无效。“王麻子 1651”商标所有权人认为该裁定侵犯了自身合法权益，向北京知识产权法院提起行政诉讼。

“王麻子 1651”商标所有权人认为其注册的种类是纸和切纸刀，而老字号“王麻子”商标注册的种类是菜刀、剪刀，两者并不相同。

法院经审理认为，在日常生活中，从商品用途来看，切纸刀与菜刀、剪刀具有一定的交叉性，从消费渠道来看，彼此也有高度重合。老字号“王麻子”经宣传和使用已经具有了较高的知名度，如果其他主体再申请注册商标，有义务避让，从而保护老字号品牌的声誉。

最终，北京知识产权法院认为“王麻子 1651”商标侵犯了百年老字号“王麻子”的商标权，判决驳回“王麻子 1651”商标所有权人的诉讼请求。

（资料来源：新京报）

【启示】中华老字号如何走向世界，如何用民法典和知识产权相关法律规定保障自身权益，值得品牌自身和社会各界探讨和思考。由于对知识产权认识不到位，很多中华老字号商标被抢注。只有在创新基础上用法律的武器保护自身权益，老字号品牌才能更好地传承，更好地维护农业从业者和经营者的合法权益。

任务三　掌握法律援助与信访法律法规制度

任务导入

法律援助，是国家建立的为经济困难公民和符合法定条件的其他当事人无偿提供法律咨询、代理、刑事辩护等法律服务的制度，是公共法律服务体系的组成部分。信访是指公民、法人或者其他组织采用书信、电子邮件、传真、电话、走访等形式，向各级人民政府、县级以上人民政府工作部门反映情况，提出建议、意见或者投诉请求，依法由有关行政机关处理的活动。

假设请求劳动支付报酬事项的当事人，因经济困难没有委托代理人，申请了法律援助，你是共青团派出的负责此次法律援助工作的志愿者，你将如何开展工作？请写出一份法律援助的工作计划。

任务准备

知识链接

《法律援助法》

◎知识准备

法律援助在维护社会公平正义、促进社会和谐稳定方面发挥了重要作用。2003 年，国务院颁布实施了《法律援助条例》，2021 年 8 月 20 日，十三届全国人大常委会第三十次会议表决通过《中华人民共和国法律援助法》，自 2022 年 1 月 1 日起施行。从行政法规到法律的升格，完善了人权司法保障制度。

《信访工作条例》是为了保持各级人民政府同人民群众的密切联系，保护信访人的合法权益，维护信访秩序而制定的法规。2022 年 2 月 25 日，《信访工作条例》由中共中央、国务院发布，自 2022 年 5 月 1 日起施行。

一、法律援助制度

（一）机构和人员

国家鼓励和规范法律援助志愿服务；支持符合条件的个人作为法律援助志愿者，依法提供法律援助。高等院校、科研机构可以组织从事法学教育、研究工作的人员和法学专业学生作为法律援助志愿者，在司法行政部门指导下，为当事人提供法律咨询、代拟法律文书等法律援助。

（二）法律援助的形式和范围

法律援助人员依法提供下列形式的法律援助服务：法律咨询；代拟法律文书；刑事辩护与代理；民事案件、行政案件、国家赔偿案件的诉讼代理及非诉讼代理；值班律师法律帮助；劳动争议调解与仲裁代理。

刑事案件的犯罪嫌疑人、被告人属于下列人员之一，没有委托辩护人的，人民法院、人民检察院、公安机关应当通知法律援助机构指派律师担任辩护人：未成年人；视力、听力、言语残疾人；不能完全辨认自己行为的成年人；可能被判处无期徒刑、死刑的人；申请法律援助的死刑复核案件被告人；缺席审判案件的被告人。因经济困难没有委托代理人的，可以向法律援助机构申请法律援助的情形有：依法请求国家赔偿；请求给予社会保险待遇或者社会救助；请求发给抚恤金；请求给付赡养费、抚养费、扶养费；请求确认劳动关系或者支付劳动报酬；请求认定公民无民事行为能力或者限制民事行为能力；请求工伤事故、交通事故、食品药品安全事故、医疗事故人身损害赔偿；请求环境污染、生态破坏损害赔偿。

（三）法律援助的实施

人民法院、人民检察院、公安机关和有关部门在办理案件或者相关事务中，应当及时告知有关当事人有权依法申请法律援助。

因经济困难申请法律援助的，申请人应当如实说明经济困难状况。法律援助机构核查申请人的经济困难状况，可以通过信息共享查询，或者由申请人进行个人诚信承诺。法律援助机构开展核查工作，有关部门、单位、村民委员会、居民委员会和个人应当予以配合。

二、信访工作法规

（一）信访工作原则

（1）坚持党的全面领导。把党的领导贯彻到信访工作各方面和全过程，确保正确政治方向。

（2）坚持以人民为中心。践行党的群众路线，倾听群众呼声，关心群众疾苦，千方百计为群众排忧解难。

（3）坚持落实信访工作责任。党政同责、一岗双责，属地管理、分级负责，谁主管、谁负责。

（4）坚持依法按政策解决问题。将信访纳入法治化轨道，依法维护群众权益、规范信访秩序。

（5）坚持源头治理化解矛盾。多措并举、综合施策，着力点放在源头预防和前端化解，把可能引发信访问题的矛盾纠纷化解在基层、化解在萌芽状态。

（二）信访工作体制

各级党委和政府以外的其他机关、单位应当做好各自职责范围内的信访工作，按照规定及时受理办理信访事项，预防和化解政策性、群体性信访问题，加强对下级机关、单位信访工作的指导。

各级信访机构、单位应当拓宽社会力量参与信访工作的制度化渠道，发挥群团组织、社会组织和“两代表一委员”、社会工作者等作用，反映群众意见和要求，引导群众依法理性反映诉求、维护权益，推动矛盾纠纷及时有效化解。

乡镇党委和政府、街道党工委和办事处以及村（社区）“两委”应当全面发挥职能作用，坚持和发展新时代“枫桥经验”，积极协调处理化解发生在当地的信访事项和矛盾纠纷，努力做到小事不出村、大事不出镇、矛盾不上交。

（三）信访事项的提出、受理和办理

公民、法人或者其他组织可以采用信息网络、书信、电话、传真、走访等形式，向各级机关、单位反映情况，提出建议、意见或者投诉请求，有关机关、单位应当依规依法处理。信访人一般应当采用书面形式提出信访事项，并载明其姓名（名称）、住址和请求、事实、理由。对采用口头形式提出的信访事项，有关机关、单位应当如实记录。信访人提出信访事项，应当客观真实，对其所提供材料内容的真实性负责，不得捏造、歪曲事实，不得诬告、陷害他人。

市、县级党委和政府应当建立和完善联合接访工作机制，根据工作需要组织有关机关、单位联合接待，一站式解决信访问题。任何组织和个人不得打击报复信访人。

各级机关、单位及其工作人员应当根据各自职责和有关规定，按照诉求合理的解决问题到位、诉求无理的思想教育到位、生活困难的帮扶救助到位、行为违法的依法处理的要求，依法按政策及时就地解决群众合法合理诉求，维护正常信访秩序。各级机关、单位及其工作人员办理信访事项，应当恪尽职守、秉公办事，查明事实、分清责任，加强教育疏导，及时妥善处理，不得推诿、敷衍、拖延。各级机关、单位应当按照诉讼与信访分离制度要求，将涉及民事、行政、刑事等诉讼权利救济的信访事项从普通信访体制中分离出来，由有关政法部门依法处理。

◎材料准备

（1）收集我国农村法律援助工作计划的格式模板和范文，工作计划一般包括背景、目标、行动步骤。

（2）收集我国农村法律援助方面的法律文件，主要包括：《法律援助法》。

（3）收集其他有关农村法律援助的报道，主要包括：优先受理农民工法律援助案件、法律援助三举措助力乡村振兴等。

任务筹划

1. 内容筹划

收集提炼两方面的内容：一是农村信访工作计划的主要内容；二是《法律援助法》的立法目的、法律规定。

2. 方法筹划

（1）研读《法律援助法》《信访工作条例》的法律法规条文。

（2）查阅农村信访工作计划的格式和具体内容。

（3）角色扮演法。假定自己是法律援助工作站工作人员，给法律援助工作写一份完整的工作计划。

3. 流程筹划

第一步：深入了解法律援助工作计划的内容、格式。

第二步：查找《法律援助法》全文。

第三步：从我国《法律援助法》及相关法规、规范性文件中找出关键的条款。

第四步：根据本地区农村法律援助背景资料，撰写法律援助工作计划。

任务实施

步骤一：

步骤二：

步骤三：

步骤四：

任务检测

使用微信扫码进入在线测试，可反复多次答题，直到获得满意的结果。

任务检测

任务评价

任务评价表

班级：＿＿＿＿＿＿＿＿　组别：＿＿＿＿＿＿＿＿　姓名：＿＿＿＿＿＿＿＿

<table>
<tr><td colspan="5">小组成员</td></tr>
<tr><td>姓名</td><td>学号</td><td colspan="3">组内分工</td></tr>
<tr><td></td><td></td><td></td><td></td><td></td></tr>
<tr><td></td><td></td><td></td><td></td><td></td></tr>
<tr><td></td><td></td><td></td><td></td><td></td></tr>
<tr><td></td><td></td><td></td><td></td><td></td></tr>
<tr><td></td><td></td><td></td><td></td><td></td></tr>
<tr><td>项目</td><td>评分标准</td><td>自我评价</td><td>小组评价</td><td>教师评价</td></tr>
<tr><td rowspan="2">基本素质
（30 分）</td><td>学习态度（10 分）</td><td></td><td></td><td></td></tr>
<tr><td>团队协作（20 分）</td><td></td><td></td><td></td></tr>
<tr><td rowspan="3">知识技能
（40 分）</td><td>熟悉我国《法律援助法》的主要内容（10 分）</td><td></td><td></td><td></td></tr>
<tr><td>掌握法律援助工作计划的主要内容、格式（10 分）</td><td></td><td></td><td></td></tr>
<tr><td>能够写出法律援助工作计划（20 分）</td><td></td><td></td><td></td></tr>
<tr><td>任务完成质量
（20 分）</td><td>出色完成任务（20 分），较好完成任务（12~ 19 分），基本完成任务（6~11 分），较差完成任务（0~5 分）</td><td></td><td></td><td></td></tr>
<tr><td>思政表现
（10 分）</td><td>对法律法规是否重视（10 分）</td><td></td><td></td><td></td></tr>
<tr><td colspan="2">合计</td><td></td><td></td><td></td></tr>
<tr><td>自我评价
与总结</td><td colspan="4"></td></tr>
<tr><td>教师点评</td><td colspan="4"></td></tr>
</table>

课程思政专栏

中央第三生态环保督察组向江西省移交第二批信访件

【课程思政关键词】信访；依程序办事

2024年5月10日，中央第三生态环境保护督察组向江西省移交第二批群众信访举报件45件（来电举报45件、来信举报0件），其中重点关注4件。

从信访举报件中的生态环境问题类型来看，涉及水13件、大气15件、噪声9件、生态11件、土壤5件、其他类型1件（1件举报可能涉及多种问题类型）。

从区域分布上看，南昌市15件、九江市1件、上饶市6件、抚州市5件、宜春市3件、吉安市4件、赣州市6件、萍乡市1件、新余市2件、鹰潭市2件。所有举报件均已及时转交相关区市处理。

截至2024年5月10日10时，中央第三生态环境保护督察组累计向江西省转办群众信访举报件59件（来电59件、来信0件），其中重点关注7件。各地累计信访举报件为：南昌市19件、九江市5件、上饶市8件、抚州市8件、宜春市3件、吉安市5件、赣州市6件、萍乡市1件、新余市2件、鹰潭市2件。

（资料来源：人民网）

【启示】信访制度是我国国情的具体体现之一，人民群众通过信访渠道来反映自己的诉求和意见，是法律所赋予权利之一，是社会主义民主的具体体现，是人民意志的表达，同时信访制度体现了中国特色社会主义制度下的民主。人民群众的来信来访、诉求情况反映到国家信访部门或督察组后，再把情况反馈给相应部门，对相应的机关施压，做好信访事项的解决，起到督促作用。

附 录

测试题一

一、名词解释（5×2分=10分）

1. 政策

2. 农业综合生产能力

3. 农业环境

4. 农民专业合作社

5. 耕地占补平衡制度

二、填空题（40×0.5分＝20分）

1. 农业结构调整的内容有__________、__________、__________。

2. 我国的农业用地保护制度分为__________、__________和__________。

3. 新农村建设的基本方针是__________、__________、__________和__________。

4. 土地主导用途可分为__________、__________和__________三大类。

5. 实现农业的可持续发展，应达到__________、__________、__________三方面的要求。

6. 环境保护法律制度中“三同时”制度是指建设项目的环境保护设施必须与主体工程同时__________、同时__________、同时__________的制度。

7. 乡镇人民政府__________、__________、__________村民委员会的工作。

8. 国家在__________、__________、__________等方面对粮食主产区给予重点支持。

9. 农村金融体系是以__________为基础，__________、__________分工协作形成的载体。

10. 生态脆弱区农业结构调整的基本方向是结合退耕还林、还草、还湖，大力发展__________农业、__________农业、__________农业。

11. 土地承包经营权的流转方式包括__________、__________、__________等。

12.《中华人民共和国草原法》的主体内容包括__________、__________、__________。

13. 农产品质量安全，是指农产品的__________、包装、贮藏、__________、__________的全过程实现标准化，并且对人类无危险，对产品和环境无危害。

三、单项选择题（20×1 分＝20 分）

序号	1	2	3	4	5	6	7	8	9	10
答案										
序号	11	12	13	14	15	16	17	18	19	20
答案										

请注意：选择题的答案请写在上面的方框里，否则不得分！

1. 农民专业合作社的成员中，农民至少应当占成员总数的（　　）

A. 30%　　B. 50%　　C. 60%　　D. 80%

2. 选举村民委员会，有登记参加选举的村民（　　）投票，选举有效

A. 三分之一　　B. 过半数　　C. 三分之二　　D. 五分之三

3. 关于村民委员会成员的任期，下列说法正确的是（　　）

A. 任期为 3 年，可以连选连任　　B. 任期为 3 年，不可以连选连任

C. 任期为 5 年，可以连选连任　　D. 任期为 5 年，不可以连选连任

4. 关于农村土地承包的原则，下列说法不正确的是（　　）

A. 坚持土地的社会主义劳动群众集体所有制不变的原则

B. 保护农村土地承包关系的长期稳定的原则

C. 坚持土地可以买卖的原则

D. 保护农民承包土地的权利原则

5. 农民专业合作社进行清算时，清算组对合作社的财产进行处置，最先支付的是（　　）

A. 清偿所欠税款　　B. 清偿合作社员工工资及社会保险费用

C. 分配剩余财产　　D. 清偿合作社对外普通债务

6. 关于农村土地承包经营权的期限，下列说法的正确的是（　　）

A. 耕地的承包期限为 30 年　　B. 草地的承包期限为 60 年

C. 林地的承包期限为 25 年　　D. 以上三者都不正确

7. 农业推广的内涵不包括（　　）

A. 试验　　B. 实验　　C. 示范　　D. 咨询

8. 关于农业经营规模结构政策的具体措施，不包括（　　）

A. 建立土地使用权流转机制　　B. 加快农业剩余劳动力转移

C. 加大对农业的补贴　　D. 加快农业产业化发展

9. 下列发展农业社会化服务事业的内容，不包括（ ）
A. 建立主体多元、社会与政府相结合的农业信息服务体系
B. 加强农村金融体系建设
C. 建立和完善农业保险制度
D. 发展农业教育事业
10. 农村劳动力转移不包括（ ）
A. 产业间的转移 B. 地域间的转移
C. 城市之间的转移 D. 城乡之间的转移
11. 我国目前农业发展的瓶颈约束为（ ）
A. 资源约束 B. 市场约束
C. 技术约束 D. 资源与市场约束
12.《中华人民共和国农业法》于（ ）经第八届全国人大常委会第二次会议审议通过，2002 年 12 月进行了修订
A. 1991 年 7 月 2 日 B. 1992 年 7 月 2 日
C. 1993 年 7 月 2 日 D. 1994 年 7 月 2 日
13. 村民委员会不是（ ）的基层群众性自治组织
A. 自我监督 B. 自我管理 C. 自我教育 D. 自我服务
14. 我国当前严守（ ）耕地红线。
A. 16 亿亩 B. 17 亿亩 C. 18 亿亩 D. 19 亿亩
15. 中国农村劳动力的基本概况不包括（ ）
A. 就业结构逐渐转变 B. 大部分获得较好的培训
C. 整体素质较低 D. 存在大量剩余劳动力
16. 农业政策对象是农业政策直接作用影响的对象，是农业政策的（ ）
A. 制订者 B. 执法者 C. 接受者 D. 守护者
17. 从村民会议的性质和组成来看，它包含以下特征，除了（ ）
A. 直接性 B. 广泛性 C. 权威性 D. 间接性
18. 农村最低生活保障是对家庭人均收入低于最低生活保障标准的农村贫困人口按最低生活保障标准实行（ ）的制度
A. 等额补助 B. 双倍补助 C. 差额补助 D. 半额补助
19. 无公害农产品的认证机构为（ ）
A. 中国绿色食品发展中心
B. 国家环保总局有机食品发展中心
C. 农业农村部农产品质量安全中心
D. 中国农业科学院茶叶研究所
20. 以下对于我国农村劳动力的表述，错误的是（ ）
A. 农村劳动力数量大 B. 整体素质较高
C. 整体素质较低 D. 对农村劳动力的开发应用不充分

四、判断题（10×1 分 =10 分）

1. 农业政策与农业法规是对立的关系。（　）
2. 乡政府与村民委员会是领导与被领导的关系。（　）
3. 县级农牧局工作人员在执行公务时处在农业行政管理相对人的位置。（　）
4. “一事一议”制度的筹资范围不包括弥补管理赤字、合办企业亏损。（　）
5. 党支部是村级和各项工作的领导核心。（　）
6. 村民委员会协助基层人民政府的工作。（　）
7. 据民政部统计，截至 2017 年 12 月 31 日，全国范围行政村总数为 691 510 个，41 636 个乡镇、街道办事处（含 34 208 个乡镇）。（　）
8. 重视环境保护和生态建设，就不用考虑经济发展了。（　）
9. 到 2020 年全面建成小康，“三农”问题就不存在了。（　）
10. 我国提出乡村振兴在前，而新农村建设在后。（　）

五、连线题（5×2 分 =10 分）

2021 年中央一号文件	关于加大改革创新力度加快农业现代化建设的若干意见
2012 年中央一号文件	关于全面深化农村改革加快推进农业现代化的若干意见
2013 年中央一号文件	加快发展现代农业进一步增强农村发展活力的若干意见
2014 年中央一号文件	加快推进农业科技创新持续增强农产品供给保障能力
2015 年中央一号文件	关于全面推进乡村振兴加快农业农村现代化的意见

六、简答和计算题（4×5 分 =20 分）

1. 简述村党支部的职责。

2. 我国西部地区脱贫攻坚取得的巨大成就有哪些？

3. 简述农牧业和农村牧区经济发展的基本目标。

4. 据第七次全国人口普查数据，全国总人口取约数为 14.1 亿人，设我国人口城镇化率达到 60%，计算常驻农村牧区的人口数。

七、论述题（1×10=10 分）

结合所学知识和自身实际，谈一谈如何解决“三农”“三牧”问题。（提示：可以从政府制定政策、法规的角度、农牧民自身的角度、社会的角度等）

测试题二

一、名词解释（5×2 分 =10 分）

1. 农村法规

2. 新型农村合作医疗

3. 农村社会保障

4. 阳光工程

5. 环境影响评价制度

二、填空题（40×0.5 分= 20 分）

1. 农业土地政策的目标有__________、__________、__________。

2. 社会主义新农村建设的内容为__________、__________、__________、__________、__________。

3. 农村五保供养是在__________、__________、__________、__________、__________方面给予村民的生活照顾和物质帮助。

4. 安全食品按认证标准分为三类：__________、__________、__________。

5. 我国的农业用地存在着两种土地所有制形式：__________和__________。

6.《中华人民共和国继承法》确定的继承形式有__________和__________。

7. 耕地的承包期为______年，草地的承包期上限为__________年，林地的承包期上限为__________年。

8. 政策的特点有__________、__________、__________、__________、__________、__________。

9. 农村社会发展的目标是建设__________、__________、__________的社会主义新农村。

10. 农业的子产业有__________、__________、__________、__________、__________等产业。

11. 基层政府对村民委员会的工作给予__________、__________、__________，

但不得干预依法属于村民自治范围的事项。

三、单项选择题（20×1分=20分）

序号	1	2	3	4	5	6	7	8	9	10
答案										
序号	11	12	13	14	15	16	17	18	19	20
答案										

请注意：选择题的答案请写在上面的方框里，否则不得分！

1. 不属于农业用地保护制度的是（　　）

A. 土地用途管制制度　　B. 土地征收制度

C. 耕地保护制度　　D. 土地复垦制度

2. 现阶段统分结合的双层经营体制下，集体经济组织主要承担的职能是（　　）

A. 生产服务和管理协调等职能　　B. 行政管理和组织生产等职能

C. 政策制定和行政管理等职能　　D. 社会服务和生产服务等职能

3. 发展农业社会化服务体系，必须从（　　）的观点来思考

A. 大农业、大社会、大流通　　B. 大农业、大流通、大服务

C. 大社会、大农业、大服务　　D. 大社会、大服务、大流通

4. 当事人对有关人民政府的地权争议处理决定不服的，可以自接到处理决定之日起（　　）内向人民法院起诉

A. 10日　　B. 30日　　C. 60日　　D. 6个月

5. 农民集体所有的土地由本集体经济组织的成员承包经营，承包经营期限为（　　）

A. 10年　　B. 20年　　C. 30年　　D. 40年

6. 目前我国农产品的购销主要实行（　　）

A. 计划调节为主　　B. 市场调节

C. 计划与市场　　D. 统购统销

7.《植物新品种保护条例》是由（　　）在1997年3月20日正式发布的

A. 国家主席　　B. 国务院　　C. 全国人大　　D. 全国人大常委会

8. 盗伐、滥伐森林或者其他林木构成犯罪的，依法追究（　　）

A. 民事责任　　B. 行政责任　　C. 刑事责任　　D. 单位责任

9. 中国农村劳动力政策必须兼顾两方面的内容，一是实现农村劳动力充分就业，二是（　　）

A. 提高农民生活水平　　B. 提高农业劳动生产率

C. 调整农村生产结构　　D. 改善农村生产条件

10. 实行农科教结合，（　　）是关键

A. 突出农村经济　　B. 加强培训

C. 发展职技教育　　D. 政府统筹

11. 乡镇人民政府与村民委员会之间的关系是（　　）

A. 行政上下级关系　　B. 领导与被领导关系
C. 指导与被指导关系　　D. 平行关系

12. 实行村民民主监督的有效形式之一是村务公开，村务公开的重点是（　　），关键是真实

A. 政务公开　B. 事务公开　C. 财务公开　D. 政策公开

13.（　　）不属于农村政策实施的方法

A. 行政方法　B. 法律方法　C. 经济方法　D. 强制方法

14. 制定农村政策的前提是（　　）

A. 调查研究　B. 群众路线　C. 民主集中制　D. 实事求是

15. 农村法规是由国家（　　）制定的

A. 立法机关　B. 行政机关　C. 司法机关　D. 执法机关

16. 下列各项中不属于建立与完善农业社会化服务体系的原则的是（　　）

A. 坚持积极稳定的原则　　B. 坚持农民自愿的原则
C. 坚持有偿服务的原则　　D. 坚持诚实守信的原则

17.（　　）是社会主义制度下个人消费品分配的基本原则

A. 按需分配　B. 按劳分配　C. 按资产分配　D. 按收益分配

18.（　　）是我国农村经济的主体

A. 私有制经济　B. 公有制经济　C. 个体经济　D. 外资经济

19. 未确定使用权的国有土地，由（　　）以上政府登记造册并负责保护管理

A. 省级　B. 市级　C. 县级　D. 乡级

20. 调整农业生产结构应当坚持以稳定（　　）生产为前提

A. 棉粮　B. 蔬菜　C. 畜牧　D. 渔业

四、判断题（10×1 分 =10 分）

1. 我国实施土地社会主义公有制，农业实行土地承包经营制度。（　　）
2. 我国坚持以公有制为主体，多种所有制共同发展的基本经济制度。（　　）
3. 我国坚持稳定和完善以家庭承包经营为基础，统分结合的双层经营体制。（　　）
4. 我国在农村坚持和完善以按劳分配为主体，多种分配形式并存的分配制度。（　　）
5. 城市市区的土地属于农村集体的土地。（　　）
6. 2004 年至今，我国已发布 16 个与“三农”有关的一号文件。（　　）
7. 合作社是互助性经济组织。（　　）
8. 土地“三权分置”是农业土地政策所鼓励的。（　　）
9.1993 年 7 月 2 日，第八届全国人民代表大会常务委员会第二次会议通过《中华人民共和国农业技术推广法》。（　　）
10. 2019 年中央一号文件共九个部分。（　　）

五、简答题（4×5 分 =20 分）

1. 简述村民委员会的任务。

2. 简述农村政策与农村法规的关系。

3. 加强草原保护的法律措施有哪些?

4. 设立农民专业合作社需要具备哪些条件?

六、连线题(5×2 分 =10 分)

2006 年中央一号文件	加大统筹城乡发展力度进一步夯实农业农村发展基础意见
2007 年中央一号文件	关于促进农业稳定发展农民持续增收的意见
2008 年中央一号文件	切实加强农业基础建设进一步促进农业发展农民增收意见
2009 年中央一号文件	关于积极发展现代农业扎实推进社会主义新农村建设意见
2010 年中央一号文件	关于推进社会主义新农村建设的若干意见

七、论述题(1×10 分 =10 分)

论述如何推进西部地区农业产业结构的调整。

参考文献

陈忠莲，陈二龙，朱礼财，2017. 法律基础与农村法规［M］. 北京：中国农业科学技术出版社.

甘国斌，2017. 农村政策与法规案例解读［M］. 北京：中国农业出版社.

顾相伟，2015. 农村政策与法规新编教程［M］. 上海：复旦大学出版社.

纪良龙，2015. 农村土地承包仲裁特点及相关政策法规［J］. 新农业（17）：52-54.

李宏科，2009. 中国共产党宗教政策及其对国家政权稳定的作用［D］. 曲阜：曲阜师范大学.

陆涛，2017. 民族理论与民族政策［M］. 西宁：青海人民出版社.

秦关召，绽自珍，2015. 农业政策与法律法规［M］. 北京：中国农业科学技术出版社.

王海丽，吴瑞芹，2015. 基于"项目引导、任务驱动"的《农村政策与法规》课程教学设计［J］. 课程教育研究（13）：10-11.

王慧军，2003. 农业推广学［M］. 北京：中国农业出版社.

王泽厚，赵伟强，2020. 农村政策法规［M］. 济南：山东人民出版社.

张建宁，2015. 浅谈《农村政策与法规》教学效果的提高［J］. 企业导报（22）：125，169.

赵慧峰，王春平，2008. 农村政策与法规［M］. 北京：金盾出版社.

中国农业广播电视学校，2012. 农业政策［M］. 北京：中国农业大学出版社.

钟甫宁，2000. 农业政策学［M］. 北京：中国农业大学出版社.

钟涨宝，2010. 农村社会学［M］. 北京：高等教育出版社.

周建华，陈亚平，2012. 农村政策与法规［M］. 广州：华南理工大学出版社.

朱利群，2020. 农业政策与法规［M］. 北京：中国农业出版社.

朱孟帅，张崇尚，刘佳，2018. 农业政策法规明白纸［M］. 北京：中国科学技术出版社.